高等院校信息技术规划教材

C语言程序设计
（第2版）

向 艳 主编

向 艳 周天彤 程起才 史 兵 编著

清华大学出版社
北京

内 容 简 介

本书是作者通过长期从事 C 语言教学实践编写而成,由浅入深地介绍了 C 语言的基本理论、基本知识以及编程的基本技能和方法,主要内容包括 C 程序设计入门、顺序结构程序设计、选择结构程序设计、循环结构程序设计、模块的实现——函数、预处理命令、数组、指针、结构体与共用体、动态数组与链表、文件、位运算、综合应用案例——股票交易系统等。

根据计算机技术的发展和教学实践的需要,作者对本书进行了修订,使本书内容更新颖,实用性更强,例题、习题更丰富,叙述更详细,更便于学习。

本书适合作为高等院校计算机专业或非计算机专业学生学习 C 语言程序设计的教材,也适合计算机培训班或自学的读者使用。

图书在版编目(CIP)数据

C 语言程序设计/向艳主编. —2 版. —北京:清华大学出版社,2011.9
(高等院校信息技术规划教材)
ISBN 978-7-302-26251-0

Ⅰ. ①C… Ⅱ. ①向… Ⅲ. ① C 语言－程序设计－高等学校－教材　Ⅳ. ①TP312

中国版本图书馆 CIP 数据核字(2011)第 180313 号

责任编辑:袁勤勇　赵晓宁
责任校对:时翠兰
责任印制:李红英

出版发行:清华大学出版社　　　　　　　地　　址:北京清华大学学研大厦 A 座
　　　　　http://www.tup.com.cn　　　邮　　编:100084
　　社　　总　　机:010-62770175　　邮　　购:010-62786544
　　投稿与读者服务:010-62795954,jsjjc@tup.tsinghua.edu.cn
　　质　量　反　馈:010-62772015,zhiliang@tup.tsinghua.edu.cn
印 装 者:北京鑫海金澳胶印有限公司
经　　销:全国新华书店
开　　本:185×260　印　张:22.5　　字　数:517 千字
版　　次:2011 年 9 月第 2 版　印　次:2011 年 9 月第 1 次印刷
印　　数:1～3000
定　　价:33.00 元

产品编号:038324-01

前言

foreword

  C 语言是目前国际上广泛流行的一种结构化程序设计语言,具有高级语言和汇编语言(低级语言)的功能,提供类型丰富、使用灵活的基本运算和数据类型,具有较高的可移植性。C 语言不仅适合于开发系统软件,而且也是开发应用软件和进行大规模科学计算的常用程序设计语言。

  由于 C 语言的基本概念复杂、内容丰富、使用灵活,一些初学者经常会发现,学习 C 语言的过程是一个充满挫折的艰难过程。一方面,觉得学习 C 语言内容枯燥,难度大;另一方面,即便学完了 C 语言程序设计课程,而要用 C 语言来独立编程解决一些实际问题时会感到无从下手,不能很好地将理论和实际结合起来。针对以上问题,作者通过认真分析和研究,并结合多年从事 C 语言课程教学的丰富实践经验,于 2008 年编写了《C 语言程序设计》一书,由清华大学出版社出版。该书的主要特点是以现代 C 语言标准 ANSI C 为主导,以成熟的 Visual C++ 6.0 为编译环境,全面介绍了 C 语言的基本理论、基本知识以及编程的基本技能和方法;针对初学者的特点,语言叙述通俗易懂,内容由浅入深,循序渐进,难易程度过渡自然;书中采用了大量与实际问题紧密结合的例题贯穿整个过程,实用性强;针对典型例题提供了举一反三的练习题,注重培养迁移知识的能力;每章后面提供了对本章知识点进行总结的复习思考题和难度呈梯次分布的习题,有助于抓住本章重点和难点,深入巩固和掌握所学知识。

  《C 语言程序设计》一书出版后,经过两年多的试用,得到了广大读者的肯定,并提出了不少宝贵的意见,在此表示感谢。根据计算机科学技术的发展和教学实践的需要,作者对该书进行了修订,出版第 2 版。第 2 版保持了第 1 版的写作特点,并在以下几方面做了改进:

  (1) 部分内容做了适当的调整,更加注重内容的精选。

  (2) 增加了一些全新的内容。例如增加了第 13 章,本章主要是结合 C 语言的所有知识,详细介绍用 C 语言开发的一个综合应用案例——股票交易系统的实现过程；在附录部分增加了 Visual C++ 6.0 环境下 C 程序的调试运行方法以及常见错误分析。

（3）考虑到第 1 版中有些内容的叙述过于简单，读者自学有一定的困难，此次修订也做了详细的讲解。

（4）适当增加了一些例题和习题。

修订后，全书共分为 13 章，主要内容如下：

第 1 章 C 程序设计入门　介绍了 C 语言的特点、程序结构，以及 C 语言的基本数据类型、基本运算、表达式及结构化程序设计的基本方法。

第 2 章顺序结构程序设计　介绍了 C 语言语句的分类、基本的输入输出处理以及顺序结构程序设计的基本方法。

第 3 章选择结构程序设计　介绍了 C 语言中实现选择结构的基本语句以及选择结构程序设计的基本方法。

第 4 章循环结构程序设计　介绍了 C 语言中实现循环结构的基本语句和循环结构程序设计的基本方法。为了突出应用，还介绍了穷举法、递推法以及求素数等常用算法。

第 5 章模块的实现——函数　介绍了在 C 语言中实现模块化程序设计的基本单位——函数的定义、调用方法以及函数参数的传递方式，全局变量和局部变量、变量的存储类别等概念，同时还介绍了函数的嵌套调用和递归调用方法。

第 6 章预处理命令　介绍了三种预处理命令的相关概念和使用方法。

第 7 章数组　介绍了一维数组、二维数组以及字符数组的定义、引用和初始化，数组名作为函数参数的调用方式，以及数组在一些实际问题中的应用，如排序、查找、求最大最小值等。

第 8 章指针　介绍了指针的概念，指针变量的定义和引用，同时还介绍了指向变量的指针，指向数组的指针，指向字符串的指针，指向函数的指针，以及多维指针等概念和应用。

第 9 章结构体与共用体　介绍了结构体类型、共用体类型和枚举类型的定义，以及这些类型变量的定义、引用、初始化和应用方法。

第 10 章动态数组与链表　介绍了 C 语言中实现动态存储分配的标准函数，以及动态数组和链表的概念及应用方法。

第 11 章文件　介绍了 C 语言中文件的基本概念，文件的打开和关闭方法以及文件的读写和定位方法。

第 12 章位运算　介绍了常用位运算符和位段的概念与使用方法。

第 13 章综合应用案例——股票交易系统　详细介绍了用 C 语言开发的一个综合案例——股票交易系统管理程序的设计和实现过程。

学习程序设计必须要循序渐进。建议读者在学习中做到先"读程序"，即要读懂已有的程序，真正搞清楚程序运行的方式和所完成的功能；然后"仿程序"，即模仿例题编写相似的程序，逐步训练自己举一反三的能力；最后"编程序"，即针对问题独立地编写出自己的程序，培养和提高解决实际问题的能力。

　　第 2 版仍然由向艳主编，第 1、第 2 章和附录由程起才执笔，第 3～第 5、第 7、第 9、第
10 和第 13 章由向艳执笔，第 8 章由周天彤执笔，第 6、第 11、第 12 章由程起才和史兵共
同执笔。总之，通过此次修订，使本书内容更丰富，叙述更详细，实用性更强，更有利于读
者学习。由于作者水平有限，书中错误在所难免，再次恳请读者批评指正。

编　者

2011 年 7 月

目录 contents

第1章

C 程序设计入门

以前的操作系统等系统软件主要都是用汇编语言编写的,但汇编语言的缺点是过分依赖计算机硬件,所以程序的可读性和可移植性都比较差。那么如何开发出一门既增强程序的可读性和可移植性,又能实现一般高级语言难以实现的对硬件进行直接操作的计算机语言呢? C 语言就是在这种问题背景下产生的。

C 语言最早的原型是 ALGOL 60 语言。1963 年,剑桥大学将其发展成为一种称为 CPL(Combined Programming Language)的语言。1967 年,剑桥大学的 Matin Richards 对 CPL 语言进行了简化,产生了 BCPL(Base Combined Programming Language)语言。1970 年,美国贝尔实验室的 Ken Thompson 对 BCPL 进行了修改,取名叫做 B 语言,并用 B 语言写了第一个 UNIX 操作系统。1972 年,美国贝尔实验室的 Dennis Ritchie 在 BCPL 和 B 语言的基础上设计出了一种新的语言,取 BCPL 中的第二个字母为名,这就是大名鼎鼎的 C 语言。1978 年,Dennis Ritchie 和 Brian Kernighan 合作推出了《The C Programming Language》的第一版(简称 K&R),成为当时 C 语言事实上的标准,通常人们也称之为 K&R 标准。随着 C 语言在多个领域的推广和应用,一些新的特性不断被各种编译器实现并添加进来。于是,当务之急就是建立一个新的"无歧义、与具体平台无关的 C 语言定义"。1983 年,美国国家标准委员会(ANSI)对 C 语言进行了标准化,并于 1989 年发布,通常称为 C89 标准。随后,《The C Programming Language》第 2 版开始出版发行,书中内容根据 ANSI C(C89)进行了更新。1990 年,国际标准化组织(ISO)批准了 ANSI C 成为国际标准,于是 ISO C(通常称为 C90)又诞生了。ISO C(C90)和 ANSI C(C89)在内容上完全一样。之后,ISO 在 1994 年、1996 年分别出版了 C90 的技术勘误文档,更正了一些印刷错误,并在 1995 年通过了一份 C90 的技术补充,对 C90 进行了微小的扩充,经过扩充后的 ISO C 被称为 C95。1999 年,ANSI 和 ISO 又通过了最新版本的 C 语言标准和技术勘误文档,该标准被称为 C99 。这基本上是目前关于 C 语言的最新、最权威的定义了。

现在,各种主流 C 编译器都提供了 C89(C90)的完整支持,但对 C99 还只提供了部分支持。

一种程序设计语言之所以能存在和发展,并具有生命力,总是有其不同于或优于其他语言的特点。C 语言的主要特点如下:

(1) 语言简洁、紧凑,使用方便、灵活。

（2）运算符丰富。

（3）数据结构丰富，具有现代化语言的各种数据结构。

（4）具有结构化的控制语句（如 if…else 语句、while 语句、do…while 语句、for 语句等）。

（5）语法限制不太严格，程序设计自由度大。

（6）允许直接访问物理地址。

（7）生成目标代码质量高，程序执行效率高。

1.1　简单的 C 语言程序

为了让 C 语言初学者对 C 语言编程有一个感性的认识，首先介绍几个简单的 C 语言程序。

【例 1-1】　在屏幕上显示出"hello world!"。

源程序：

```
# include<stdio.h>                            /* 预处理命令 */
void main()                                   /* 定义 main 函数 */
{
    printf("hello world!\n");                 /* 输出 hello world! */
}
```

运行结果：

```
hello world!
```

程序说明：

（1）程序由一个预处理命令和一个主函数 main 构成。

（2）预处理命令行中的 include 称为文件包含命令，扩展名为 .h 的文件称为头文件。

（3）void main()部分称为函数首部。其中，void 为函数返回值类型符，main 是主函数的名称，它表示程序执行时的起始位置，每一个 C 语言源程序有且仅有一个 main 函数，否则计算机就不知道从哪个位置开始执行程序。

（4）紧接函数首部之后是一对大括弧，所有的语句放在其中，这一部分称为函数体。

（5）在本程序函数体内只包含一条调用 printf 函数的语句。printf 函数的功能是把要输出的内容（如程序中的"hello world!"部分）送到显示器去显示。"\n"表示输出后换行。在 printf 函数调用后面紧接的";"是 C 语言语句的标志。

【例 1-2】　输入学生的学号和年龄并在屏幕上显示出来。

源程序：

```
/* the program displays your roll number and age */
# include<stdio.h>                            /* 预处理命令 */
void main()                                   /* 定义 main 函数 */
{
```

```
    int i,j;                                /* 定义两个变量,i 存放学号,j 存放年龄 */
    printf("please input your roll number:");
    scanf("%d",&i);                         /* 输入学生的学号 */
    printf("please input your age:");
    scanf("%d",&j);                         /* 输入学生的年龄 */
    printf("My roll number is NO.%d,",i);   /* 输出学生的学号 */
    printf("\n");
    printf("I am %d years old.",j);         /* 输出学生的年龄 */
}
```

运行结果：

```
please input your roll number:2✓
please input your age:23✓
My roll number is NO.2,
I am 23 years old.
```

其中：2 和 23 由用户通过键盘输入，分别代表学生的学号和年龄，符号"✓"表示键盘中的 Enter 键（即回车）。

程序说明：

（1）程序由注释、一个预处理命令和一个主函数 main 构成。

（2）"/ * "与" * /"之间的文本表示的是注释。所谓注释就是对程序的解释，让读该程序的人很容易知道被解释语句的含义。注释可以是任何可显示字符，它对程序的编译和运行不产生任何影响。

（3）函数体内的"int i,j;"称为变量定义语句，用来定义变量 i 和 j 的类型。C 语言规定，源程序中所有用到的变量都必须"先定义，后使用"，否则将会出错。

（4）在函数体内，除包含调用 printf 函数的语句外，还包含了调用 scanf 函数的语句。scanf 函数的功能是给变量输入值，第一个 scanf 给表示学号的变量 i 输入值，第二个 scanf 给表示年龄的变量 j 输入值，当这两条语句执行完之后，i,j 的值就是学生的学号和年龄。

（5）在上面的 scanf 函数中，变量前必须有 & 符号，请读者一定要注意。如果没有这个符号，可能会出现意想不到的结果，至于为什么要，等学习到 scanf 函数以及指针的时候再作系统介绍，现在只要求读者对此有一个感性认识就可以了。

（6）程序中一共使用了 5 个 printf 函数，其中第 3 个和第 5 个 printf 函数中出现了％d，它的功能是在输出的时候指明 printf 后面变量值的输出格式。第 3 个 printf 函数中的％d 就是用来指明变量 i 的输出格式，第 5 个 printf 函数中的％d 用来指明变量 j 的输出格式。至于 d 以及％的含义将在后续章节中详细介绍。

【例 1-3】　求任意两个数的最大值。

源程序：

```
#include<stdio.h>                           /* 预处理命令 */
int max(int a,int b)                        /* 定义 max 函数 */
```

```
{
    if(a>b)return a; else return b;              /* 把结果返回主调函数 */
}
void main()                                       /* 定义 main 函数 */
{
    int x,y,z;                                    /* 变量说明 */
    printf("input two numbers:\n");
    scanf("%d%d",&x,&y);                          /* 输入 x,y 值 */
    z=max(x,y);                                   /* 调用 max 函数 */
    printf("max=%d",z);                           /* 输出 */
}
```

运行结果：

```
input two numbers:
4 6↙
max= 6
```

程序说明：

（1）程序由一个预处理命令行、注释和两个函数（主函数 main 和 max 函数）组成，其中，主函数 main 调用 max 函数。

（2）max 函数被称为用户自定义函数。其函数首部的 int 代表函数返回值类型，max 为函数名，紧跟 max 后的括号中的"int a, int b"表示函数形式参数名和类型。max 函数的功能是比较两个数，然后把较大的数返回给主函数。

（3）程序的执行过程是从主函数开始，首先在屏幕上显示提示串，请用户输入两个数，按 Enter 键后由 scanf 函数语句接收这两个数送入变量 x、y 中，然后调用 max 函数，并把 x、y 的值传送给 max 函数的参数 a、b。在 max 函数中比较 a、b 的大小，把大者返回给主函数的变量 z，最后在屏幕上输出 z 的值。

根据以上三个例子，可以总结出 C 语言程序的主要结构如下：

（1）一个由 C 语言编写的程序可以由一个或多个源文件组成。

（2）每个源文件可由一个或多个函数组成。

（3）一个源程序不论由多少个文件组成，有且仅有一个 main 函数（主函数）。

（4）一个函数由函数首部和函数体两部分构成。函数首部即函数的第一行，包括函数返回值类型、函数名、函数形式参数类型和形式参数名。函数体即函数首部下大括号{}内的部分，由若干语句构成，每一个语句都必须以分号结尾。

（5）源程序中可以有预处理命令（如 include 命令），预处理命令通常应放在源文件的最前面。

（6）源程序中还可以包含一些注释部分。一个好的、有实用价值的源程序都应当加上必要的注释，以增加程序的可读性。

在本教材的第 5 章之前，读者编写一个 C 语言程序通常只要一个源文件，而且此文件只要一个函数（显然是主函数 main），读者所要做的工作就是在 main 主函数体内编写代码，这段代码通常由输入、处理和输出三部分组成。该框架简单描述如下：

```
# include< stdio.h>

void main()

{
    ...                     /* 需要读者编写的代码,通常包括输入、处理和输出三部分 */

}
```

1.2 基本数据类型

从 1.1 节例 1-2 中看到,表示学号和年龄的两个变量被定义成整型,也就是说它们的值只能是整数,那么如果要求表示年龄的变量能够取小数时又该如何定义呢? 如果要表示一个学生的姓名,又该如何定义呢? 总而言之,C 语言编译系统到底能处理哪些类型的数据呢? 对特定类型的数据,能够在其上进行哪些操作呢?

在 C 语言中可以使用的数据类型如图 1-1 所示。

在这一节主要介绍基本数据类型中的整型、实型及字符型,其他的数据类型在后续的章节中将会学习到。在学习这些基本数据类型之前,有必要先学习一下有关常量、变量以及标识符的概念,它是学习数据类型的基础。

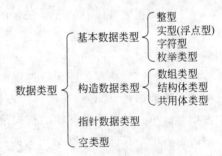

图 1-1 C 语言使用的数据类型

所谓"常量"就是在程序运行过程中,其值不能改变的量。常量从形式上可以分为:

(1) 字面常量(或直接常量)。

例如:

1、2、-1.5、'a'

从字面上看,这些数据在整个程序运行期间肯定不会改变。

(2) 符号常量。

就是用一个标识符来代替一个字面常量,一般是用 # define 来定义符号常量。

例如:

define PI 3.1416

这样,在程序中就可以用 PI 来表示 3.1416。

使用符号常量的优点主要是含义清楚、见名知意;修改方便、一改全改。

【例 1-4】 符号常量的应用。

源程序:

```
# include< stdio.h>
# define  PI 3.14                        /* 定义符号常量 PI */
void main()
{
```

```
float area1, area2, area3, area4, area5;
area1=1 * 1 * PI;
printf("area1=%f\n",area1);
area2=2 * 2 * PI;
printf("area2=%f\n",area2);
area3=3 * 3 * PI;
printf("area3=%f\n",area3);
area4=4 * 4 * PI;
printf("area4=%f\n",area4);
area5=5 * 5 * PI;
printf("area5=%f\n",area5);
}
```

从上面的程序可以看出符号常量的优点：PI 明显就是圆周率，见名知意；如果要把圆周率改为 3.14，不需要改动 5 次，而仅仅将 ♯ define PI 3.1416 改为 ♯ define PI 3.14，达到一改全改。

所谓"变量"就是在程序运行过程中，其值可以改变的量。在程序设计中变量的作用是用来存放数据，因此必须在内存中占据一定数量的存储单元。不同类型的变量在内存中占据存储单元的数量及存储的格式是不同的，所以要告诉编译系统你需要的变量在内存中占据多少个存储单元以及什么样的存储格式。这两方面的问题可以通过变量定义来告诉编译系统，当变量定义好后，编译系统就可以为之分配合适的存储单元，从而可以把数据存储到该空间中去。这就是 C 语言中所谓的变量要"先定义，后使用"的原则。通常，初学者经常会犯直接使用变量，而不先定义变量的错误。如何定义变量将在讲具体数据类型的时候详细介绍。

所谓"标识符"就是用来标识变量名、符号常量名、函数名、数组名、类型名、文件名等的有效字符序列。在 C 语言中标识符命名的规定如下：

(1) 只能由字母(a～z，A～Z)、下划线(_)及数字(0～9)组合而成。而且开头必须是字母或下划线，即不能以数字开头。

(2) 大小写字母表示不同意义，即代表不同的标识符。

(3) 不能使用关键字来作为标识符。C 语言关键字见附录 D。

例如，以下标识符是合法的：

a,x,x3,BOOK,sum5

而以下标识符是非法的：

```
3q       以数字开头
S+T      出现非法字符+
-5x      以减号开头
int      关键字
```

注意：变量有很多种数据类型，常量也有与之相适应的数据类型。在把常量赋给变量时，最好使它们的数据类型相同，否则可能会出现意想不到的结果。下面介绍常量和变量有哪些基本数据类型。

1.2.1　整型数据

在 C 语言中,有 3 种类型的整型数据:基本整型(普通整型)、长整型、短整型。具体表现形式可以是常量和变量两种。

1. 整型常量

整型常量就是说该常量的类型是整型。在 C 语言中,整型常量的表示方法可以分为八进制、十进制和十六进制这三种表示方法。

(1) 八进制整型常量:必须以数字 0 开头,其数码为 0～7。

(2) 十进制整型常量:首位数字不能是数字 0,其数码为 0～9。

(3) 十六进制整型常量:必须以数字 0 加上字母 X 或 x(即 0X 或 0x)开头,其数码为 0～9,A～F 或 a～f。

其中,八进制整型常量和十六进制整型常量只能表示非负整数,十进制整型常量可以表示任何整数及 0。

例如,以下各数均是合法的整型常量:

016　　表示八进制常量,其十进制值为 14。

0101　表示八进制常量,其十进制值为 65(注意,不能把 0101 当成二进制数,因为在 C 语言中,不能用二进制表示整型常量)。

1627　表示十进制常量。

0X2B　表示十六进制常量,其十进制值为 43。

又如,以下各数均不是合法的整型常量:

03A8　既然以 0 打头,就是八进制整型常量,但包含了非八进制数码。

23D　　既然没有以 0 打头,就肯定是十进制整型常量,但含有非十进制数码。

0X3H　既然以 0X 打头,就肯定是十六进制整型常量,但含有非十六进制数码。

注意:通常在学习《大学计算机基础》这门课的时候,提到进制的表示方法跟这里表示不一样。例如,表示十进制 1627,一般写成 1627D 或 $(1627)_{10}$;表示十六进制 2B,一般写成 2BH 或 $(2B)_{16}$;表示八进制 16,一般写成 16O 或 $(16)_8$ 等。如何理解它们的不同点呢?《大学计算机基础》提到的进制表示方法可以理解为"它这样写,仅仅是给人看的,人能够理解的",而 C 语言中的整型常量表示方法是要"写给编译系统看的,编译系统能理解的",如果用其他的表示方法,C 编译系统就无法理解。

在 C 语言中,整型常量具体可以细分为 3 种数据类型,如何判别某个整型常量是属于哪一种数据类型呢? 一般按照如下规则:

(1) 整型常量后面加字母 U(u),表示该常量为无符号的普通整型常量。如 32U 是无符号的普通整型常量。

(2) 整型常量后面加上 L(l),表示该常量为长整型的常量。如 32L 是长整型常量。

(3) 整型常量后面同时加上字母 U(u)和 L(l),表示该常量为长整型的无符号常量。

如 32LU 是无符号的长整型常量。

（4）整型常量后面不加任何字母，那么如果该常量在有符号的普通整型的范围内，该常量的数据类型就是有符号的普通整型；否则，该常量的数据类型就是无符号的普通整型。如 32 是有符号的普通整型。

2. 整型变量

整型变量是用来存放整数的变量。前面讲到整型常量的数据类型有 3 种，那么整型变量的数据类型同样也有 3 种，具体可以分为：

（1）短整型：类型名为 short int 或 short。

（2）普通整型：类型名为 int。

（3）长整型：类型名为 long int 或 long。

ANSI C 标准没有具体规定以上各类型所占内存单元的字节数，只要求 long 型所占字节数不小于 int 型，short 型不多于 int 型，具体如何实现，由各计算机系统决定。例如，在使用的 TC2.0 编译系统下，int 型和 short 型变量占 2 个字节，long 型变量占 4 个字节。但在 Visual C++ 6.0 编译系统下，short 型变量占 2 个字节，int 型和 long 型变量占 4 个字节。本书是基于 Visual C++ 6.0 编译系统编写的，所以在后续章节中不再提及 long 型。

另外，在定义上述三类整型变量时，都可以加上修饰符 unsigned 和 signed，以分别指定为"无符号型"和"有符号型"，且 signed 可以省略。

归纳起来，在 C 语言中可以定义和使用表 1-1 所示的 6 种整型变量。

表 1-1　整型变量的类型

名　称	类 型 名	数 的 范 围	字节数
[有符号]短整型	short [int]	$-32\,768 \sim 32\,767$，即 $-2^{15} \sim (2^{15}-1)$	2
无符号短整型	unsigned short [int]	$0 \sim 65\,535$，即 $0 \sim (2^{16}-1)$	2
[有符号]普通整型	int	$-2\,147\,483\,648 \sim 2\,147\,483\,647$，即 $-2^{31} \sim (2^{31}-1)$	4
无符号普通整型	unsigned [int]	$0 \sim 4\,294\,967\,295$，即 $0 \sim (2^{32}-1)$	4
[有符号]长整型	long [int]	$-2\,147\,483\,648 \sim 2\,147\,483\,647$，即 $-2^{31} \sim (2^{31}-1)$	4
无符号长整型	unsigned long[int]	$0 \sim 4\,294\,967\,295$，即 $0 \sim (2^{32}-1)$	4

注：方括号中的内容表示在书写或者表达的时候可以省略。

由于 C 语言规定变量要"先定义，后使用"，因此在使用整型变量时，一定要先定义其类型。定义整型变量的一般形式为：

类型名　变量名 1[,变量名 2, …];

例如：

short a;　　　　　　　　定义 a 为短整型变量

int m,n　　　　　　　　定义 m,n 为普通整型变量

long i,j;　　　　　　　　定义 i,j 为长整型变量

unsigned p,q;　　　　　定义 p,q 为无符号普通整型变量

在定义任何类型的变量时,需要注意的共性是:

(1) 当在一个类型名后定义多个相同类型的变量时,各变量名之间用逗号间隔,类型名与变量名之间至少用一个空格间隔。

(2) 在最后一个变量名之后必须以";"号结尾。

(3) 变量名的取名方法要符合 C 语言标识符的有关规定。

(4) 变量必须"先定义,后使用"。

介绍到这里,有必要指出跟变量定义非常相关的概念,即"变量初始化"。所谓"变量初始化"就是在定义变量的同时给变量赋初值的方法。其一般形式为:

类型名　变量名 1 [=值 1],变量名 2 [=值 2],…;

例如:

```
int x=2,y=3,z=4;            定义 x,y,z 为普通整型变量且分别赋初值 2,3,4
long a=3255 ;               定义 a 为长整型变量,且赋初值 3255
unsigned c=47,d;            定义 c,d 为无符号普通整型变量,且给 c 赋初值 47
```

当给多个变量赋相同的值时,应该写成如下形式:

```
int x=2,y=2,z=2;
```

若写成 int x=y=z=2;是错误的。

3. 整数的溢出问题

C 语言为整型变量提供了 6 种类型,但不管是哪种类型表示的整数总有一定的范围(具体如表 1-1 所示),当超出该范围时称为整数的溢出。

【例 1-5】　短整型数据的溢出。

源程序:

```c
#include<stdio.h>
void main()
{
    short int a,b;
    a=32767;
    b=a+1;
    printf("%d+1=%d\n",a,b);
}
```

在 Visual C++ 6.0 环境下的运行结果为:

```
32767+1=-32768
```

为什么结果不是 32767+1=32768 呢? 原因是 short 型变量 a 占用两个字节空间,只能表示-32768～32767 范围内的数据。变量 a 在内存中的补码表示形式是:

a:　| 0 | 1 | 1 | 1 | 1 | 1 | 1 | 1 | 1 | 1 | 1 | 1 | 1 | 1 | 1 | 1 |

当执行 b＝a＋1 时，short 型变量 b 在内存中的补码表示形式是：

b: | 1 | 0 | 0 | 0 | 0 | 0 | 0 | 0 | 0 | 0 | 0 | 0 | 0 | 0 | 0 | 0 |

很明显，上面变量 a 和变量 b 在内存的表示形式分别代表了整数 32767 和 −32768 的补码，其中 b 的值之所以为 −32768 而不是 32768，是由于产生了数据的溢出。

假设想要得到 32767＋1＝32768 的结果，只需将 b 的类型改为 int 型就可以了。因此，为了防止产生整数的溢出现象，必须先估计所要处理的数据范围，再根据其范围选择合适的数据类型。

思考：如果将 b＝a＋1 改成 b＝a＋2 应该是多少呢？如果将 a＝32767 和 b＝a＋1 分别改成 a＝−32768 和 b＝a−2，那么结果又是多少呢？读者可以从补码的特点考虑，具体情况读者自己分析。

1.2.2　实型数据

C 语言实型数据常用的主要有单精度数和双精度数两种类型。表现形式可以是常量和变量。

1. 实型常量

实型也称为浮点型。实型常量也称为实数或者浮点数。实型常量就是说该常量的类型是实型。在 C 语言中，实型常量只采用十进制，具体形式有两种：小数形式和指数形式。

（1）小数形式：由数字及小数点组成。注意，必须有小数点。

例如，以下均为合法的实数：

$0.0, .25, 5.789, 0.13, 5.0, 300., -267.8230$

（2）指数形式：一般形式为 aEn 或者 aen（a 称为基数，n 称为阶码，其值为 $a \times 10^n$）。

例如，以下均是合法的实数：

$2.1E5, 3.7E-2, 0.5E7, -2.8E-2$

如果要表示 0.000001，在 C 语言中可以写成 1E−6 的简单形式。

又如，以下不是合法的实数：

345（无小数点）

E7（阶码标志 E 之前无数字）

−5（无阶码标志）

53.−E3（负号位置不对）

2.7E（无阶码）

常用的实型常量分为 float（单精度）和 double（双精度）。在实型常量后面加字母 F(f) 表示该常量为 float 型常量，不加任何字母表示该常量为 double 型常量。

例如：

1.23　　表示 double 型常量

23E3f　　表示 float 型常量

2. 实型变量

C 语言提供常用的实型变量类型有：

(1) 单精度型：类型名为 float。

(2) 双精度型：类型名为 double。

ANSI C 并未规定每种类型数据的长度、精度和数值范围，一般的 C 编译系统为 float 型在内存中分配 4 个字节，为 double 型分配 8 个字节。如表 1-2 所示。

表 1-2　实型变量的类型

类型名	字节数	有效数字	数的范围
float	4	6～7	$10^{-38} \sim 10^{38}$
double	8	15～16	$10^{-308} \sim 10^{308}$

实型变量定义格式和初始化与整型变量相同。

例如：

float x=3.0,y=5.0;　　　　　　　定义 x,y 为单精度实型量,并分别初始化为 3.0 和 5.0

double a,b,c=5.0;　　　　　　　定义 a,b,c 为双精度实型量,并将 c 初始化为 5.0

3. 数据的舍入误差

实型变量也是由有限的存储单元组成的，能提供的有效数字是有限的。这样就会存在数据的舍入误差。

【例 1-6】　一个较大实数加上一个较小实数。

源程序：

```
#include<stdio.h>
void main()
{
    float x=1.24356E10, y;
    y=x+23;
    printf("x=%e\n",x);
    printf("y=%e\n",y);
}
```

运行结果为：

```
x=1.243560E+10
y=1.243560E+10
```

这里 x 和 y 的值都是 $1.243560E+10$,按照常理,显然是有问题的,原因在于 float 只能保留 6～7 位有效数字,变量 y 所加的 23 被舍弃。由于舍入误差的原因,进行计算时,要避免一个较大实数和一个较小实数相加减。

注意：实型数据的数值精度与取值范围是两个不同的概念。例如，实数 1234567.89 在单精度浮点型数据的取值范围内，但它的有效数字超过了 8 位，如果将其赋给一个 float 型的变量，该变量的值可能是 1234567.80，其中最后一位是一个随机数，损失了有效数字，从而降低了精度。

1.2.3 字符型数据

C 语言的字符型数据主要包括 ASCII 码表中的所有符号。表现形式可以是常量和变量两种。

1. 字符型常量

字符型常量可以分为普通字符型常量和转义字符型常量。

（1）普通字符型常量。

用单引号括起来的一个字符称为普通字符型常量。例如，'d'、'e'、'='、'+'、'−'等。

（2）转义字符型常量。

用单引号括起来的，以反斜线"\"打头的，并且后面跟一个或多个字符，称为转义字符型常量。所谓"转义"，就是改变了字符原来的意思，具有新的含义。常用的转义字符如表 1-3 所示。

表 1-3 常用的转义字符

转义字符	含　　义	ASCII 代码
\n	回车换行	10
\t	横向跳到下一制表位置	9
\\	反斜线符"\"	92
\'	单引号符	39
\"	双引号符	34
\ddd	1～3 位八进制数所代表的字符	
\xhh	1～2 位十六进制数所代表的字符	

表 1-3 中值得注意的是"\ddd"与"\xhh"这两个转义字符常量，它们最主要的区别在于有没有 x，有 x 表示其后的数据是十六进制的，没有 x 表示该数据是八进制的。

例如：

'\102' 没有 x，表示 102 是八进制，所以它表示 ASCII 码值为 66 的字符，即字符 'B'

'\x41' 有 x，表示 41 是十六进制，所以它表示 ASCII 码值为 65 的字符，即字符 'A'

又如，以下不是合法的转义字符：

'\190' 既然没有 x，说明 190 是八进制，但是 9 不是属于八进制的数码

'\x102' 既然有 x，说明 102 是十六进制，但是最多只能有两位十六进制数码

2. 字符型变量

字符型变量是用来存储字符常量的，每个字符变量占用一个字节的内存空间，字符

变量的类型名是 char。字符变量的定义及初始化格式与整型变量相同。

例如:

```
char c1='A',c2;
```

以上定义了两个字符变量 c1,c2,并且将字符常量'A'赋给字符变量 c1。

字符数据在内存中是怎么存放的呢? C 语言规定:将一个字符放到一个字符变量中,并不是把该字符放到内存单元中,而是将该字符的 ASCII 码存放到变量的内存单元之中。

例如,'a'的十进制 ASCII 码是 97,'b'的十进制 ASCII 码是 98。如果将'a','b'赋给字符变量 c1 和 c2,那么实际上 c1 和 c2 两个存储单元存放的是 97 和 98 的二进制代码。

c1:

0	1	1	0	0	0	0	1

c2:

0	1	1	0	0	0	0	1

因此可以把字符型常量(变量)看成是整型常量(变量),即字符型与整型可以"通用"。C 语言允许对整型变量赋以字符值,也允许对字符变量赋以整型值。在输出时,允许把字符变量按整型量输出,也允许把整型量按字符量输出。但需要注意的是,在 Visual C++ 6.0 环境下,短整型占用 2 个字节,普通整型占用 4 个字节,而字符型占用 1 个字节,所以当把整型按字符型处理时,只有低 8 位字节参与处理。

【例 1-7】　整型量赋给字符变量。

源程序:

```
#include<stdio.h>
void main()
{
    char a,b;
    a=120;
    b=121;
    printf("%c,%c\n",a,b);
    printf("%d,%d\n",a,b);
}
```

运行结果为:

```
x,y
120,121
```

本程序中定义 a,b 为字符型,但在赋值语句中赋以整型值。从结果看,a,b 值的输出形式取决于 printf 函数格式串中的格式符,当用 %c 格式输出时,输出的就是字符;当用 %d 格式输出时,输出的就是整数。

【例 1-8】 字符常量赋给字符变量。

源程序：

```
#include<stdio.h>
void main()
{
    char a,b;
    a='a';
    b='b';
    a=a-32;
    b=b-32;
    printf("%c,%c\n",a,b);
    printf("%d,%d\n",a,b);
}
```

运行结果为：

```
A,B
65,66
```

本程序中，a,b 被定义为字符型变量并赋以字符常量。C 语言允许字符型数据参与数值运算，即用字符的 ASCII 码参与运算。由于大小写字母的 ASCII 码相差 32，因此运算后把小写字母换成大写字母，然后分别以整型和字符型输出。

3. 字符串常量

字符串常量就是以一对双引号" "括起来的，里面有一个或多个的字符序列。例如，"C "、"C Language"等。

字符型常量和字符串型常量是两种不同的数据类型，字符型常量占 1 个字节的空间，而字符串型常量占的字节数等于字符串中字符数加 1，增加的 1 个字节用来存放字符'\0'（ASCII 码为 0）。\0 是字符串结束的标志，也就是说任何字符串的最后一个字符都是'\0'。

例如，字符常量'c'与字符串常量"c"在内存中的表示是不一样的。'c'在内存中占 1 个字节，如图：

c

"c"在内存中占 2 个字节，如图：

c	\0

注意："" （里面不含任何字符）与" □"（□表示空格）的区别。前者占用 1 个字节，即字符'\0'所占用的空间；后者占用 2 个字节的空间，一个是空格字符占用的 1 个字节空间，另一个是字符'\0'占用的字节空间。一般称""（里面不含任何字符）为空字符串，简称空串。

1.3 运算符和表达式

C 语言的运算符种类非常繁多，具体可以分为算术运算符、关系运算符、逻辑运算符、位操作运算符、赋值运算符、条件运算符、逗号运算符、指针运算符和求字节数运算符等。那么什么是表达式呢? 可以从两个角度去理解。

(1) 常量、变量和函数是最简单的表达式,用运算符将表达式正确连接起来的算式也是表达式。例如,3、i、sqrt(2.0)、3+i−fabs(−5.0)以及 y=18+'B'/'b' * 20−sqrt(4.0)都是表达式。

(2) 表达式是由运算符和运算对象(操作数)组成的有意义的运算式。其中,运算符就是具有运算功能的符号,运算对象是指常量、变量或者函数等表示式。C语言中有多种与运算符对应的表达式,例如算术运算符对应的是算术表达式、关系运算符对应的是关系表达式、逻辑运算符对应的是逻辑表达式等。

注意:任何一个表达式都有一个值及其类型,它们等同于该表达式计算后所得结果的值和类型。假设变量 y 为 int 型,那么怎么求出表达式 y=18+'B'/'b' * 20−sqrt(4.0)的值呢? 该值的数据类型是什么呢? 这就需要介绍下面的知识。

1.3.1　运算符优先级及结合性

在表达式求值时,按运算符优先级别高低次序执行,先做优先级高的,后做优先级低的,例如先乘除后加减。如果优先级相同,则按照结合性进行处理。

C语言对每个运算符优先级和结合性都进行了规定,可以参考书后的附录 B。

例如,表达式 y=18+'B'/'b' * 20−sqrt(4.0)的求值顺序为:

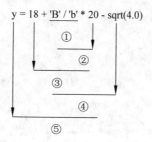

表达式的求值顺序已经得到解决了。但是,该值的类型是什么呢? 如果参加运算的操作数的类型不同,在表达式的求值过程中又该如何处理? 这就是下面要介绍的类型转换规则。

1.3.2　数据类型转换

数据类型转换分为两种:隐式(自动)转换和显式(强制)转换。所谓"隐式转换"就是编译系统自动完成,不需要用户添加额外的代码;所谓"显式转换"就是通过强制转换运算符进行类型转换。

1. 隐式转换

隐式转换主要发生在以下三个方面:

(1) 运算转换:不同类型数据混合运算时。

(2) 赋值转换:把一个值赋给与其类型不同的变量时。

（3）函数调用转换：实际参数与形式参数类型不一致时转换。

下面就上述三个方面逐一介绍。

1）运算转换

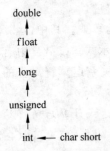

图 1-2　不同类型的数据运算时转换

运算转换发生在不同类型数据进行混合运算时，由编译系统自动完成。运算转换规则如图 1-2 所示。

其中横向向左的箭头表示必须的转换，即 char 型和 short 型必须先转换为 int 型。即使是两个 char 型数据或者 short 型数据进行算术运算，也都必须先转换成 int 型再运算。

纵向向上的箭头表示当参加运算的数据类型不相同时才发生的转换。例如 int 型数据与 double 型数据进行运算，先将 int 型转换为 double 型，使得两个数据均为 double 型，再开始进行运算，结果为 double 型。

注意：int 型转换为 double 型数据，不要理解为首先把 int 型转化为 float 型，再把 float 型转换为 double 型，而是直接将 int 型转化成 double 型。

【例 1-9】 运算转换的应用。

源程序：

```
#include<stdio.h>
void main()
{
    char ch='A';
    int i=5;
    float f=3;
    double d=5;
    printf("value of the expression is %f\n",i*i+ch/i+f*d-(f+i));
    printf("size of the expression is %d\n",sizeof(i*i+ch/i+f*d-(f+i)));
}
```

运行结果：

```
value of the expression is 45.000000
size of the expression is 8
```

从运行结果可以看出，表达式 i * i+ch/i+f * d−(f+i)的类型为 double 型。为什么是 double 类型呢？从图 1-3 中就可以一目了然了。

2）赋值转换

如果赋值运算符两侧的类型不一致，系统将会进行赋值转换，即把赋值运算符右边的类型换成左边的类型。例如 x＝3.5；假设 x 是 int 型，但 3.5 是 double 型，故要将 double 型转化

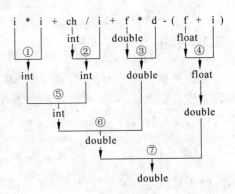

图 1-3　表达式 i * i+ch/i+f * d−(f+i) 的类型转换过程

为 int 型,所以 x 的值为 3,即该赋值表达式的值也为 3。具体的赋值转换规则将在赋值表达式一节介绍。

3) 函数调用转换

函数调用时,如果实际参数与形式参数类型不一致,就发生函数调用转换。实质上函数调用转换从某种意义上可以归结到赋值转换,具体内容将在第 5 章介绍。

2. 显式转换

显式转换是借用强制类型转换运算符"(类型)"实现的,其一般格式为:

(类型名)操作数

需要注意以下两个方面:

(1) 类型名两边必须有括号,否则就不符合强制运算符的规定。

(2) 强制运算符也是一种运算符,当然就具有优先级和结合性了,从附录 B 中可以看到强制运算符的优先级是第 2 级,结合方向是自右向左,是单目运算符,即只有一个操作数。

例如:

(int)(x+y)　先求出表达式 x+y 的值,因为运算符()的优先级比强制运算符(int)的优先级高,然后再由强制运算符(int)将表达式 x+y 的结果强制转换成 int 型。

(int)x+y　先求表达式(int)x 的值,即将 x 转换成 int 型,因为(int)的优先级比"+"高,然后再将转换后的结果同 y 相加,即(int)x+y 与(int)(x)+y 等价。

注意:在进行强制类型转换时,得到的是一个所需类型的中间量,原来操作数的类型未发生变换。例如(int)x;假设已定义 x 为 double 类型,进行强制类型转换后,得到一个 int 型的中间量,它的值等于 x 的整数部分,而 x 的类型仍然为 double。

【例 1-10】　强制类型转换运算符的运用。

源程序:

```c
#include<stdio.h>
void main()
{
    double x=10.17,y=3.0;
    printf("%d \n",sizeof((int)(x+y)));
    printf("%d \n",sizeof((int)x+y));
    printf("%d \n",sizeof((int)10.17));
}
```

运行结果:

4

8

4

所以对于上面所提到的 y=18+'B'/'b' * 20-sqrt(4.0)表达式而言,根据前面的分

析,很容易知道该表达式在具体计算过程中的类型转换过程,如下所示:

$$y=18+'B'/'b'*20-sqrt(4.0)$$

第一步:y[i]=18[i]+0[i]*20[i]-sqrt(4.0[d])[d]

第二步:y[i]=18[i]+0[i]-sqrt(4.0[d])[d]

第三步:y[i]=18[i]-sqrt(4.0[d])[d]

第四步:y[i]=18[i]-2.0[d]

第五步:y[i]=16.0[d]

第六步:16[i]

其中:[i]表示 int 型,[d]表示 double 型,sqrt()的返回值及参数类型均为 double 类型。

1.3.3　算术运算符和算术表达式

在 C 语言中,算术运算符有以下几个:

- ＋:加法运算符(双目运算符,优先级为第 4 级,具有左结合性)。例如,a＋b,i＋8 等。
- 一:减法运算符(双目运算符,优先级为第 4 级,具有左结合性),或者负值运算符(单目运算符,优先级为第 2 级,具有右结合性)。例如,x－5,－5 等。
- *:乘法运算符(双目运算符,优先级为第 3 级,具有左结合性)。
- /:除法运算符(双目运算符,优先级为第 3 级,具有左结合性)。
- %:求余运算符(双目运算符,优先级为第 3 级,具有左结合性)。

需要注意的是:

(1)"%"运算符两侧必须均为整型数据,例如,7%3 的值为 1。

(2)如果"/"运算符两侧的操作数都是整型,根据前面所讲的知识,不需要进行类型转换,所以结果仍然是整型。例如,7/3 数学意义上的值约为 2.3,但在计算机中,它的值为 2。如果要让计算机得到 2.3,想一想有哪些办法?

所谓"算术表达式"是由算术运算符连接起来的合法式子就是算术表达式。例如:

a+b

(a * 6)/b

sin(x)+sin(y)

1.3.4　赋值运算符和赋值表达式

赋值运算符分为简单赋值运算符、复合赋值运算符两大类。

1)简单赋值运算符

简单赋值运算符为"="。由"="连接的式子称为赋值表达式。

例如:

x=3

y=a+b

y=abs(3)

赋值运算符的优先级为第 14 级,仅仅比","运算符的优先级高,但比其他运算符的优先级都要低。结合方向是自右向左。

2) 复合赋值运算符

C 语言规定可以使用以下 10 种复合赋值运算符:

$+=$,$-=$,$*=$,$/=$,$\%=$,$<<=$,$>>=$,$\&=$,$\hat{\ }=$,$|=$

其优先级以及结合性与"="一样。后 5 种是关于位运算符与赋值运算符的复合运算的,将在第 12 章进行详细介绍,在这里仅仅介绍算术运算符与赋值运算符的复合运算。

算术运算符与赋值运算符的复合运算在形式上可以总结为:

变量名 op=表达式

它等价于:

变量名=变量名 op 表达式

其中 op 代表算术运算符。

例如:

```
x-=5        等价于    x=x-5
y*=a-8      等价于    y=y*(a-8)
```

虽然复合赋值运算符有利于编译处理,能产生高质量的目标代码,但对于初学者来说,在编程的时候,首先要保持程序的可读性,不要刻意追求使用复合赋值运算符。

所谓"赋值表达式"是由赋值运算符将一个变量和一个表达式连接起来的合法算式称为赋值表达式。其一般形式为:

变量名=表达式

赋值表达式表示两层含义:

(1) 该变量的值现在已经被更改成表达式的值,该变量以前的值被覆盖了。

(2) 此赋值表达式的值为该变量的值。

例如,下面表达式都是合法的赋值表达式:

```
x=5        x的值现在变为 5,以前的值将被覆盖。表达式的值为 x 的值,即等于 5
x-=5       x的值现在变为 0,以前的值 5 将被覆盖。表达式的值为 x 的值,即等于 0
```

赋值运算符左侧的单个变量称为"左值"(left value,简写为 lvalue)。注意,并不是任何对象都可以作为左值,单个变量可以作为左值,而表达式(除单个变量外)、常量是不能作为左值的。

例如,以下表达式:

```
x+y=6
5=x+3
```

都是不合法的。

赋值运算符右侧的表达式称为"右值"（right value，简写为 rvalue），可以是任何表达式。

例如：

x=3　　变量 x 作为左值，常量 3 作为右值

y=x　　变量 y 作为左值，变量 x 作为右值

y=x+3　变量 y 作为左值，表达式 x+3 作为右值

从赋值表达式的形式来看，并没有规定赋值运算符右边表达式的类型，也就是说什么类型的表达式都可以，那么当然可以是赋值表达式了。

例如，假设 x=3，y=5，则赋值表达式 x=y=5 的值为多少呢？

根据赋值运算符的结合性是自右向左的，x=y=5 等价转化为 x=(y=5)。y=5 是一个赋值表达式，执行完后，y 的值现在为 5，y=5 表达式的值也为 5，所以 x=(y=5) 等价转化为 x=5，执行完后，x 的值现在为 5，x=5 表达式的值也为 5，即整个表达式 x=y=5 的值为 5。

从这个例子容易发现，表达式 a=1*2=3*4 是不合法的，因为 1*2 不能作为第二个赋值运算符的左值。

在前面已经介绍了 C 语言的三大基本类型：字符型、整型和实型。它们之间进行互相赋值时，如果赋值运算符左右两边的操作数的数据类型不相同，那么编译系统就要进行赋值类型转换，即把赋值运算符右边表达式的类型转换成左边变量的类型。常用的转换规则简要总结如下：

(1) 整型赋予字符型，只把低 8 位赋予字符量。

例如：

```
short i=289;
char c='a'
c=i;
```

赋值情况如下所示，c 的值为 33，如果用 %c 输出 c，将得到字符 '!'（因为 '!' 的 ASCII 码值为 33）。

i=289	00000001	00100001
c=33		00100001

(2) 整型赋予实型，数值不变，但将以浮点形式存放。

例如，假设 i 是 float 型的，执行 "i=24" 时，先将 24（int 型）转换成 24.0（float 型），再将 24.0 存储在 i 中。

(3) 实型赋予整型，舍去小数部分。

例如，假设 i 是 int 型的，执行 "i=3.14" 时，先将 3.14（double 型）转换为 3（int 型），再将 3 存储在 i 中，即 i 的值为 3，而不是 3.14。

(4) 字符型赋予整型，值保持不变。

例如：

```
int i;
char c='b';
i=c;
```

此时 i 的值为 98，如果用%d 输出 i，此时显示器上显示 98。

1.3.5　逗号运算符和逗号表达式

在 C 语言中，","号起两个作用：

（1）起分隔符作用，用于间隔多个变量定义或者函数中的参数等。

例如：

```
int a,b,c;
printf("%d%d",i,j);
```

（2）起运算符作用，其对应的逗号表达式的一般形式为：

表达式 1，表达式 2，…，表达式 n

逗号表达式的计算顺序是：先计算表达式 1，然后计算表达式 2……最后计算表达式 n，并以表达式 n 的值作为该逗号表达式的值，以该值的类型作为该逗号表达式的类型。

逗号运算符的优先级最低，结合方向是从左向右的。

例如：

```
表达式：2,4,6 的值为 6
表达式：i=5,i=6,i 的值是 6
```

逗号表达式需要注意的是：

（1）从上面逗号表达式的一般形式可以看出，表达式 1 到表达式 n 并没有指明是哪种类型的表达式，所以任何类型的表达式都可以组成逗号表达式，甚至是逗号表达式本身，如 2,3,(3+5),6。

（2）不要以为逗号表达式的值是表达式 n，所以不需要计算前面的表达式值，这是错误的。原因在于计算表达式 1 到表达式 n−1 的值过程中，可能会影响到计算表达式 n 的值。

例如，假设 a=3，求表达式 a=3*5，a*4 的值？

在这个逗号表达式中，把 a=3*5 看作表达式 1，它是既含有赋值运算符"="，又含有算术运算符"*"的混合表达式；把表达式 a*4 看作表达式 2，它是一个算术表达式。根据逗号表达式的计算顺序，a=3*5 得 a=15；再求 a*4 得 60，即为整个表达式的值（a 的值仍为 15）。如果不计算表达式 1，直接计算表达式 2，将会得到 12 这个错误的结果。

1.3.6　关系运算符和关系表达式

关系运算符是用来比较两个操作数大小关系的运算符。大家都应该熟悉，数学中两个数的大小关系不外乎有相等、不相等、大于、大于或等于、小于、小于或等于这6种。C语言也提供了这6种关系运算符，具体如表1-4所示。

表1-4　关系运算符

运算符	作　用	运算符	作　用	运算符	作　用
＞	大于	＜	小于	＝＝	等于
＞＝	大于或等于	＜＝	小于或等于	！＝	不等于

说明：

（1）关系运算符的总体优先级是高于赋值运算符，低于算术运算符。但关系运算符内部的优先级是前4种高于后两种，结合方向是自左向右，详见附录B。

（2）表示两者相等的关系，不是用"＝"，而是用"＝＝"，因为"＝"是赋值运算符，它是把两者之中一个量赋给另外一个量，而不能表示两者之间相等的关系。

（3）"大于等于"、"小于等于"、"不等于"的符号与数学上表示不相同，这一点对于初学者来说应引起注意。记住"谁先读，先写谁"这个规则就不会错了。例如，"大于或等于"是先读"大于"，所以先写"＞"；然后再读"等于"，所以后写"＝"，故为"＞＝"。

所谓"关系表达式"就是用关系运算符将两个表达式连接起来的式子。由于任何一种类型的表达式都有一个值，那么关系表达式的值是如何计算的呢？

这要从关系运算符的含义来分析。关系运算符是表示两个操作数之间大小关系的，也就是说给定两个操作数，那么这两个操作数之间的大小关系就确定了，言外之意就是说，如果用上述关系运算符来表示给定的两个操作数之间的大小关系的话，那么肯定有些关系运算符能够正确反映它们两者之间的关系，有些关系运算符不能正确反映它们两者之间的关系。比如给定两个操作数5和3，那么＞、＞＝、！＝能够正确反映5和3的大小关系，也就是说5＞3，5＞＝3，5！＝3这三个关系表达式是"正确"的，从命题的角度看，就是说这三个式子是"真"的或"正确"的。"正确"、"真"都是从汉语言（人类语言）角度，用文字的形式来描述一个关系表达式的正确性。那么从计算机语言角度，计算机内部如何表示一个关系表达式的正确性呢？C语言规定：用整数1表示汉语言中的"真"，用整数0表示汉语言中的"假"。即如果该表达式是"真"的，那么该表达式的值就是1；如果该表达式是"假"的，那么该表达式的值就是0。

总之，关系表达式的值只有两种，要么是1，要么是0。

【例1-11】　关系表达式的运用。

源程序：

```
# include<stdio.h>
void main()
{
    char ch= 'w';
    int a=2,b=3,c=1,d,x=10;
    printf("%d",a>b==c);
    printf("%d",d=a>b);
```

```
        printf("%d",ch>'a'+1);
        printf("%d",d=a+b>c);
        printf("%d",b-1==a!=c);
        printf("%d",3<=x<=5);
    }
```

运行结果：

001101

程序说明：

第 1 个表达式 a>b==c，由于"＞"的优先级大于"＝＝"，因此它等价于(a>b)==c。而 a>b 是不成立的，所以它的值是 0，从而 a>b==c 可以等价转换为 0==c 表达式，很明显这个表达式是不成立的，所以它的值是 0。

第 2 个表达式 d=a>b，由于"＝"的优先级低于"＞"的优先级，因此它等价于 d=(a>b)。根据上面的分析，很明显它可以继续等价于 d=0，这是一个赋值表达式，根据赋值表达式的规定，这个表达式的值为 0。

第 3 个表达式 ch>'a'+1，由于"＞"的优先级低于"＋"优先级，因此它等价于 ch>('a'+1)。很容易看出这个表达式的值为 1，读者自行分析。

第 4 个表达式 d=a+b>c，对表达式从左到右扫描，由于"＋"的优先级大于"＝"和"＞"，因此它等价于 d=(a+b)>c，即等价于 d=5>c，很明显又等价于 d=1，从而 d=a+b>c 表达式值为 1。

第 5 个表达式 b-1==a!=c，对表达式从左到右扫描，由于"－"的优先级大于"＝＝"，因此表达式等价于(b-1)==a!=c，即 2==a!=c。由于"＝＝"的优先级与"!＝"相同，因此看它们的结合方向，由于其结合方向是自左至右，因此等价于(2==a)!=c，表达式 2==a 成立，所以值为 1，故表达式还继续等价于 1!=c，这个表达式不成立，所以值为 0，所以整个表达式的值最终为 0。

第 6 个表达式 3<=x<=5，由于优先级相同，那么看结合方向，结合方向为自左至右，因此表达式等价于(3<=x)<=5，表达式 3<=x 成立，所以表达式等价于 1<=5，很明显这个表达式成立，所以整个表达式的值为 1。

再来看看表达式 3<=x<=5，它等价于(3<=x)<=5，而 3<=x 的值要么是 1，要么是 0，但总是小于等于 5 的，也就是说无论 x 取什么值，表达式(3<=x)<=5 都永远成立。这就与数学里学习的不等式 3≤x≤5 表达的含义不同，在数学里学习这个不等式的时候，当 x 取[3,5]之间的数据时，不等式才成立，取其他范围的值时就不成立。

那么在 C 语言中，如何表示数学里面的不等式 3≤x≤5 呢？这就是下面一小节要讲的逻辑运算符。

1.3.7　逻辑运算符和逻辑表达式

C 语言提供了三种逻辑运算符：

- &&：逻辑"与"(相当于日常生活中的"而且"，"并且"，即只在两个条件同时成立时为"真"）。

- ‖：逻辑"或"（相当于日常生活中的"或"，即两个条件只要有一个成立时即为"真"）。
- !：逻辑"非"。

其中："!"的优先级高于"&&"，"&&"的优先级高于"‖"。"!"的结合性是自右至左，"&&"和"‖"的结合性是自左至右，详见附录 B。

"&&"和"‖"是双目运算符，"!"是单目运算符。参加逻辑运算的操作数一般是逻辑量，即汉语言中的"真"或"假"。那么从计算机的信息存储角度，计算机内部什么样的数据就是"真"或"假"逻辑量呢？C 语言规定：所有非 0 数据都视为真，只有 0 才被视为假。表 1-5 为逻辑运算的真值表，例如 a 的值非 0，a 就表示"真"；a 的值为 0，才表示"假"。

所谓"逻辑表达式"就是用逻辑运算符将表达式连接起来的式子，其一般形式为：

表达式 1　逻辑运算符　表达式 2

逻辑表达式的值也是一个逻辑量"真"或"假"。C 语言规定：以 1 代表"真"，以 0 代表"假"。也就是说，逻辑表达式的值与前面讲的关系表达式的值都是一样的，要么是 1，要么是 0。

例如，求逻辑表达式 3&&5 的值。因为操作数 3 和 5 均是非 0，所以都为"真"，根据表 1-5，3&&5 的值为"真"，对逻辑表达式的值用 1 代表"真"，所以 3&&5 的值为 1。

表 1-5　逻辑运算的真值表

参加逻辑运算的运算对象		逻辑表达式的运算结果		
a	b	a&&b	a‖b	!a
真	真	真	真	假
真	假	假	真	假
假	真	假	真	真
假	假	假	假	真

再例如，写出满足条件"x 既能被 3 整除并且又能被 5 整除"的 C 表达式。

很明显，该条件表达的含义是"只有两个条件同时成立"，所以用 &&，故用 C 语言表达的式子是：

(x%3==0)&&(x%5==0)

又如，以下几个常用的逻辑表达式：

判 ch 是否是数字字符：ch>='0'&&ch<='9'
判 ch 是否是大写字母：ch>='A'&&ch<='Z'
判 ch 是否是字母：(ch>='A'&&ch<='Z')‖(ch>='a'&&ch<='z')
判 ch 既不是字母也不是数字字符：!((ch>='A'&&ch<='Z')‖(ch>='a'&&ch<='z')‖(ch>='0'&&ch<='9'))

【例 1-12】 逻辑表达式的运用。

源程序：

```
#include<stdio.h>
void main()
{
    char c='d';
    int i=1,j=2,k=3;
    float x=0.5,y=8.5;
    printf("%d\n",!x*!y);
    printf("%d,%d",x||i&&j-3,i<j&&x<y);
}
```

运行结果：

```
0
1,1
```

程序说明：

第 1 个表达式!x*!y,对表达式从左到右扫描,很明显先执行第一个"!"运算符,因为第一个"!"运算符的优先级高于"*",故原表达式等价于(!x)*!y。x 为 0.5,它是参加"!"运算符的运算对象,故被视为"真",根据表 1-5,从而!x 为"假",故表达式!x 的结果为 0,所以原表达式可以继续等价于 0*!y,很明显又等价于 0*(!y)。!y 的结果为 0,所以表达式!x*!y 的最终结果为 0。

第 2 个表达式 x||i&&j-3,对表达式从左到右扫描,由于算术运算符"-"的优先级比"&&"和"||"高,因此先执行 j-3,结果为-1,表达式可以转化为 x||i&&-1,然后执行"&&",因为"&&"的优先级高于"||",所以先执行 i&&-1,在这里 i 和-1 都是 && 的运算对象,所以都被视为"真",根据表 1-8,表达式 i&&-1 的结果为 1,从而表达式可以转化为 x||1。在这里 x 和 1 都是"||"的运算对象,所以都被视为"真",所以表达式的值为 1。

第 3 个表达式 i<j&&x<y,请读者自行分析。

最后要说明一点,C 语言规定,编译系统在对逻辑表达式的求解中,并不是所有的运算都要计算一遍,而是当表达式值已经确定时,其右边的运算就不再进行(即逻辑运算符短路)。主要有如下两种：

(1) && 短路问题：当 && 的左操作数为 0 时,无论 && 右边的操作数是多少,该逻辑表达式的值都为 0,其后的运算就不再进行了。

(2) || 短路问题：当 || 的左操作数为非 0 时,无论 || 右边的操作数是多少,该逻辑表达式的值都为 1,其后的运算就不再进行了。

【例 1-13】 逻辑运算符短路计算。

源程序：

```
#include<stdio.h>
void main( )
{
```

```
    int i=0,j=10,k=0,m=0;
    i&&j&&(k=i+10,m=100);
    printf("%d,%d,%d,%d\n",i,j,k,m);
    i=1,j=10,k=0,m=0;
    i||j||(k=i+10,m=100);
    printf("%d,%d,%d,%d",i,j,k,m);
}
```

运行结果：

0,10,0,0
1,10,0,0

程序说明：

第 1 个表达式 i&&j&&(k=i+10,m=100)，因为 i 已经为 0，所以无论 j&&(k=i+10,m=100)为多少，i&&j&&(k=i+10,m=100)的值都已经确定为 0，根据上面讲的短路知识，j&&(k=i+10,m=100)将不再被执行。

第 2 个表达式 i||j||(k=i+10,m=100)，因为 i 已经为 1，所以无论 j||(k=i+10,m=100)为多少，i||j||(k=i+10,m=100)的值都已经确定为 1，根据上面讲的短路知识，j||(k=i+10,m=100)将不再被执行。

1.3.8   ++ 和-- 运算符

"＋＋"被称为自增运算符，"－－"被称为自减运算符，它们同时具有两种功能：

(1) 使变量的值增加 1 或减少 1。

例如，假设 i 是整型，且赋了初值，那么在执行"＋＋i"或"i＋＋"时，都相当于执行了其中一步"i=i+1"；在执行"－－i"或"i－－"时，都相当于执行了其中一步"i=i-1"。

(2) 取变量的值作为由运算符"＋＋"或"－－"连接起来的表达式的值。

例如，假设整型变量 i 的值为 3，计算表达式"＋＋i"值（注意是计算表达式的值，而不是计算变量 i 的值）时，根据功能(2)的描述，肯定都是用 i 来代替表达式＋＋i 的值，由于＋＋在 i 前面，因此先对 i 进行功能(1)运算，即将变量 i 的值加 1，i 的值此时变为 4，然后再做功能(2)，即用当前 i 的值来代替表达式"＋＋i"的值，所以表达式的值为 4。

又如，假设整型变量 i 的值为 3，而计算表达式"i＋＋"值时，同样都是用 i 来代替表达式 i＋＋的值，但由于＋＋在 i 后面，因此先执行功能(2)，即用当前 i 的值来代替表达式 i＋＋的值，所以表达式 i＋＋的值为 3，然后再执行功能(1)，即对 i 进行增 1，故 i 的值为 4。

【例 1-14】   ＋＋和－－运算符的运用。

源程序：

```
#include<stdio.h>
void main()
{
    int i,j;
    j=2;
```

```
    i=++j;
    printf("i=%d, j=%d\n",i,j);
    j=2;
    i=j++;
    printf("i=%d, j=%d\n",i,j);
}
```

运行结果：

```
i=3,j=3
i=2,j=3
```

注意：执行++和--运算符时，都必须执行上述两种功能，少执行了其中任何一个功能都是错误的。

1.3.9　sizeof 运算符

sizeof 是 C 语言的一种单目运算符，与 C 语言的其他单目操作符++、--等一样，只需要一个操作数。用 sizeof 运算符可以得到其操作数占用内存空间的大小，以字节为单位。

sizeof 的使用方法分为两种：

(1) 用于求数据类型占用内存空间的大小。一般形式为：

sizeof(类型名)

注意：数据类型必须用括号括住。例如，sizeof(char)。

(2) 用于求变量占用内存空间的大小。一般形式为：

sizeof(变量名)

或

sizeof 变量名

注意：变量名可以不用括号括住。建议无论 sizeof 用于什么形式，最好都加括号，增强程序的可读性。

【例 1-15】　sizeof 运算符的运用。

源程序：

```
#include<stdio.h>
void main()
{
    char ch='w';
    printf("%d %d %d ",sizeof(ch),sizeof(float),sizeof(3));
}
```

运行结果：

1.4 编程逻辑与技术

1.4.1 算法描述工具

在实际生活中，人们总是按照一定步骤，一定的方法来完成某一件事情。例如，某个学生想取钱，一般来说他必须按照以下步骤才能够取到钱。

(1) 首先必须带上存折去学校银行。

(2) 填写取款单，然后到相应窗口排队。

(3) 将存折和取款单递给银行职员。

(4) 银行职员办理取款事宜。

(5) 最后他才能拿到钱并离开银行。

当今时代是信息化时代，很多任务可以让计算机代替人来完成，那么计算机在完成某个任务时，是不是也像人类一样，必须按照某个特定的步骤和方法，才能逐步地去完成呢？答案是肯定的。所谓"算法"就是对计算机完成特定问题所采取的方法和步骤的描述。这种描述方式目前有很多种，在这里仅介绍常用的 4 种：自然语言、伪代码、流程图和 N-S 图。

1. 自然语言表示

自然语言表示就是用人们日常生活中所使用的语言来描述一个算法。例如，用汉语、英语等其他语言来描述。其优点是通俗易懂。缺点是：

(1) 烦琐，往往需要用一大段文字才能说清楚所要进行的操作。

(2) 歧义性，自然语言往往要根据上下文才能正确判断出其含义，不太严谨，容易引起误解。

(3) 用自然语言容易描述顺序执行的步骤。但如果算法中包含判断和转移情况时，用自然语言描述就显得不那么直观清晰了。

【例 1-16】 将两个变量 x 和 y 的值互换。

解：假设 x＝3，y＝5，现在要求将 x 变成 5，y 变成 3。"交换"在日常生活当中也很常见。例如，两个小朋友交换手中的水果，只需要各自拿出自己的水果递到对方的手中；两个人交换座位，只要各自去坐对方的座位就行了，这都是直接交换。一瓶白酒和一瓶香醋进行互换，就不能直接从一个瓶子倒入另一个瓶子，必须借助一个空瓶子，先把白酒倒入空瓶，再把香醋倒入已倒空的酒瓶，最后把白酒倒入已倒空的香醋瓶，这样才能实现白酒和香醋的交换，这是间接交换。

在计算机中交换两个变量的值不能用两个变量直接交换的方法，而必须采用间接交换的方法。因此，必须设一个中间变量 temp（其作用就相当于空瓶子）。

对以上问题，用自然语言描述的算法如下：

(1) 将 x 值存入中间变量 temp 中，即执行赋值语句 temp＝x。

(2) 将 y 值存入变量 x 中，即执行赋值语句 x＝y。

（3）将中间变量 temp 的值存入 y 中，即执行赋值语句 y＝temp。

2. 伪代码表示

所谓"伪代码"就是介于自然语言与程序设计语言之间的符号和文字，它既具有自然语言的优点，又方便向程序设计语言过渡。需要注意的是，用伪代码所描述的算法，一般不能直接作为程序来执行，最后还需转换成用某种程序设计语言所描述的程序。伪代码与程序设计语言最大的区别就在于伪代码描述比较自由，不像程序设计语言那样受语法的约束，只要人们能理解就行，而不必考虑计算机处理时所要遵循的规定或其他一些细节。

例如，在例 1-16 中，将两个变量 x 和 y 的值互换，可以用伪代码描述如下：

```
BEGIN
    x→temp
    y→x
    temp→y
END
```

3. 流程图表示

所谓"流程图"表示就是借助一些具有特定含义的图形符号来表示算法。该表示方法的特点就是灵活、自由、形象和直观。那么有哪些图形符号呢？美国国家标准化协会（American National Standard Institute，ANSI）规定了一些常用的流程图符号，各种流程图符号表示如图 1-4 所示。

起止框　　输入输出框　　处理框　　判断框　　流程线　　连接点　　注释

图 1-4　流程图符号

例如，在例 1-16 中，将两个变量 x 和 y 的值互换，如果用流程图来表示其算法，其流程图表示如图 1-5 所示。

4. N-S 图表示

N-S 图是由美国学者 I. Nassi 和 B. Shneiderman 于 1973 年共同提出的。它是根据程序是由三种基本结构组成提出来的，各基本结构之间的流程线就是多余的，可以省略。在 N-S 图中，一个算法就是一个最大的矩形框，框内包含若干个基本框。三种基本结构对应的 N-S 流程图如下：

（1）顺序结构。如图 1-6（a）所示。A 和 B 两个框组成一个顺序结构。

（2）选择结构。如图 1-6（b）所示。当条件 P 成立时执行 A 框操作，P 不成立时则执行 B 框操作。

（3）循环结构。循环结构具体分为两种：

① 当型循环。如图 1-7(a)所示。当条件 P1 成立时反复执行 A 框中的操作，直到 P1 条件不成立为止。

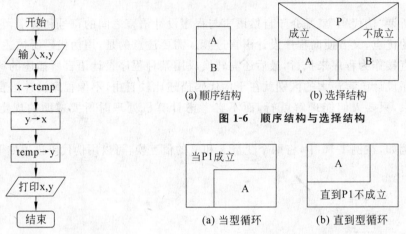

图 1-5　例 1-16 算法的流程图

(a) 顺序结构　(b) 选择结构

图 1-6　顺序结构与选择结构

(a) 当型循环　(b) 直到型循环

图 1-7　循环结构

② 直到型循环。如图 1-7(b)所示。反复执行 A 框中的操作，直到 P1 条件不成立。

当型循环与直到型循环的区别：当型循环先判断条件是否成立，再执行循环中的 A 框；而直到型循环先执行一次 A 框，再判断条件是否成立。直到型循环最少会执行一次 A 框，而当型循环中如果第一次判断时条件就不成立，则 A 框一次都不执行。

值得注意的是，以上三种基本结构对应的 N-S 图中，A 框或 B 框可以是一个简单的操作（如读入数据或输出数据等），也可以是三种基本结构之一，如图 1-8 所示。例如，在例 1-16 中，将两个变量 x 和 y 的值互换，如果用 N-S 图来表示，结果如图 1-9 所示。

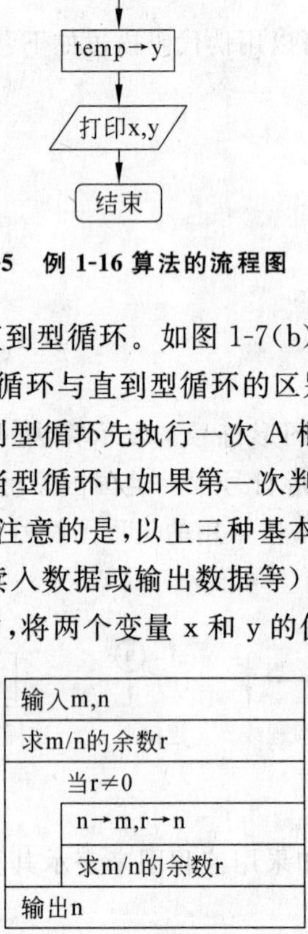

图 1-8　求 m,n 的最大公约数

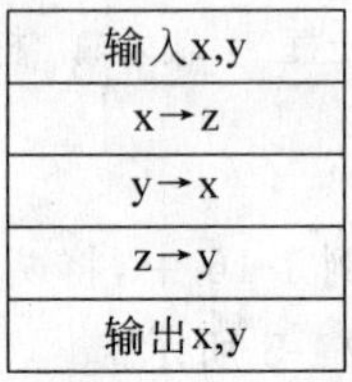

图 1-9　交换变量 x 和 y 的值

1.4.2　程序设计的基本过程

所谓程序设计就是用计算机语言编写一些代码（指令）来驱动计算机完成特定的任务。也就是说，用计算机能理解的语言告诉计算机如何工作。其过程一般包括问题描述、算法设计、代码编写、调试运行及文档整理。

1. 问题描述

在这一步骤中，主要任务是明确需要哪些数据作为输入；计算机对输入数据进行什

么样的处理；用户希望得到什么样的输出数据。即明确程序的输入、处理、输出（Input，Process，Output，IPO）。

2. 算法设计

虽然上一步问题描述确定了未来程序的输入、处理、输出，但如何处理，即处理的具体过程并没有说明，即"做什么"知道，但"如何做"不知道。算法设计这一步就是来解决"如何做"的问题。

3. 代码编写

问题描述和算法设计已经为程序设计规划好了蓝本，下一步就是如何用某种计算机语言去实现该算法，这个过程称为代码编写，它是通过某种计算机语言来实现的。不同的语言实现同一种算法，所得到的代码肯定是有差别的。

4. 调试运行

在计算机上运行程序，用各种不同的数据对程序进行测试，看能否得到正确结果。

5. 文档整理

对微小程序来说，有没有文档相比较而言并不重要，但对于一个需要多个人一起合作的大程序来说，文档整理就显得非常重要。文档记录了程序设计的算法、实现以及修改的过程，保证了程序的可读性和可维护性。

一般来说，文档整理就是要求写一份技术报告或程序说明书，其中应包括题目、任务要求、原始数据、数据结构、算法、程序清单（包括程序中的注释）、运行结果、所用计算机系统配置、使用的编程方法及工具、操作说明等。

1.4.3　结构化程序设计方法

程序设计方法主要是针对前一小节所讲的程序设计过程中代码编写这一步提出来的。也就是说，同一种算法，可以用不同的程序设计方法去实现。目前主要有结构化程序设计方法和面向对象程序设计方法两大类。由于 C 语言是面向过程的程序设计语言，因此在这里仅仅介绍结构化程序设计方法。

结构化程序设计方法的基本观点是随着计算机硬件性能的不断提高和价格的不断下降，程序设计的目标不应该再集中于如何充分发挥硬件的效率方面，而是注重于如何设计出结构清晰、可读性强、易于分工合作编写和调试的程序方面，它以三种基本结构作为程序的基本单元来构造程序。这三种基本结构就是顺序结构、选择结构和循环结构，如图 1-10～图 1-12 所示。

理论上已经证明，用这三种基本程序结构可以实现任何复杂的算法。

三种基本结构的共同特点是：

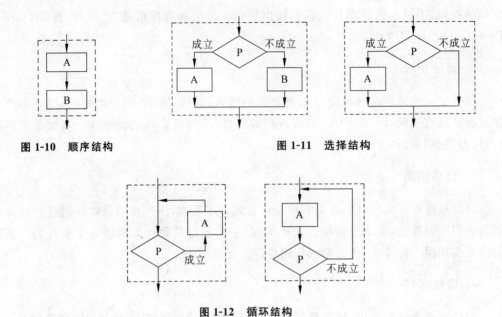

图 1-10　顺序结构　　　　　　　图 1-11　选择结构

图 1-12　循环结构

(1) 只有一个入口。

(2) 只有一个出口。

(3) 结构内每一部分都有机会被执行到。

(4) 结构内不存在"死循环"。

结构化程序设计的基本原则是"自顶向下、逐步求精、模块化设计"。

所谓"自顶向下、逐步求精"主要指两个方面：一是将一个复杂问题的解法分解和细化成若干模块，每个模块实现一个特定的功能；二是将一个模块的功能逐步分解细化为一系列的处理步骤，直到某种程序设计语言的语句或某种机器指令。

所谓"模块化设计"就是把一个大的程序划分为若干个子程序，每一个子程序解决一个简单问题，即独立成为一个模块，这样任何复杂的问题最终都可以通过多个模块的组合形式得以解决。

在 C 语言程序设计中，函数是实现程序模块化的有力工具。

复习与思考

(1) C 语言程序的基本结构是什么？

(2) C 语言的基本数据类型有哪些？它们之间有哪些区别？

(3) C 语言有哪些运算符？它们的优先级和结合性怎样？

(4) 程序设计的基本过程是什么？

(5) 什么是结构化程序设计方法？

习　题　1

1. 选择题

(1) 下列说法中正确的是_____。

    A. C语言程序由主函数和 0 个或多个函数组成

    B. C语言程序由主程序和子程序组成

    C. C语言程序由子程序组成

    D. C语言程序由过程组成

(2) 以下不正确的标识符是_____。

    A. _al   B. a[i]   C. a2_i   D. Int

(3) 下列正确的转义字符是_____。

    A. '\77'   B. '\821'   C. '\xhh'   D. 'Xff'

(4) 在 PC 中，"a\xff"在内存占用的字节数是_____。

    A. 5   B. 6   C. 3   D. 4

(5) 字符串"ABC"在内存占用的字节数是_____。

    A. 3   B. 4   C. 6   D. 8

(6) 若 int 类型数据占 4 字节,其最大值为_____。

    A. 2^{31} B. $2^{31}-1$ C. $2^{32}-1$ D. 2^{32}

(7) 算术运算符、赋值运算符和关系运算符的运算优先级从高到低依次为_____。

    A. 算术运算、赋值运算、关系运算   B. 算术运算、关系运算、赋值运算

    C. 关系运算、赋值运算、算术运算   D. 关系运算、算术运算、赋值运算

(8) 设有 int n; float f=13.8;,执行 n=((int)f)％3 后,n 的值是_____。

    A. 1   B. 4   C. 4.333333   D. 4.6

(9) 对 C 程序在作逻辑运算时判断操作数真、假的表述,下列正确的是_____。

    A. 0 为假,非 0 为真   B. 只有 1 为真

    C. −1 为假,1 为真   D. 0 为真,非 0 为假

(10) 设整型变量 m,n,a,b,c,d 均为 0,执行(m=a==b)‖(n=c==d)后,m 和 n 的值是_____。

    A. 0,0   B. 0,1   C. 1,0   D. 1,1

(11) 设整型变量 m,n,a,b,c,d 均为 1,执行 (m=a>b)&&(n=c>d)后,m 和 n 的值是_____。

    A. 0,0   B. 0,1   C. 1,0   D. 1,1

(12) 设 a 为 2,执行下列语句后,b 的值不为 0.5 的是_____。

    A. b=1.0/a   B. b=(float)(1/a)

    C. b=1/(float)a   D. b=1/(a*1.0)

(13) 执行语句 x＝(a＝3,b＝a－－)后,x,a,b 的值依次为＿＿＿＿＿。

　　　A. 3,3,2　　　　　B. 3,2,2　　　　　C. 3,2,3　　　　　D. 2,3,2

(14) 设有语句 int a＝3;,则执行了语句 a＋＝a－＝a＊a;后,变量 a 的值是＿＿＿＿＿。

　　　A. 3　　　　　　B. 0　　　　　　　C. 9　　　　　　　D. －12

(15) 设整型变量 i,j 的值均为 3,执行了 j＝i＋＋,j＋＋,＋＋i 后,i,j 的值是＿＿＿＿＿。

　　　A. 3,3　　　　　B. 5,4　　　　　C. 4,5　　　　　D. 6,6

2. 计算表达式的值

(1) 设 a＝3,b＝2,c＝1,则 a＞b 的值为＿＿＿＿＿,a＞b＞c 的值为＿＿＿＿＿。

(2) 设 x 和 y 均为 int 型变量,且 x＝1,y＝2,则表达式 1.0＋x/y 的值为＿＿＿＿＿。

(3) 设 float x＝2.5,y＝4.7;int a＝7;,表达式 x＋a%3＊(int)(x＋y)%2/4 的值为＿＿＿＿＿。

(4) 判断变量 a、b 的值均不为 0 的逻辑表达式为＿＿＿＿＿。

(5) 变量 a、b 中必有且只有一个为 0 的逻辑表达式为＿＿＿＿＿。

(6) 判断变量 a、b 是否绝对值相等而符号相反的逻辑表达式为＿＿＿＿＿。

(7) 赋值表达式 a＝(b＝10)%(c＝6),求解表达式值以及 a、b、c 的值依次为＿＿＿＿＿。

(8) 逗号表达式(a＝15,a＊4),a＋5,求解表达式值以及 a 的值依次为＿＿＿＿＿。

3. 书写合法的 C 表达式

(1) 20＜x＜30 或 x＜－100 的 C 语言表达式是＿＿＿＿＿。

(2) 数学式 $\dfrac{a}{b\times c}$ 的 C 语言表达式是＿＿＿＿＿。

4. 分别用 N-S 图和流程图描述求解下列问题的算法

(1) 依次输入 5 个数,将其中最大的数输出。

(2) 依次输入 3 个数,将它们按照从大到小的顺序输出来。

(3) 求 1＋2＋3＋…＋10 的值。

(4) 判断一个数 i 是否能被 3 和 7 同时整除。

(5) 求两个数 n 和 m 的最大公约数和最小公倍数。

第2章

顺序结构程序设计

chapter 2

2.1 C 语句概述

在第 1 章讲到,结构化程序设计方法是由顺序结构、选择结构、循环结构这三种基本结构组成。C 语言中提供了多种语句来实现这些程序结构。本节主要介绍 C 语言的语句类型。C 语言的语句分为 5 类。

1. 控制语句

控制语句完成一定的控制功能。包括:

(1) 选择结构控制语句。如 if 语句、switch 语句。

(2) 循环结构控制语句。如 do _while 语句、while 语句和 for 语句。

(3) 其他控制语句。如 goto 语句、return 语句、break 语句和 continue 语句。

2. 函数调用语句

函数调用语句由函数调用加一个分号构成。例如:

```
printf("How do you do .");
```

3. 表达式语句

表达式语句由表达式后加一个分号构成,最典型的是赋值表达式语句。例如:

x= 35 是一个赋值表达式,而 x= 35; 是一个赋值语句。

3+ 5 是一个算术表达式,而 3+ 5; 是一个算术表达式语句,但这条语句没有任何意义,因为它的运算结果对程序没有任何影响,执行这条语句与不执行这条语句都一样。

所以在写表达式语句的时候,不要写无意义的语句。

4. 空语句

空语句仅由一个分号构成,它表示什么操作也不执行,主要是用来做循环体的(此时表示循环体什么也不做)。例如:

```
while(getchar()!='\n');
```

本语句的功能是只要从键盘输入的字符不是回车字符则重新输入。这里的循环体就是空语句。

5. 复合语句

复合语句是由一对大括号"{ }"括起来的一组语句构成，又称为块语句。例如：

```
void main()
{ ...
    {  int t ;
       t=x ;x=y ;y=t ;
    }                      /*复合语句*/
    ...
}
```

在学习复合语句时，应该注意：

（1）在语法上，复合语句被视为一条语句，即单个语句可以出现的地方，复合语句也可以被使用。

（2）在复合语句中允许定义变量，其作用域只限于该复合语句。关于变量作用域的知识将在后续章节中详细讨论。

（3）在复合语句大括号"}"外不能加分号，因为这不符合复合语句的定义。

【例 2-1】 语句的应用。

源程序：

```
#include<stdio.h>
void main()
{
    int i=50,j;
    j=i-10;                              /*有意义的表达式语句(赋值语句)*/
    printf("***the result is:***\n");    /*函数调用语句*/
    50;                                  /*无意义的表达式语句*/
    j/2;                                 /*无意义的表达式语句*/
    i+3;                                 /*无意义的表达式语句*/
    ;                                    /*空语句,不执行任何操作*/
    printf(" j=%d\n",j);                 /*函数调用语句*/
}
```

运行结果：

```
***the result is:***
j=40
```

2.2　数据的输入与输出

所谓"输入"是指从输入设备(如键盘、磁盘、光盘和扫描仪等)向计算机输入数据;"输出"是指从计算机向外部设备(如显示器、打印机和磁盘等)输出数据。

在 C 语言中,所有的数据输入与输出都是由库函数完成的,因此都是函数调用语句。

在使用标准输入输出库函数(用于标准输入输出设备键盘和显示器)时要用到 stdio.h 文件,stdio 是 standard input &output 的缩写,因此源文件开头应有以下预处理命令:

```
# include<stdio.h>
```

或

```
# include "stdio.h"
```

2.2.1　字符输入与输出函数

C 语言的字符输入与输出函数主要用于字符数据的输入与输出处理。

1. 字符输入函数 getchar

getchar 函数调用的一般形式为:

```
getchar();
```

功能:从键盘上读入一个字符。

例如:

```
char ch1;
ch1=getchar();              表示从键盘上输入一个字符,并赋给字符变量 ch1
```

说明:getchar 函数只接受单个字符,输入多个字符时,getchar 函数也只能接收第一个字符,剩下的字符仍然留在缓冲区中,当再次遇到 getchar 函数时,直接从缓冲区中读取剩下的字符,而不需要重新从键盘中输入新的字符,这一点请读者一定要注意。

【例 2-2】　字符函数的运用。

源程序:

```
# include<stdio.h>
void main()
{
    char ch1,ch2,ch3;
    ch1=getchar();
    printf("%c\n",ch1);
    ch2=getchar();
    printf("%c\n",ch2);
```

```
    ch3=getchar();
    printf("%c",ch3);
    printf("The end!");
}
```

运行情况：

```
xy↙
x
y

The end!
```

上面的结果为什么会出现一个空行呢？当程序执行到第一个 getchar 函数时，就会提示用户从键盘中输入字符，用户在键盘上按了 x 键、y 键、Enter 键，也就是说缓冲区里存在了三个字符'x'、'y'、'\n'。然后第一个 getchar 库函数就从缓冲区里读取第一个字符'x'并赋给字符变量 ch1，当执行到第二个 getchar 库函数时，就不再提示用户从键盘中重新输入字符，因为缓冲区不为空，所以第二个 getchar 库函数会从缓冲区中读取剩下字符中的第一个字符，剩下字符中的第一个字符是'y'，所以此函数把字符'y'读取出来并赋给字符变量 ch2，当执行到第三个 getchar 库函数时，同样读取缓冲区中剩下字符的第一个字符，此时剩下字符中的第一个字符是'\n'，此函数将其读取出来并赋给字符变量 ch3，然后 printf 库函数将 ch3 输出到显示器上，即换行，所以就空了一行。

2. 字符输出函数 putchar

putchar 函数调用的一般形式为：

```
putchar(ch);
```

功能：在显示器上输出变量 ch 的值所对应的字符。

例如：

```
putchar('x');              在显示器上输出字符常量 'x'
char x='A'; putchar(x);    在显示器上输出字符变量 x 的值，即字符常量 'A'
putchar('\101');           在显示器上输出字符常量 'A'
putchar('\n');             换行
```

【例 2-3】 字符函数的运用。

源程序：

```
#include<stdio.h>
void main()
{   char ch;
    printf("please input the character:\n");
    ch=getchar();                      /*输入一个字符,赋给 c*/
    putchar(ch);
```

```
        putchar('\n');                    /*换行*/
        printf("The end!");
}
```

运行情况：

please input the character:

x↙

x

The end!

2.2.2　格式输入与输出函数

前面所介绍的 getchar 和 putchar 函数仅仅只能处理单个字符，为了处理其他类型数据的输入与输出，C 语言标准库里面又提供了格式输入函数 scanf 与格式输出函数 printf。

注意：在学习本小节知识时，切勿追求过多的细节，学习一门计算机语言关键是学习以该语言为背景的编程思想。

1. 格式输出函数 printf

C 语言里所提供的格式输出函数为 printf 函数，最末一个字母 f 表示"格式（format）"。初学者经常把 printf 错误地写成 print，应引起注意。

printf 函数调用的一般形式为：

printf("格式控制字符串",输出参数列表);

功能：将输出参数列表的值按"格式控制字符串"中指定的格式显示到显示器上。

说明：

（1）printf 函数可以包含两大类参数：格式控制字符串参数和输出参数列表。格式控制字符串参数必须是一个字符串。输出参数列表是"输出参数 1,…,输出参数 n"的统称，各个参数之间用逗号隔开。如 printf("%d%d",i,j,);就是错误的，因为是每个参数之间加逗号，而不是每个参数后面加逗号，应改成 printf("%d%d",i,j);。

（2）printf 函数是将各个输出参数的值按照指定的格式输出。

例如，下列写法均是正确的：

printf("%d",3);　　　　　　　3 是一个参数，它的值就是 3，将 3 以%d 形式输出

printf("%d",3+5);　　　　　　3+5 是一个参数，它的值就是 8，将 8 以%d 形式输出

printf("%d",x=3);　　　　　　x=3 是一个参数，它的值就是 3，将 3 以%d 形式输出

（3）"格式控制字符串"里面又可以包含两种类型的字符：

① 以"%"开头的格式控制字符，用于控制输出参数列表的输出格式。其一般形式为：

%[修饰符]格式字符([ ]表示可以省略)

② 普通字符,主要起解释、说明作用。普通字符在显示器上原样输出。

例如:

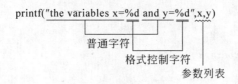

当 x=3,y=5 时,显示器上将显示:

the variables x=3 and y=5

一般来说,格式控制字符的个数与参数列表中的参数个数是一一对应的,第一个格式控制字符控制的是参数列表中第一个参数的输出格式,其他类推。例如:

```
int x=3,y=5;
printf("%d",x,y);
```

这是错误的,不要以为 x,y 都是整型变量,所以可以用一个％d 来代替。

下面将介绍格式控制字符中各种符号的含义及其用法。

1) 格式字符

常见的格式字符如表 2-1 所示。

表 2-1　常见的格式字符

格 式 字 符	意　　　义
d	以十进制有符号数形式输出整数(正数不输出＋,负数输出－)
o	以八进制无符号数形式输出整数(不输出前缀 0)
x,X	以十六进制无符号数形式输出整数(不输出前缀 0x)。用 x 时,输出十六进制数的 a~f 时以小写形式输出;用 X 时,以大写字母输出
u	以十进制形式输出无符号整数
f	以小数形式输出单、双精度实数(默认输出 6 位小数)
e,E	以指数形式输出单、双精度实数。用 e 时,指数用 e 表示(如 1.5e＋3);用 E 时,指数用 E 表示(如 1.5E＋3)
c	输出单个字符
s	输出字符串
％	输出％

2) 修饰符

常见的修饰符如表 2-2 所示。

需要注意的是,m 和 n 在实际使用过程中是用一个正整数代替的,且 m 和 n 的区别在于前面有没有“.”号,如果数值前面有“.”号,那么该值就是 n 的值,否则就是 m 的值。

表 2-2　常见的修饰符

修 饰 符	功　　能
m	输出数据域所占的宽度,数据宽度小于 m,左补空格;否则按实际输出
.n	对于实数,指定小数点后位数(四舍五入)
	对于字符串,指定实际输出字符个数
—	输出数据在域内左对齐(缺省右对齐)
+	指定在有符号数的正数前显示正号(+)
0	输出数值时指定左边不使用的空位置自动填 0
#	在八进制和十六进制数前显示前导 0,0x
h	在 d,o,x,u 前,指定输出为 short 型
l(L)	在 e,f,g 前,指定输出为 double 型

例如:

```
printf("%.3f",i);          3是 n 的值
printf("%3f",i);           3是 m 的值
```

下面通过一些具体例子来解释这些格式控制字符。

【例 2-4】　格式字符 d 的运用。

源程序:

```
#include<stdio.h>
void main()
{
    int a=-10,b=2100;
    int c=15696;
    printf("|a=%d^%8d^%-8d|%3d|%ld^%8ld^%-8ld|",a,a,a,b,c,c,c);
}
```

运行结果(□表示空格,下同):

|a=-10^□□□□-10^-10□□□□□|2100|15696^□□□15696^15696□□□|

【例 2-5】　格式字符 u、o、x、X 的运用。

源程序:

```
#include<stdio.h>
void main()
{
    int a=-1;
    printf("|a=%d^%8d^%-8d|\n",a,a,a);
    printf("|a=%u^%8u^%-8u|\n",a,a,a);
    printf("|a=%o^%8o^%-8o|\n",a,a,a);
    printf("|a=%x^%8x^%-8x|\n",a,a,a);
    printf("|a=%X^%8X^%-8X|",a,a,a);
}
```

运行结果：

```
|a=-1^□□□□□□-1^-1□□□□□□|
|a=4294967295^4294967295^4294967295|
|a=37777777777^37777777777^37777777777|
|a=ffffffff^ffffffff^ffffffff|
|a=FFFFFFFF^FFFFFFFF^FFFFFFFF|
```

从上面的运行结果可以看出，只有第一个 printf 函数能正确地输出 a 的值，原因在于格式字符 u、o、x(X)是以无符号的形式输出 a 的值。也就是说，将 a 在内存中的符号位也当作数值来输出了。a＝－1，它在内存中的补码表示如下：

```
|1|1|1|1|1|1|1|1|1|1|1|1|1|1|1|1|1|1|1|1|1|1|1|1|1|1|1|1|1|1|1|1|
              ↑
            符号位
```

所以，如果把符号位当成数值来输出，上面的输出结果就很容易理解了。

【例 2-6】 格式字符 f 的运用。

源程序：

```c
#include<stdio.h>
void main()
{
    float x=123.456789; double y=123.456789;
    printf("|x=%f^x=%10.4f^x=%.4f|\n",x,x,x);
    printf("|x=%16f|x=%-10.4f|\n",x,x);
    printf("|y=%f^y=%10.4f^y=%.4f|\n",y,y,y);
    printf("|y=%16f|y=%-10.4f|\n",y,y);
}
```

运行结果：

```
|x=123.456787^x=□□123.4568^x=123.4568|
|x=□□□□□□123.456787|x=123.4568□□|
|y=123.456789^y=□□123.4568^y=123.4568|
|y=□□□□□□123.456789|y=123.4568□□|
```

%f 格式是按系统默认宽度输出实数，即整数部分全部输出，小数部分输出 6 位。单精度变量的输出有效位一般是 7 位；双精度变量的输出有效位一般是 16 位。应当注意的是，小数部分的位数与有效位的区别：有效位是指准确的数值，小数部分的位数可能包含了准确数值的位数，也可能包含了非准确数值的位数。

例如：

```c
float x,y;
printf("%f",x+y);
```

当 x=111111.1111，y=333333.3333 时，输出结果为：

```
444444.453125
```

从这个结果可以看出：本来准确的值应该是 444444.4444，但是由于表达式 x＋y 的值的类型是 float 型，它的有效位是 7 位，即准确数值的位数是 7 位，因此输出结果中有 7 个 4。另外，由于％f 要求输出的小数部分的位数是 6 位，因此在 7 个 4 后面又添加了非准确数位 53125。

又如：

```
double x,y;
printf("%f",x+y);
```

当 x＝1111111111111.111111，y＝3333333333333.333333 时，输出结果为：

```
4444444444444.444340
```

原因请读者自行分析。

【**例 2-7**】　格式字符 e(E)的运用。

源程序：

```
#include<stdio.h>
void main()
{
    float x=123.456789; double y=0.0000123456789;
    printf("|x=%e^x=%10.4e^x=%.4e|\n",x,x,x);
    printf("|x=%16E|x=%-10.4E|\n",x,x);
    printf("|y=%E^y=%10.4E^y=%.4E|\n",y,y,y);
    printf("|y=%16e|y=%-10.4e|\n",y,y);
}
```

运行结果：

```
|x=1.234568e+002^x=1.2346e+002^x=1.2346e+002|
|x=□□□1.234568E+002|x=1.2346E+002|
|y=1.234568E-005^y=1.2346E-005^y=1.2346E-005|
|y=□□□1.234568e-005|y=1.2346e-005|
```

格式字符 e(E)是以规范化的指数形式输出实数。所谓规范化的指数形式，即在字母 e(E)之前的小数部分中，小数点左边有且只有 1 位非零的数字(如 2.345e－2)。与％f 格式一样，％e 也是按照系统默认的宽度和指数部分所占的宽度输出。Visual C++ 6.0 系统默认为 6 位小数，指数部分占 5 位宽度(如 e＋002)。

【**例 2-8**】　格式字符 c 的运用。

源程序：

```
#include<stdio.h>
void main()
{
    int a=88,b=89;
```

```
    printf("%d^%d\n",a,b);
    printf("%c^%c\n",a,b);
    printf("%3c^%5c\n",a,b);
}
```

运行结果：

```
88^89
X^Y
□□X^□□□□Y
```

【例 2-9】 格式字符 s 的运用。

源程序：

```
# include< stdio.h>
void main()
{
    printf("%s\n","hello");
    printf("%5.3s\n","hello");
}
```

运行结果：

```
hello
□□hel
```

2. 格式输入函数 scanf

scanf 函数称为格式输入函数，是 C 语言提供的标准输入函数，其作用是按指定的格式从终端设备（一般指键盘）上把数据输入到指定的变量中。

scanf 函数调用的一般形式为：

scanf("格式控制字符串",变量地址参数 1,…,变量地址参数 n);

说明：

(1) scanf 函数包含两大类参数：格式控制字符串和变量地址列表。格式控制字符串必须是字符串。变量地址列表是"变量地址参数 1,…,变量地址参数 n"的总称。

(2) 所谓"变量地址"就是取得该变量在内存的地址。在 C 语言中，由专门的地址运算符 & 来取得变量地址。例如，&a,&b 分别取得变量 a 和变量 b 的地址。也就是说，在使用 scanf 函数给变量赋值时，一定要记住在变量前面加上取地址运算符 &，这一点与 printf 函数是不同的。

(3) "格式控制字符串"里面格式的一般形式是：

%[修饰符]格式字符　　([]表示可以省略)

格式字符的种类及含义与 printf 函数基本相同，具体如表 2-3 所示。

表 2-3　scanf 格式字符的种类及含义

格式	字符意义	格式	字符意义
d	输入十进制整数	f 或 e	输入实型数(用小数形式或指数形式)
o	输入无符号的八进制整数	c	输入单个字符
x	输入无符号的十六进制整数	s	输入字符串
u	输入无符号的十进制整数		

修饰符的种类及含义如表 2-4 所示。

表 2-4　常见的修饰符

修饰符	功能
m	指定输入数据宽度,当遇到空格或不可转换字符则结束
*	抑制符,指定输入项读入后不赋给变量
h	用于 d,o,x,u 前,指定输入为 short 型整数
l(L)	用于 e,f 前,指定输入数据为 double 型

下面通过一些具体例子来解释这些修饰符。

① 宽度修饰符 m: 用于指定输入数据所占的列数,系统自动按照指定的宽度截取数据。

例如:

```
scanf("%2d%c%2d",&a,&b,&c);
```

当输入 28+12 时,a=28,b='+',c=12。

又如:

```
scanf("%2d%d",&a,&b);
```

当输入 1234□□5 时(□表示一个空格),a=12,b=34。

② 抑制修饰符 *: 表示读入该输入项,但读入后不赋予相应的变量,即跳过该输入值。"*"的作用是当有一批数据时,若不想要其中某些位置的数据,就可以用此方法跳过该部分的数据。

例如:

```
scanf("%4d%* 2d%2d",&y,&d);
```

当输入一批数据是关于日期的数据,如 19911206,通过该方法可以取得年和日,月份被漏掉。即 y=1991,d=6。

③ 格式修饰符: 常见的修饰符就是字母 l(或者大写字母 L)和 h。h 用于 short 型的整数,l(L)用于 long 型的整数和双精度浮点数(加在格式字符 f 或者 e 前面)。

例如:

```
short int a;
scanf("%hd",&a);
```

当输入 123 时，a＝123。如果输入 32768，a＝－32768。

是什么原因呢？请读者自行分析。

同样，当定义的变量是 double 型时，也必须加上修饰符 l(L)。

例如：

```
double a;
scanf("%f",&a);
```

应该改成 scanf("％lf",＆a);，否则会得到一个错误的结果。

（4）使用 scanf 函数时分隔符指定的问题。

例如：

```
scanf("%d%d%d",&a,&b,&c);
```

如果要使 a＝1，b＝2，c＝3，那么在键盘上如何输入呢？直接输入 123 行吗？这就涉及到如何将 123 这三个数字正确分开，即分隔符问题。

① 当 scanf 函数中格式控制字符串中只有格式控制字符，而没有其他的普通字符，一般来说，此时输入的数据之间可以用空格键、回车键或者 Tab 键分开。

例如：

```
scanf("%d%d%d",&a,&b,&c);
```

当执行该语句时，下列三种方法都可以让这三个变量得到正确的值：

方式 1：1□2□3✓

方式 2：1<TAB>2<TAB>3✓

方式 3：1✓

　　　　2✓

　　　　3✓

□表示空格键，<TAB>表示 Tab 键，✓表示回车键。

② 如果格式控制字符串中含有格式控制字符以外的普通字符，那么在给变量输入值时，必须将普通字符一字不漏地输进去。

例如：

```
scanf("year:%d--month:%d",&y,&m);
```

如果要使 y＝2008，m＝8;，此时当执行到这条语句时，必须输入：

```
year:2008-month:8✓
```

这种做法一般不提倡，所以在编程的时候，scanf 函数里面的格式控制字符串只需要格式控制字符就足够了，与 printf 函数里面的普通字符的作用要区别开。

（5）数值与字符混合输入时，分两种情况：

第一种是字符格式在前面，数值格式在后面。这种情况一般不会发生问题。

例如：

```
scanf("%c%d",&i,&j);
```

按照(4)中规则①中的三种输入方法都可以得到正确结果。

第二种情况是数值格式在前面，字符格式在后面。此时要注意用户在键盘所输入的字符(回车字符或空格字符等)可能被赋给字符变量。因此为了给字符变量正确赋值，必须想办法清除这些"垃圾"字符。

例如：

```
scanf("%d%c",&i,&j);
```

如果要使 i＝10,j＝'w',当输入：

10□w↙

此时 i＝10,但是 j＝'',而不是 j＝'w'.因为原本起分隔作用的空格字符被%c接受赋给 j了。

又如：

```
scanf("%d ",&i);
scanf("%c",&j);
```

当执行到第一个 scanf 函数时，假设输入：

10↙

此时%d读取了10赋给变量i,但是还剩下回车字符↙,当执行第二个 scanf 函数时，刚好被%c读入并赋给变量j。如何解决该问题呢？

方法一：　　　　　　　　方法二：

```
scanf("%d ",&i);          scanf("%d ",&i);
getchar();                scanf("%*c%c",&j);
scanf("%c",&j);
```

(6) 在键盘上输入数据时，什么时候就认为该数据已经结束了呢？一般来说，有三种情况：

① 遇到空格键、Tab 键或者回车键。

② 达到所指定的宽度。

例如：

```
scanf("%2d%d",&i,&j);
```

当输入 123456 时，i＝12,j＝34565。因为%2d 只能接受宽度为 2 列的数据，所以到第二列时，就认为该数据已经结束。

③ 遇到非法输入。

例如：

```
scanf("%d%c",&i,&j);
```

当输入 12a34 时,i＝12,j＝'a'。因为%d 接受的是整型数据,当遇到字符 a 时,就认为遇到了非法输入,所以只能把字符 a 之前的数给变量 i。

2.3　常用计算函数

为了简化编程,提高编程效率,C 编译系统通常提供大量的用于计算的库函数。下面介绍在解决数值性问题时常常用到的数学函数和伪随机函数的用法,对其他库函数的用法可参考附录 C。

2.3.1　数学库函数

表 2-5 列出了一些常用的库函数,在使用这些函数时,必须加上下列代码:

```
# include<math.h>
```

或

```
# include "math.h"
```

表 2-5　常用数学库函数

库函数原型	数学含义	举　例
double sqrt(double x);	$\sqrt{x}$	$\sqrt{x}$→ sqrt(8)
double exp(double x);	e^x	e^2 → exp(2)
double pow(double x,double y);	x^y	$1.05^{5.31}$→pow(1.05,5.31)
double log(double x);	lnx	ln3.5 → log(3.5)
double log10(double x);	lgx	lg3.5 → log10(3.5)
double fabs(double x);	求实型数据的绝对值	$|-29.6|$ → fabs(-29.6)
int abs(int x);	求整型数据的绝对值	$|-3|$ → abs(-3)
double sin(double x);	sinx	sin2.59 → sin(2.59)
double cos(double x);	cosx	cos1.97 → cos(1.97)
double tan(double x);	tanx	tan3.5 → tan(3.5)
double ceil(double x)	向上舍入取整	将 0.8 向上舍入→ceil(0.8)
double floor(double x)	向下舍入取整	将 0.8 向下舍入→floor(0.8)

使用上述三角函数时,注意参数是弧度而不是度。例如在数学中非常熟悉的 $\sin 30°$,其对应的 C 语言表达式为 sin(3.14 * 30/180)。

思考:表 2-5 给出了实现向上舍入和向下舍入的函数,如 ceil(0.8) 的值是 1,floor(0.8) 的值是 0,它们实现的思想是什么? 如何实现生活中常见的通过四舍五入的方法取整? 进一步地,如何实现通过四舍五入的方法保留小数点后多少位?

【例 2-10】 已知三角形的两条边及其夹角,求该三角形的面积 $\left(s=\frac{1}{2}ab\sin\theta, \theta$ 为边 a 和 b 的夹角$\right)$。

源程序:

```
# include< stdio.h>
# include< math.h>
void main( )
{
    float a,b,c,s;                    /* a,b为边,c为夹角,s为面积 */
    scanf("%f%f%f",&a,&b,&c);         /* 已知变量提供值 */
    s=1.0/2 * a * b * sin(3.14/180 * c);  /* 对已知变量按照要求进行处理 */
    printf("%.2f\n",s);               /* 输出结果 */
}
```

运行结果：

```
1 2 30↙
0.5
```

2.3.2　伪随机函数

表 2-6 列出了伪随机函数,在使用这些函数时,必须加上下列代码:

```
# include< stdlib.h>
```

或

```
# include "stdlib.h"
```

表 2-6　伪随机函数

库函数原型	举　例	备　注
int rand(void);	产生一个伪随机整数	产生 0～RAND_MAX 间的伪随机数
void srand(unsigned int seed);	初始化伪随机数产生器	如果 seed 相同,则产生的随机数序列完全相同

RAND_MAX 是编译系统定义的符号常量,其值为 32767。如果想产生 0～999 以内的一个随机整数,可以通过 rand( )%1000 得到;产生 100～999 以内的一个随机整数,可以通过 rand( )%900＋100 得到;如果要产生 0～1 以内的一个随机小数,可以通过 (float)rand( )/RAND_MAX 得到。(float)rand()是将 rand( )产生的随机整数通过强制类型转换运算符(float)进行转换,使得表达式(float)rand()的值为 float 型。读者可以尝试直接用代码 rand( )/RAND_MAX 产生随机小数,看结果有什么特点?

【例 2-11】　伪随机函数的运用。

源程序:

```
# include< stdlib.h>
# include< stdio.h>
# include< time.h>
```

```
void main(void)
{
    int i;
    srand((unsigned)time(NULL));
    for(i=0;i<10;i++)                    /* 此 for 语句使下面语句重复执行 10 次 */
        printf("%6d\n",rand());
}
```

运行结果：

```
6379
1669
32179
27174
14598
12585
30247
19434
5533
27652
```

说明：

第 1 行代码 ♯include＜stdlib.h＞,是因为程序段中用到了 srand 函数和 rand 函数。

第 3 行代码 ♯include＜time.h＞,是因为程序段中用到了 time 函数,time 函数的功能是取得系统时间,单位是秒(从 1970 年 1 月 1 日零点开始算起)。

第 7 行代码中 srand 函数的功能是初始化伪随机数产生器,该函数的参数就是"种子",如果种子相同,无论运行该程序多少次,rand 函数产生的伪随机序列均相同。该程序段中,srand 函数使用的参数是 time 函数的返回值,该返回值类型不是 unsigned 型,所以必须对返回值进行类型强制转换。time 函数本身的参数是一个指针类型,这里是 NULL,它实际上就是一个指针,用 NULL 做参数时,表示函数的返回值不存放到内存中去。关于指针的知识将在第 8 章详细介绍。

读者可以尝试把 srand((unsigned)time(NULL));删除,或者改为 srand(1),看每次运行的结果有什么特点。

2.4　程序举例

前面所介绍的语句都是 C 语言的顺序执行语句。顺序结构程序就是由顺序执行语句组成的,它的特点如下：

(1) 程序是按照所编写的语句顺序执行的。

(2) 程序中每一条语句有且仅有一次被执行。

顺序结构程序设计的步骤一般为：

(1) 分析问题中有哪些变量以及该变量的类型,然后用 C 语言中的变量定义语法去定义该变量。

（2）分析问题中有哪些量是已知的，哪些量是未知的，如果是已知的，就要给这些变量赋值。

（3）弄清楚问题希望对这些已知数据做什么样的处理，并写出相应的 C 语言语句。

（4）将处理结果输出。

下面的几道程序题都是按照上面的 4 步一步一步分析出来的。

【例 2-12】　从键盘输入一个实型数据存到变量 i 中，编写程序实现四舍五入保留小数点后两位，并输出。

编程点拨：

（1）问题中已知变量只有 i，而且题目要求通过键盘输入，所以可通过 scanf 库函数实现。

（2）对变量 i 进行四舍五入保留小数点后两位的处理。可以先将 i * 100，然后将结果加上 0.5，再将结果通过强制类型转换运算符去掉小数部分，最后将结果再除以 100.0（不能是 100）。

（3）将最后的结果输出。

源程序：

```c
# include<stdio.h>
void main()
{
    float i;                      /* 定义变量 */
    scanf("%f",&i);               /* 给 i 提供数据 */
    i=(int)(i*100+0.5)/100.0      /* 运算部分 */
    printf("%.2f",i);             /* 输出结果 */
}
```

运行情况：

12.576↙

12.58

【例 2-13】　已知圆柱体的底半径为 r，高为 h，求圆柱体体积。

编程点拨：

（1）圆柱体体积的计算公式是 $V=\pi r^2 h$，很明显该问题的变量有 V、r 和 h，题目中没有明确说明 r 和 h 的类型是整型还是浮点型，在这里不妨假设是浮点型。在 C 语言中，通过变量定义 float V,r,h;就可以实现。

（2）问题中已知 r 和 h 这两个变量的值，那么相应地在 C 语言中，就可以通过赋值语句 r=2.5;h=3.0;或者 scanf 库函数实现。

（3）有了这些输入数据，那么现在就开始分析如何处理这些数据了。该问题处理数据非常简单，就一个数学公式 $V=\pi r^2 h$，那么用 C 语言将该数学公式转化为 C 语言合法的语句，即 $V=\pi * r * r * h$；或者 $V=\pi * pow(r,2) * h$;,考虑一下这样写对吗？细心的读者会发现，这仍然不是合法的 C 语句，原因在于 C 编译系统不认识 π，那该怎么办呢？

由于 π 是一个常量，它的值约是 3.14，因此上面的数学公式应该改为 V＝3.14 * r * r * h；或者 V＝3.14 * pow(r,2) * h。更巧妙的办法是定义一个符号常量 ♯define pi 3.14，然后使用 V＝pi * r * r * h 或者 V＝pi * pow(r,2) * h。

（4）处理完数据后，就应该输出数据了。

源程序（一）：

```
# include< stdio.h>
void main()
{
    float V,r,h;                              /* 定义变量 */
    r=2.5;h=3.0;                              /* 给 r,h 提供数据 */
    V=3.14 * r * r * h ;                      /* 运算部分 */
    printf("r=%.2f, h=%.2f, V=%.2f\n", r ,h , V );   /* 输出结果 */
}
```

运行结果：

```
r=2.50, h=3.00, V=58.88
```

上面程序的缺点主要有：

（1）该程序无论运行多少次，r 和 h 都是固定不变的，缺少灵活性。

（2）如果程序中含有多达几百个类似于 V＝3.14 * r * r * h；的语句，那么假设一旦将圆周率改为 3.1415926，程序将要改动几百次，这样工作量很大，给后续的程序维护也带来很大麻烦。因此，可将程序改写为以下形式。

源程序（二）：

```
# include< stdio.h>
# define pi 3.14
void main()
{
    float V,r,h;                              /* 定义变量 */
    printf("Please input radius and height:");   /* 屏幕提示输入半径和高 */
    scanf("%f %f",&r ,&h );                   /* 给 r,h 提供数据 */
    V=pi * r * r * h ;                        /* 运算部分 */
    printf("r=%.2f, h=%.2f, V=%.2f\n", r ,h , V );   /* 输出结果 */
}
```

运行情况：

```
3.0↙
r=2.50, h=3.00, V=58.88
```

【例 2-14】 输入整数 a 和 b，交换 a 和 b 后输出。

编程点拨：

（1）该问题中从表面上看只有两个整型变量，但是要达到交换的目的，还需要另外一个变量（称为中间变量），这如同现实生活中，将一瓶蓝色瓶子的酒与同样大小的白色瓶

子的水进行交换一样,需要一个同样大小的空瓶子。所以在 C 语言中应该这样定义:

```
int a,b,temp;
```

(2) 很明显,此问题已知的变量就是 a 和 b,所以可以通过 scanf 库函数实现。

(3) 该问题处理数据的关键是如何对两个数据进行对调。如果要将一瓶酒跟一瓶水交换,它要经过 3 小步:

① 把酒倒入一个空瓶中。

② 把水倒入原来的酒瓶中。

③ 将原来是空瓶,但现在是装有酒的瓶子倒入原来是装有水的瓶子。

现在是对两个变量进行交换,其实质是一样的,它也要经过 3 小步:

① 先把变量 a 赋给中间变量 temp。

② 把变量 b 赋给变量 a。

③ 把中间变量 temp 赋给变量 b。

(4) 将处理结果输出,同样也使用 printf 库函数将处理的结果显示到显示器上。

源程序:

```
# include< stdio.h>
void main()
{
    int a,b,temp;
    printf("输入整数 a,b:");
    scanf("%d %d",&a,&b);
        /*******交换********/
    temp=a;                           /* 把变量 a 赋给中间变量 temp * /
    a=b;                              /* 把变量 b 赋给变量 a * /
    b=temp;                           /* 把中间变量 temp 赋给变量 b * /
    printf("a=%d b=%d\n",a,b);        /* 输出结果 * /
}
```

运行情况:

```
输入整数 a,b:1 2↙
a=2  b=1
```

【例 2-15】　给定一个 4 位数的整数,要求按照逆序将其输出。例如给定整数为 1456,输出的结果应该是 6541。

编程点拨:

(1) 问题中表面上只有两个变量,一个是存放一个 4 位整数的输入变量 i,另一个是存放输出结果的输出变量 j。但是为了达到输出结果,需要定义另外 4 个变量 d1、d2、d3、d4 来存放输入变量每个数位上的数。

(2) 此问题很明显,已知量就是一个 4 位数的整数。

(3) 如何得到一个 4 位整数 i 的各个位上的数呢? 假设 i＝1596,重复使用"％"和"/"运算符对,经过如下 4 步可以得到各个位上的数。

① d1＝i％10;i＝i/10;,得到 d1＝6,i＝159。

② d2＝i％10;i＝i/10;,得到 d2＝9,i＝15。

③ d3＝i％10;i＝i/10;,得到 d3＝5,i＝1。

④ d4＝i％10;i＝i/10;,得到 d4＝1,i＝0。

（4）将处理结果输出。有两种方法：

① 将 d1、d2、d3、d4 重新组合成一个新的整数 j,即 j＝d1 * 1000＋d2 * 100＋d3 * 10＋d4,然后将 j 输出。

② 直接通过库函数 printf 格式输出,即 printf("％d％d％d％d ",d1,d2,d3,d4);。

源程序（一）：

```c
# include< stdio.h>
void main()
{
    int i,j,d1,d2,d3,d4;
    scanf("%d",&i);
    d1=i%10;i=i/10;
    d2=i%10;i=i/10;
    d3=i%10; i=i/10;
    d4=i%10; i=i/10;
    j=d1 * 1000+d2 * 100+d3 * 10+d4;
    printf("%d",j);
}
```

源程序（二）：

```c
# include< stdio.h>
void main()
{
    int i,j,d1,d2,d3,d4;
    scanf("%d",&i);
    d1=i%10;i=i/10;
    d2=i%10;i=i/10;
    d3=i%10; i=i/10;
    d4=i%10; i=i/10;
    printf("%d%d%d%d ",d1,d2,d3,d4);
}
```

复习与思考

（1）C 语言语句有几大类？

（2）格式输入输出函数与字符输入输出函数在功能上和使用场合上有哪些异同点？

（3）printf 函数和 scanf 函数中常用哪些格式符和修饰符？如何使用这些格式符和修饰符？

习　题　2

1. 选择题

(1) a 是 int 类型变量,c 是字符变量。下列输入语句中错误的是_____。

    A. scanf("%d,%c",&a,&c);

    B. scanf("%d%c",a,c);

    C. scanf("%d%c",&a,&c);

    D. scanf("d=%d,c=%c",&a,&c);

(2) 下列格式符中,_____可以用于以十六进制形式输出整数。

    A. %16d   B. %8x   C. %d16   D. %d

(3) 字符变量 ch='A',int 类型变量 k=25,执行 printf("%3d,%d3\n",ch,k);语句后的输出为_____。

    A. 65,253   B. 65 253   C. 65,25   D. A 25

(4) 设 a=1234,b=12,c=34,执行 printf("|%3d%3d%-3d|\n", a,b,c);的输出是_____。

    A. |1234 1234 | B. |123 1234 | C. |1234 12−34 | D. |234 1234 |

(5) 使用 scanf("x=%f,y=%f",&x,&y);,要使 x,y 均为 3.25,正确的输入应该是_____。

    A. 3.25, 3.25   B. 3.25 3.25

    C. x=3.25, y=3.25   D. x=3.25 y=3.25

(6) 设有 double x;int a;,要使 x 和 a 获得数据,正确的输入语句是_____。

    A. scanf("%d,%f",&a,&x);   B. scanf("%f,%ld",&x,&a);

    C. scanf("%d,%lf",&a,&x);   D. scanf("%ld,%lf",a, x);

(7) 设有 int a=255,b=8;,则 printf("%x,%o\n",a,b);的输出是_____。

    A. 255,8   B. ff,10   C. 0xff,010   D. 输出格式错

(8) 设有 int i=010,j=10;,则 printf("%d,%d\n",++i,j--);的输出是_____。

    A. 11,10   B. 9,10   C. 010,9   D. 10,9

(9) 设 a,b 为字符型变量,执行 scanf("a=%c,b=%c",&a,&b);后使 a 为'A', b 为'B',从键盘上的正确输入是_____。

    A. 'A' 'B'   B. 'A','B'   C. A=A,B=B   D. a=A,b=B

2. 编程题

(1) 输入华氏温度,输出相应的摄氏温度。公式为 C=5×(F−32)/9,其中 C 表示摄氏温度,F 表示华氏温度。

(2) 已知三维空间中的一个点坐标(x,y,z),求该点到原点的距离。

第 3 章

chapter 3

选择结构程序设计

在顺序结构中,程序只能根据语句书写的先后顺序逐条执行,故只能解决一些简单的问题。而在实际中,有许多问题常常需要根据不同的条件选择执行不同的操作语句。例如,计算分段函数值的问题:

$$y = \begin{cases} -x & (x < 0) \\ 0 & (x = 0) \\ x & (x > 0) \end{cases}$$

计算分段函数 y 值时需要根据对 x 值的测试选择不同的计算式。这种根据对条件的测试,有选择地执行程序中某一部分语句的操作就是选择结构(也称为分支结构)程序设计。

在 C 语言中主要提供了 if 语句和 switch 语句来实现选择结构程序设计。

3.1 if 语 句

3.1.1 if 语句的三种形式

if 语句是根据给定的条件选择程序要执行的下一条语句。C 语言提供了以下三种 if 语句形式。

1. if 形式

if(表达式)语句

功能:计算表达式的值,若表达式(即选择条件)的值为真(非 0 值),则执行表达式后面的语句,执行完后,继续执行 if 语句后面的语句;若表达式的值为假(0 值),则直接执行 if 语句后面的其他语句。其流程图如图 3-1 所示。

注意:

(1) 如果表达式(即选择条件)后面的语句有两条以上,则要用一对花括号"{}"括起来构成复合语句。

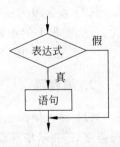

图 3-1 if 形式流程图

（2）作为选择条件的表达式可以是任何类型的 C 表达式。但一般常用的是逻辑表达式和关系表达式。

例如，以下 if 语句（选择条件后面有一条语句）：

```
if(a>b) printf("a is larger than b\n");
```

的功能是如果变量 a 的值大于变量 b 的值，则输出"a is larger than b"。

又如，以下 if 语句（判断条件后面有多条语句，要用一对花括号"{}"括起来构成复合语句）：

```
if(a>b)   {t=a; a=b; b=t; }
```

的功能是如果变量 a 的值大于变量 b 的值，则交换 a 和 b 的值。

2. if-else 形式

```
if(表达式)语句 1
else   语句 2
```

功能：计算表达式的值，若表达式的值为真（非 0 值），则执行语句 1，执行完后，继续执行 if 语句后面的语句；若表达式的值为假（0 值），则执行语句 2，执行完后，也继续执行 if 语句后面的语句。其流程图如图 3-2 所示。

注意：语句 1 和语句 2 均可以是复合语句。

例如，以下 if-else 语句（选择条件和 else 后面有一条语句）：

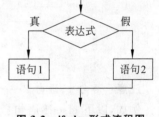

图 3-2　if-else 形式流程图

```
if(x>=y) printf("max=%d\n", x);
else   printf("max=%d\n", y);
```

的功能是如果变量 x 的值大于或等于变量 y 的值，则输出 x 的值；否则输出 y 的值。

又如，以下 if-else 语句（选择条件后面有多条语句，要用一对花括号"{}"括起来构成复合语句）：

```
if (a+b>c&&b+c>a&&c+a>b)
{   s=0.5*(a+b+c);
    area=sqrt(s*(s-a)*(s-b)*(s-c));
    printf("area=%f\n",area);
}
else printf("it is not trilateral");
```

的功能是如果满足两边之和大于第三边的条件，则计算该三角形的面积；否则输出不是三角形的信息。

3. else-if 形式

```
if(表达式 1) 语句 1
```

```
else   if(表达式 2) 语句 2
else   if(表达式 3)语句 3
…
else   if(表达式 n)语句 n
else   语句 n+1
```

功能：计算表达式 1 的值，若表达式 1 的值为真（非 0 值），则执行语句 1；否则计算表达式 2 的值，若表达式 2 的值为真（非 0 值），则执行语句 2；否则计算表达式 3 的值，若表达式 3 的值为真（非 0 值），则执行语句 3……若 if 后的所有表达式的值均为假（0 值），则执行语句 n+1。例如，n＝3 时的流程图如图 3-3 所示。

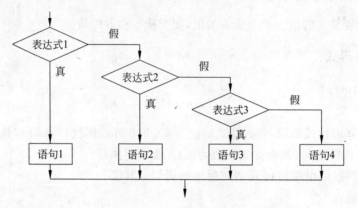

图 3-3   else-if 形式流程图

注意：语句 1、语句 2……语句 n+1 均可以是复合语句。

例如，以下 else-if 语句：

```
if(money>500)          cost=0.25;
else if(money>300)     cost=0.15;
else if(money>200)     cost=0.10;
else if(money>100)     cost=0.075;
else cost=0;
```

的功能是如果满足条件"money＞500"，则 cost＝0.25；否则，如果满足条件"500≥money＞300"，则 cost＝0.15；否则，如果满足条件"300≥money＞200"，则 cost＝0.10；否则，如果满足条件"200≥money＞100"，则 cost＝0.075；否则，cost＝0。

下面介绍几个应用 if 语句解决实际问题的例子。

【例 3-1】   输入小明和小南的年龄，找出其中年龄较长者。

编程点拨：本题可采用 if 语句和 if-else 语句两种形式实现。

方式 1   用 if 形式编程，算法流程图如图 3-4 所示。根据流程图可写出如下程序：

```
#include<stdio.h>
void main()
```

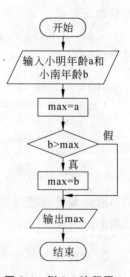

图 3-4   例 3-1 流程图 1

```
{    int a,b,max;
     printf("Please input age:");
     scanf("%d%d",&a,&b);
     max=a;
     if(b>max)
        max=b;
     printf("max=%d\n", max);
}
```

程序运行情况如下：

```
Please input age: 12 13↙
max=13
```

方式 2　用 if-else 形式编程，算法流程图如图 3-5
所示。根据流程图可写出如下程序：

```
# include<stdio.h>
void main( )
{    int a, b, max;
     printf("Please input age:");
     scanf("%d%d", &a,&b);
     if(a>b)
       max=a;
     else
       max=b;
     printf("max=%d\n", max);
}
```

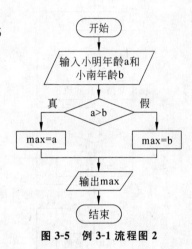

图 3-5　例 3-1 流程图 2

【例 3-2】　输入三个人的身高，然后按身高值从大到小输出。

编程点拨：可先定义三个变量 a、b、c 代表三个人的身高，然后比较 a、b 以及 a、c，从
中找出最大值赋给 a；再比较 b、c，从中找出较大值赋给 b。这样，a、b、c 的值就是按从大
到小顺序排列了。算法流程图如图 3-6 所示。

根据流程图可写出如下程序：

```
# include <stdio.h>
void main( )
{    float a, b, c, t;
     scanf("%f%f%f", &a,&b,&c);
     if(a<b) {t=a; a=b; b=t;}              /*交换 a 和 b 的值*/
     if(a<c) {t=a; a=c; c=t;}
     if(b<c) {t=b; b=c; c=t;}
     printf("%6.2f%6.2f%6.2f\n",a,b,c);
}
```

程序运行情况如下：

1.57 1.62 1.51
1.62 1.57 1.51

【例 3-3】 求分段函数 y 的值。

$$y = \begin{cases} -x & (x < 0) \\ 0 & (x = 0) \\ x & (x > 0) \end{cases}$$

编程点拨：分段函数 y 根据不同的条件取不同的值，可用 else-if 形式实现。流程图如图 3-7 所示。

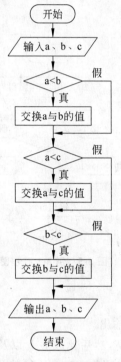

图 3-6　例 3-2 流程图

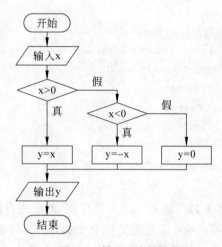

图 3-7　例 3-3 流程图

根据流程图可写出如下程序：

```c
# include <stdio.h>
void main( )
{    float x, y;
     scanf("%f", &x);
     if(x>0)     y=x;
     else if(x<0) y=-x;
     else        y=0;
     printf("x=%f y=%f\n", x,y);
}
```

3.1.2 if 语句的嵌套

对于在前面介绍的例 3-3 的问题,还可以采用另外一种形式编写程序。即当 x>0 条件成立时,给 y 赋 x 值;否则,当 x>0 条件不成立时,再判断 x<0 是否成立,若成立,给 y 赋 -x 值,若不成立,给 y 赋 0。可用以下 if-else 形式表示:

```
# include <stdio.h>
void main( )
{   float x, y;
    scanf("%f", &x);
    if(x>0)     y=x;
    else
        if(x<0)   y=-x;
        else     y=0;
    printf("x=%f y=%f\n", x,y);
}
```

这种在一个 if 语句中包含有一个或多个 if 语句的形式就是 if 语句的嵌套。

使用 if 语句嵌套结构时需注意,在嵌套内部的 if 语句可能同时也是 if-else 型的,这将会出现多个 if 和多个 else 重叠的情况,这时要特别注意 if 和 else 的配对问题。

例如:

```
if(a>b) if(b>5) c=0; else c=1;
```

一种理解是将 else 与 if(a>b)配对:

```
if(a>b)
    if(b>5) c=0;
else c=1;
```

另一种理解是将 else 与 if(b>5)配对:

```
if(a>b)
    if(b>5) c=0;
    else c=1;
```

哪一种理解是正确的呢? 为了避免出现这样的二义性,C 语言规定,else 总是和它前面最近的未曾配对的 if 配对。因此对上述例子应按后一种情况理解。

【例 3-4】 if 嵌套形式应用。

```
(1)   # include<stdio.h>
(2)   void main()
(3)   {   int c=55,t=60,m;
(4).      if(t==c)
(5)       if(c>=50) m=c * 80;
(6)       else m=c * 90;
```

```
(7)        else
(8)        if(c>t)
(9)        if(t>=50) m=t * 80+ (c-t) * 60;
(10)       else m=t * 90+ (c-t) * 60;
(11)       else
(12)       if(c>=50) m=c * 80+ (t-c) * 45;
(13)       else m=c * 90+ (t-c) * 45;
(14)       printf("%d",m);
(15)  }
```

该程序可理解为：第 4 行的 if 与第 7 行的 else 配对，第 5 行的 if 与第 6 行的 else 配对，第 8 行的 if 与第 11 行的 else 配对，第 9 行的 if 与第 10 行的 else 配对，第 12 行的 if 与第 13 行的 else 配对。因此，程序可理解为以下形式：

```
(1)   #include<stdio.h>
(2)   void main()
(3)   {   int c=55, t=60, m;
(4)       if(t==c)
(5)         if(c>=50) m=c * 80;
(6)         else m=c * 90;
(7)       else
(8)         if(c>t)
(9)           if(t>=50) m=t * 80+ (c-t) * 60;
(10)          else m=t * 90+ (c-t) * 60;
(11)         else
(12)          if(c>=50) m=c * 80+ (t-c) * 45;
(13)          else m=c * 90+ (t-c) * 45;
(14)      printf("%d",m);
(15)  }
```

程序运行后的输出结果为：

4625

3.2 条件运算符和条件表达式

在 if-else 形式中，如果语句 1 和语句 2 都是单一的赋值语句，而且都是给同一个变量赋值，则可以用条件运算符来处理。

例如，有以下 if-else 形式：

```
if(a>b)   max=a;
else      max=b;
```

可以用下列包含条件运算符的赋值语句代替：

```
max= (a>b)?a:b ;
```

其中"(a>b)?a:b"是一个条件表达式。执行该语句的含义是：如果 a>b 为真，则把 a 赋给 max；否则把 b 赋给 max。

可以看出条件运算符不但使程序简洁，也提高了程序的执行效率。

条件表达式的一般形式为：

表达式 1?表达式 2：表达式 3

求值规则为：计算表达式 1 的值，当表达式 1 的值为真(非 0)时，取表达式 2 的值作为条件表达式的值；否则，取表达式 3 的值作为条件表达式的值。

条件运算符通常用于赋值语句之中。使用时要注意以下几点：

(1) 条件运算符的优先级为第 13 级，只高于赋值运算符和逗号运算符。

例如：

max= ((a>b)?a:b);

可以写成：

max=a>b?a:b;

(2) 条件运算符的结合方向是自右向左的。

例如：

a>b?a:c>d?c:d

应理解为：

a>b?a:(c>d?c:d)

【例 3-5】　从键盘输入一个数，求该数的绝对值。

编程点拨：据题意，若令从键盘输入的数为 x，该数的绝对值为 y，则有：

如果　x>=0　则 y=x

否则　y=-x

程序如下：

```
# include< stdio.h>
void main()
{    int x,y;
     scanf("%d",&x);
     y=x>=0?x:-x;
     printf("y=%d\n",y);
}
```

3.3　switch 语句

当对一个问题需要分析判断的情况较多时(一般三种以上)，也可使用 switch 语句。switch 语句是根据一个表达式可能得到的不同结果，选择其中一个或多个分支语句来执行,因此常用于各种分类统计、菜单等程序的设计。

switch 语句的一般形式为:

```
switch(表达式)
{    case   常量表达式 1:语句 1;
     case   常量表达式 2:语句 2;
     ...
     case   常量表达式 n:语句 n;
     default:              语句 n+1;
}
```

功能:先计算表达式的值,然后逐个与每一个 case 后的常量表达式值进行比较,当表达式的值与某个常量表达式的值相等时,就执行该 case 后面的语句,然后不再进行判断,继续执行后面的语句,直到遇到 break 语句或 switch 的右花括号"}"为止。如果表达式的值与所有 case 后的常量表达式的值均不相等,则执行 default 后面的语句。

注意:有时 default 及其后面的语句 n+1 可以省略。

例如,根据输入的数字来输出对应的星期几,可以用以下 switch 语句来实现:

```
switch(n)
{    case 1: printf("Monday\n");
     case 2: printf("Tuesday\n");
     case 3: printf("Wednesday\n");
     case 4: printf("Thursday\n");
     case 5: printf("Friday\n");
     case 6: printf("Saturday\n");
     case 7: printf("Sunday\n");
}
```

当输入 n 的值为 3 时,输出结果为:

```
Wednesday
Thursday
Friday
Saturday
Sunday
```

这并不是希望的结果。原因是在 switch 语句中,"case 常量表达式:"只相当于一个语句标号,当表达式的值和某标号相等,则转向该标号执行,但不能在执行完该标号的语句后自动跳出这个 switch 语句,而是继续执行后面所有的 case 语句。因此,为了避免上述情况发生,C 语言提供了一种 break 语句,专用于跳出 switch 语句。

以上程序片段若做以下修改,就可以得到预期的结果:

```
switch(n)
{    case 1: printf("Monday\n"); break;
     case 2: printf("Tuesday\n"); break;
```

```
case 3: printf("Wednesday\n"); break;
case 4: printf("Thursday\n"); break;
case 5: printf("Friday\n"); break;
case 6: printf("Saturday\n"); break;
case 7: printf("Sunday\n");
}
```

当输入 n 的值为 3 时,输出结果为:

Wednesday

关于 switch 语句的使用有以下几点说明:

(1) case 后面的常量表达式可以是一个整型常量表达式或字符常量。但每个常量表达式的值必须互不相同。

(2) 在 case 后可以有多个语句,且可以不用"{}"括起来。程序会自动按顺序执行该 case 后面的所有可执行语句。

(3) 若 case 后面的语句省略不写,则表示它与后续 case 执行相同的语句。

(4) switch 语句中的 break 语句起到控制多分支的作用。

(5) 各个 case 和 default 子句的先后顺序可以变动,不会影响程序的运行结果。从执行效率的角度考虑,一般把发生频率高的情况放在前面。

【例 3-6】　设计一个简单的计数器程序,要求根据用户从键盘输入的表达式:

操作数 1　运算符 op　操作数 2

计算该表达式的值。指定的运算符为加(+)、减(-)、乘(*)、除(/)。

编程点拨:本题可以用 switch 语句来实现。其中 switch 语句中的"表达式"即是输入运算符的变量,各"常量表达式"即是加、减、乘、除 4 个运算符。除法运算时,需判断除数是否为 0,若为 0,则输出出错信息,否则输出运算结果。程序流程图如图 3-8 所示。

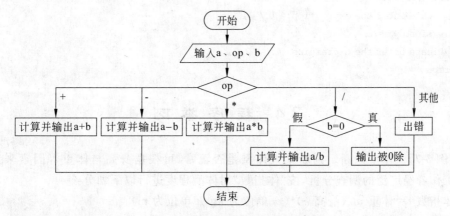

图 3-8　例 3-6 流程图

根据流程图可写出如下程序:

```
#include<stdio.h>
```

```
void main()
{   float a,b;
    char op;
    printf("Please enter the expression:");
    scanf("%f %c %f", &a, &op, &b);                         /* 输入运算表达式 */
    switch(op)
    {   case '+': printf("%.2f+%.2f=%.2f\n", a, b, a+b);    /* 处理加法 */
            break;
        case '-': printf("%.2f-%.2f=%.2f\n", a, b, a-b);    /* 处理减法 */
            break;
        case '*': printf("%.2f*%.2f=%.2f\n", a, b, a*b);    /* 处理乘法 */
            break;
        case '/': if(b==0) printf("division by zero\n");    /* 处理除法 */
            else printf("%.2f+%.2f=%.2f\n", a, b, a/b);
            break;
        default: printf("error\n");
    }
}
```

程序运行 6 次的情况如下（↙表示回车符）：

①Please enter the expression: 22.12 + 12.1↙
22.12+12.10=34.22
②Please enter the expression: 22.12 - 12.1↙
22.12-12.10=10.02
③Please enter the expression: 2.0 * 4.0↙
2.00 * 4.00=8.00
④Please enter the expression:4.0 / 2.0↙
4.00/2.00=2.00
⑤Please enter the expression:4.0 / 0↙
division by zero
⑥Please enter the expression: 4.0 \ 2.0↙
error

3.4 程序举例

【例 3-7】 体型判断。判断某人体型是否正常，可根据身高与体重等因素来判断。医务工作者经广泛的调查分析，按"体指数"对体型程度进行以下划分：

体指数 $t=$体重 $w/$（身高 h）^{2}（w 单位为 kg，h 单位为 m）

当 $t<18$ 时，为偏瘦；

当 $18 \leqslant t<25$ 时，为正常体重；

当 $25 \leqslant t<27$ 时，为超重体重；

当 $t \geqslant 27$ 时，为肥胖。

编写程序,要求从键盘输入某人的身高 h 和体重 w,根据给定公式计算体指数 t,然后判断他的体型属于哪种类型。

编程点拨:本题是一个多分支选择问题,可用 else-if 形式实现。流程图如图 3-9 所示。

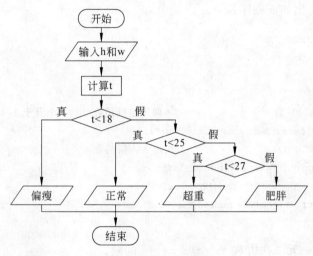

图 3-9　例 3-7 流程图

根据流程图可写出如下程序:

```c
#include<stdio.h>
void main()
{   float h,w,t;
    printf("Please enter h, w: ");
    scanf("%f%f",&h,&w);                  /*输入身高和体重*/
    t=w/(h*h);                            /*计算体指数*/
    if(t<18) printf("Lower weight!\n");
    else if(t<25) printf("Standard weight!\n");
    else if(t<27) printf("Higher weight!\n");
    else printf("Too fat!\n");
}
```

思考:本程序若采用 switch 语句形式,将如何改写?

【例 3-8】　设计一个简单的猜数游戏:先由计算机"想"一个数请人猜,如果人猜对了,则计算机给出提示:"right!",否则提示"wrong!",并告诉人所猜的数是大了还是小了。

编程点拨:本题的难点是如何让计算机"想"一个数,"想"反映了一种随机性,可用随机函数 rand()产生计算机"想"的这个数。随机函数 rand()产生一个 0 到 RAND_MAX 之间的整数,RAND_MAX 是在头文件 stdlib.h 中定义的符号常量,因此使用该函数时要包含头文件 stdlib.h。程序算法如下:

(1) 调用随机函数任意"想"一个数 m;

（2）输入人猜的一个数 g；

（3）如果 g＞m，则给出提示"wrong! Too high!"；

（4）如果 g＜m，则给出提示"wrong! Too low!"；

（5）如果 g＝m，则给出提示"right!"，并打印这个数。

根据算法可写出如下程序：

```
# include< stdio.h>
# include< stdlib.h>
void main()
{   int m, g;
    m= rand()%100+1;                   /*调用随机函数"想"一个介于 1～99 之间的数*/
    printf("Please guess a magic number:");
    scanf("%d",&g);                    /*输入人猜的数*/
    if(g>m) printf("wrong!Too high!\n");
    else if(g<m) printf("wrong!Too low!\n");
    else printf("right!The number is: %d\n", m);
}
```

【例 3-9】　求一元二次方程 $ax^2＋bx＋c＝0$ 的根。

编程点拨：求解一元二次方程根要考虑各种可能的情况。

如果 a＝0，此时方程变为 bx＋c＝0，则还要考虑以下情况：

（1）若 b＝0，则方程无意义；

（2）若 b≠0，则方程只有一个实根－c/b。

如果 a≠0，则要考虑以下情况：

（1）若 $b^2－4ac＞0$，方程有两个不相等的实根；

（2）若 $b^2－4ac＝0$，方程有两个相等的实根；

（3）若 $b^2－4ac＜0$，方程有两个不相等的虚根。

据此，可得到求一元二次方程的流程图如图 3-10 所示。

根据流程图可写出如下程序：

```
# include< stdio.h>
# include< math.h>
void main()
{   float a,b,c,p,q,d,x1,x2;
    scanf("%f%f%f", &a, &b, &c);
    if(a==0)                           /*a 等于 0 情况*/
      if(b==0)
        printf("The equation is not a quadratic\n");
      else
      {   x1=-c/b;
          printf("The equation has a root: %f\n", x1);
      }
    else
```

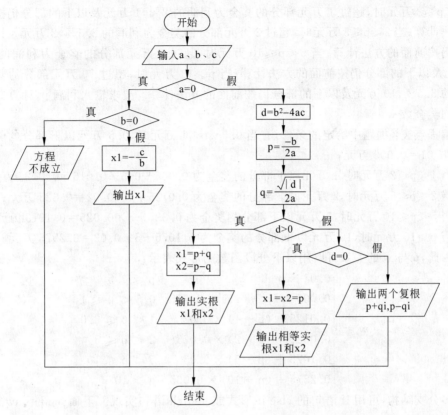

图 3-10　例 3-9 流程图

```
{   d=b*b-4*a*c;
    p=-b/(2*a);
    q=sqrt(fabs(d))/(2*a);
    if(d==0)                        /*d等于0*/
    {   x1=x2=p;
        printf("The equation has two equal roots:%f\n", x1);
    }
    else if(d>0)                    /*d大于0*/
    {   x1=p+q; x2=p-q;
        printf("The equation has two real roots:%f and %f\n", x1,x2);
    }
    else                            /*d小于0*/
    {   printf("The equation has complex roots:");
        printf("%f+%fi and %f-%fi\n",p,q,p,q);
    }
}
}
```

【例 3-10】　计算奖金。当企业利润 $p \leqslant 0.5$ 万时,奖金为利润的 1%;当 $0.5 < p \leqslant 1$ 万元时,超过 0.5 万元部分的奖金为利润的 1.5%,0.5 万元及以下的部分仍按 1% 计算;

当 1<p≤2 万元时，超过 1 万元部分的奖金为利润的 2％，1 万元及以下的部分仍按前面的方法计算；当 2<p≤5 万元时，超过 2 万元部分的奖金为利润的 2.5％，2 万元及以下的部分仍按前面的方法计算；当 5<p≤10 万元时，超过 5 万元部分的奖金为利润的 3％，5 万元及以下的部分仍按前面的方法计算；当 p>10 万元时，超过 10 万元部分的奖金为利润的 3.5％，10 万元及以下的部分仍按前面的方法计算。要求输入利润 p，计算并输出相应的奖金数 w。

编程点拨：据题中给定的条件，有当 0.5<p≤1 万元时，0.5 万元以下部分的奖金为 $0.5 \times 0.01 = 0.005$ 万元；

当 1<p≤2 万元时，1 万元以下部分的奖金为 $0.005 + 0.5 \times 0.015 = 0.0125$ 万元；

当 2<p≤5 万元时，2 万元以下部分的奖金为 $0.0125 + 1 \times 0.02 = 0.325$ 万元；

当 5<p≤10 万元时，5 万元以下部分的奖金为 $0.325 + 3 \times 0.025 = 0.1075$ 万元；

当 p>10 万元时，10 万元以下部分的奖金为 $0.1075 + 5 \times 0.03 = 0.2575$ 万元。

因此，p 与 w 的关系可以用以下分段函数的形式表示：

$$w = \begin{cases} 0.01 \times p & p \leqslant 0.5 \\ 0.005 + (p-0.5) \times 0.015 & 0.5 < p \leqslant 1 \\ 0.0125 + (p-1) \times 0.02 & 1 < p \leqslant 2.0 \\ 0.0325 + (p-2) \times 0.025 & 2 < p \leqslant 5 \\ 0.1075 + (p-5) \times 0.03 & 5 < p \leqslant 10 \\ 0.2575 + (p-10) \times 0.035 & p > 10 \end{cases}$$

这是多分支结构，可用 if 语句的 else-if 形式或 switch 语句实现。下面介绍用 switch 语句的实现过程。

根据对题意的分析，p 的变化转折点为 0.5、1、2、5、10，它们都是 0.5 的倍数。利用这个特点，可以设置一个整型变量 k，其中 k 的计算公式为 k＝(int)(p/0.5)。显然，k 的值与利润 p 之间存在如下关系：

k＝0 等价于利润 p<0.5 万元；

k＝1 等价于利润 0.5≤p<1.0 万元；

k＝2,3 等价于利润 1.0≤p<2.0 万元；

4≤k≤9 等价于利润 2.0≤p<5.0 万元；

10≤k≤19 等价于利润 5.0≤p<10.0 万元；

k≥20 等价于利润 p≥10 万元。

由于在利润 p 的变化转折点 0.5,1,2,5,10 处奖金数既可以放在前一个区间内计算，也可以放在后一个区间内计算，其值是一样的。因此，上述 p 与 w 的分段函数形式可以改写为下面 k 与 w 的分段函数形式：

$$w = \begin{cases} 0.01 \times p & k = 0 \\ 0.005 + (p-0.5) \times 0.015 & k = 1 \\ 0.0125 + (p-1) \times 0.02 & k = 2,3 \\ 0.0325 + (p-2) \times 0.025 & 4 \leqslant k \leqslant 9 \\ 0.1075 + (p-5) \times 0.03 & 10 \leqslant k \leqslant 19 \\ 0.2575 + (p-10) \times 0.035 & k \geqslant 20 \end{cases}$$

由上述关系可以看出,当 k=2 和 3 时,共用一个表达式;当 4≤k≤9 时,也共用一个表达式;同样,当 10≤k≤19 时,共用一个表达式;当 k≥20 时,也共用一个表达式。为了使 switch 语句结构简洁,减少 case 语句的个数,可以事先做如下处理:

当 4≤k≤9 时,置 k=4;

当 10≤k≤19 时,置 k=10;

当 k≥20 时,置 k=20。

而当 k=2 和 3 时,用两个 case 语句,但它们共用同一组语句。

综上所述,可得出图 3-11 所示的流程图。根据流程图可编写出以下程序:

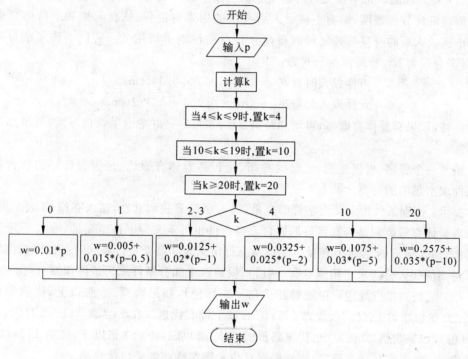

图 3-11 例 3-10 流程图

```
# include < stdio.h>
void main()
{    float p,w= 0;
    int k;
    scanf("%f",&p);                         /* 输入利润 */
    k= (int)(p/0.5);                         /* 计算 k 值 */
    if(k>=4&&k<=9) k=4;                      /* 处理 k 值 */
    if(k>=10&&k<=19) k=10;
    if(k>=20) k=20;
    switch(k)
    {    case 0: w=0.01 * p; break;
        case 1: w=0.005+0.015 * (p-0.5); break;
        case 2:
```

```
        case 3: w=0.0125+0.02*(p-1); break;
        case 4: w=0.0325+0.025*(p-2); break;
        case 10: w=0.1075+0.03*(p-5); break;
        case 20: w=0.2575+0.035*(p-10);
    }
    printf("w=%f\n", w);                          /*输出奖金*/
}
```

举一反三

（1）身高预测。每个做父母的都关心自己孩子成人后的身高。根据有关生理卫生知识和数理统计分析表明，影响小孩成人后身高的因素有遗传、饮食习惯和坚持体育锻炼等。小孩成人后的身高与其父母的身高和自身的性别密切相关。若设小孩父亲身高为h1，母亲身高为h2，身高预测公式为：

$$男性成人时身高 = (h1 + h2) \times 0.54 (cm)$$
$$女性成人时身高 = (h1 \times 0.923 + h2)/2 (cm)$$

此外，如果喜爱体育锻炼，可增加身高2%；如果有良好的卫生饮食习惯，可增加身高1.5%。

编写一个程序，根据性别、父母的身高、是否喜爱体育锻炼、是否有良好的饮食习惯等条件求出预测的身高。

提示：性别条件可定义为字符型变量，输入字符 F 表示女性，输入字符 M 表示男性。是否喜爱体育锻炼和是否有良好的饮食习惯条件也可定义为字符型变量，输入字符 Y 表示喜爱，输入字符 N 表示不喜爱。父母身高都定义为实型变量。解题时可先根据性别和父母身高值代入公式求出预测身高，然后再据后两个加分条件求出最终预测身高。

（2）某旅游景点规定：在旅游旺季（7～9月份），如果购票 20 张以上，优惠票价的10%；20 张以下，10 张以上，优惠 5%；10 张以下没有优惠。在旅游淡季（1～6月份、10～12 月份），如果购票 20 张以上，优惠票价的 20%；20 张以下，10 张以上，优惠 10%；10 张以下优惠 5%。编写一个程序，能够根据月份和游客购票数求出优惠率。

提示：可将输入的月份和游客购票数作为条件，用 if 语句求出优惠率。

（3）运费计算。某运输公司对用户计算运费的标准为：设路程为 s，则：

s<250 公里	没有折扣
250 公里≤s<500 公里	2%折扣
500 公里≤s<1000 公里	5%折扣
1000 公里≤s<2000 公里	8%折扣
2000 公里≤s<3000 公里	10%折扣
s≥3000 公里	15%折扣

编写一个程序，从键盘输入每公里每吨货物的基本运费、货物重量以及路程，求总运费。

提示：首先根据路程情况用多分支结构求出折扣率，然后再据以下公式求出总运费。

$$总运费 = 基本运费 \times 货物重量 \times 路程 \times (1 - 折扣率)$$

复习与思考

(1) if 语句有几种形式？执行功能如何？

(2) 作为 if 语句条件的表达式可以是何种表达式？

(3) 嵌套的 if 语句中 else 和 if 是如何配对的？

(4) 哪种情况适合使用 switch 语句？case 后面的常量表达式允许是什么类型？

习　题　3

1. 选择题

(1) 以下不正确的 if 语句形式是_____。

  A.　if(x>y&&x!=y);

  B.　if(x==y)x+=y;

  C.　if(x!=y) scanf("%d",&x) else scanf("%d",&y);

  D.　if(x<y){x++; y++;}

(2) 以下 if 语句语法正确的是_____。

  A. if(x>0) printf("%f",x)

   else printf("%f",--x);

  B.　if (x>0) {x=x+y; printf("%f",x);}

   else printf("%f",-x);

  C.　if(x>0){x=x+y; prinrf("%f",x);};

   else printf("%f",-x);

  D.　if(x>0) {x=x+y; printf("%f",x) }

   else printf("%f",-x);

(3) 以下程序的运行结果是_____。

```
#include<stdio.h>
void main()
{   int m=5;
    if(m++>5) printf("%d\n",m);
    else  printf("%d\n",m--);
}
```

  A. 4   B. 5   C. 6   D. 7

(4) 若有条件表达式(exp)?a++:b--,则以下表达式中能完全等价于表达式(exp)的是_____。

  A.（exp==0） B.（exp!=0） C.（exp==1） D.（exp!=1）

（5）为了避免在嵌套的条件语句 if-else 中产生二义性，C 语言规定 else 子句总是与
_____配对。

    A. 缩排位置相同的 if   B. 之前最近未曾配对的 if

    C. 之后最近未曾配对的 if   D. 同一行上的 if

（6）请阅读以下程序：

```
#include<stdio.h>
void main()
{   int a=5,b=0,c=0;
    if(a=b+c) printf("* * * \n");
    else  printf("$$$\n");
}
```

以上程序_____。

    A. 有语法错不能通过编译   B. 可以通过编译，但不能通过连接

    C. 输出***   D. 输出 $ $ $

（7）若 $w=1$，$x=2$，$y=3$，$z=4$，则条件表达式 $w<x?w:y<z?y:z$ 的值
是_____。

    A. 4   B. 3   C. 2   D. 1

（8）设有说明语句 int a,b,c1,c2,x,y;，以下正确的 switch 语句是_____。

    A. switch(a+b);
       { case 1:y=a+b; break;
        case 0:y=a-b; break;
       }

    B. switch(a*a+b*b)
       { case 3:
         case 1:y=a+b; break;
         case 3:y=b-a; break;
       }

    C. switch a
       { case c1:y=a-b; break;
        case c2:x=a*d; break;
        case 4:x=a+b; break;
        default: x=a+b
       }

    D. switch(a-b)
       { default: y=a*b; break;
        case 3:
        case 10:y=a-b; break;
       }

（9）下列各语句序列中能够且仅输出整型变量 a、b 中最大值的是_____。

    A. if(a>b) printf("%d\n",a); printf("%d\n",b);

    B. printf("%d\n",b); if(a>b) printf("%d\n",a);

    C. if(a>b) printf("%d\n",a); else printf("%d\n",b);

    D. if(a<b) printf("%d\n",a); else printf("%d\n",b);

（10）下列语句应将小写字母转换为大写字母，其中正确的是_____。

    A. if(ch>='a'&&ch<='z')ch=ch+32;

    B. if(ch>='a'&&ch<='z')ch=ch-32;

    C. ch=(ch>='a'&&ch<='z')? ch+32:ch;

    D. ch=(ch>'a'&&ch<'z')? ch-32:ch;

2. 填空题

（1）以下程序段的输出结果是_____。

```
int a=10,b=50,c=30;
if(a>b)
a=b;
b=c;
c=a;
printf("a=%d b=%d c=%d\n",a,b,c);
```

（2）以下程序的输出结果是_____。

```
#include<stdio.h>
void main()
{    int a=0,b=1,c=0,d=20;
    if(a) d=d-10;
    else if(!b)
    if(!c) d=15;
    else d=25;
    printf("d=%d\n",d);
}
```

（3）以下程序的输出结果是_____。

```
#include<stdio.h>
void main()
{    int a=100,x=10,y=20,okl=5,ok2=0;
    if (x<y)
    if(y!-10)
    if(!okl) a=1;
    else
    if(ok2) a=10;
    printf("%d\n",a);
}
```

（4）以下程序的输出结果是_____。

```
#include<stdio.h>
void main()
{    int x=2,y=-1,z=2;
    if(x<y)
    if(y<0) z=0;
    else     z+=1;
    printf("%d\n",z);
}
```

（5）若运行时输入 2.1↙,则下面程序的输出结果是_____。

```
# include< stdio.h>
void main()
{   float a,b;
    scanf("%f",&a);
    if(a< 0.0) b=0.0;
    else if((a< 2.5)&&(a!=2.0)) b=1.0/(a+2.0);
    else if(a< 10.0) b=1.0/a ;
    else b=10.0;
    printf("%f\n",b);}
}
```

（6）若 w,x,y,z,m 均为 int 型变量,则执行下面程序段后的 m 值是_____。

```
w=1; x=2; y=3; z=4;
m= (w< y)?w:x;
m= (m< y)?m:y;
m= (m< z)?m:Z;
```

（7）下面程序的输出结果是_____。

```
# include< stdio.h>
void main()
{   int x=1,a=0,b=0;
    switch(x)
    {   case 0: b++;
        case 1: a++;
        case 2: a++;b++;
    }
    printf("a=%d,b=%d\n",a,b);
}
```

（8）下面程序的输出结果是_____。

```
# include< stdio.h>
void main()
{   int a=1,b=0;
    switch(a)
    {   case 1: switch(b)
        {   case 0: printf("**0**");break;
            case 1: printf("**1**");break;
        }
        case 2: printf("**2**");break;
    }
}
```

（9）根据以下嵌套的 if 语句条件,填写 switch 语句,使它完成相同的功能

（假设 score 的取值在 1～100 之间）。

if 语句：

```
if(score<60) k=1;
else if(score<70) k=2;
else if(score<80) k=3;
else if(score<90) k=4;
else if(score<=100) k=5;
```

switch 语句：

```
switch(   (1)   )
{   default: k=1; break;
       (2)      :k=2; break;
    case   7:k=3; break;
    case   8:k=4; break;
       (3)      :k=5;
}
```

（10）以下程序的功能是计算分段函数 y 的值。请完善程序。

$$y = \begin{cases} 0 & x < 0 \\ x & 0 \leqslant x < 10 \\ 10 & 10 \leqslant x < 20 \\ -0.5x + 20 & 20 \leqslant x < 40 \end{cases}$$

```
#include<stdio.h>
void main()
{   int x,c,m;
    float y;
    scanf("%d",&x);
    if(   (1)   ) c=-1;
    else c= (2) ;
    switch( c)
    {   case   1: y=0; break;
        case   0: y=x; break;
        case   1: y=10; break;
        case  2:
        case  3: y=-0.5*x+20; break;
        default :   (3)   ;
    }
    if(y!=-2) printf("y=%f", y);
    else printf("error\n");
}
```

3. 编程题

（1）编写程序，输入一个数，判断并输出它是奇数还是偶数。

（2）编写程序，计算分段函数 y 值。

$$y = \begin{cases} e^{-x} & x > 0 \\ 1 & x = 0 \\ -e^{x} & x < 0 \end{cases}$$

（3）根据输入的百分制成绩 score，转换成相应的等级 grade 并输出。转换标准为：

$$grade = \begin{cases} A & 90 \leqslant score \leqslant 100 \\ B & 80 \leqslant score < 90 \\ C & 70 \leqslant score < 80 \\ D & 60 \leqslant score < 70 \\ E & 0 \leqslant score < 60 \end{cases}$$

（4）输入三角形的三条边，判断它能否构成三角形，若能则指出是何种三角形：等腰三角形？直角三角形？一般三角形？

（5）编写程序，输入一个年份和月份，输出该月有多少天（考虑闰年问题。闰年的条件是：①能被 4 整除，但不能被 100 整除的年份都是闰年；②能被 400 整除的年份也是闰年）。

第 4 章

循环结构程序设计

在第 3 章的例 3-8 中介绍了一个简单的猜数游戏程序,但这个程序存在一个问题,就是每执行一遍,用户只能输入一个数,如果所输入的数与要猜的数不一致,想继续再猜时,必须重新运行程序。那么能否在不退出程序运行的情况下,让用户连续输入要猜的数直到猜对为止呢? 答案是肯定的,只要用循环结构即可实现。

循环结构是结构化程序设计的三种基本结构之一,它和顺序结构、选择结构共同作为各种复杂程序的基本构造单元。循环结构是在一定条件下重复地执行一组语句的一种程序结构,这种结构在实际问题中应用的非常广泛。根据构成循环的形式,循环结构可分为当型循环与直到型循环两种。本章将介绍 C 语言中循环结构的各种形式及其应用。

4.1 当型循环与直到型循环

4.1.1 当型循环结构

当型循环结构的流程图如图 4-1 所示。其中,条件一般是一个逻辑表达式,循环体是程序中需要重复执行的操作,可以是单个语句,也可以是由若干语句构成的复合语句。

当型循环的执行过程是:当条件成立(为真)时,反复执行循环体中所包含的操作,直到条件不成立(为假)时结束循环。

由上述执行过程可以看出,如果在开始执行这个结构前条件就不成立,则当型循环中的循环体一次也不执行。

4.1.2 直到型循环结构

直到型循环结构的流程图如图 4-2 所示。

直到型循环的执行过程是:先执行循环体中所包含的操作,然后判断循环条件,若条件不成立(为假),反复执行循环体中所包含的操作,直到条件成立(为真)时结束循环。

由上述执行过程可以看出,对于直到型循环来说,由于首先执行循环体,然后再判断条件,因此循环体至少要被执行一次。这也是与当型循环结构最显著的区别。

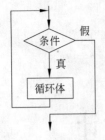

图 4-1 当型循环结构

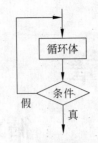

图 4-2 直到型循环结构

4.2 循环语句

C语言主要提供了三种循环语句来实现循环结构，分别为 while 语句、for 语句和 do-while 语句。在一定条件下，这三种循环语句可相互替代。

4.2.1 while 语句

while 语句主要用来实现当型循环，其一般形式是：

while(表达式)
    循环体语句

该语句的执行过程：先计算表达式（即循环条件）的值，若值为真（即为非 0），表示循环条件成立，则重复执行循环体语句，直到表达式的值为假（即为 0，代表条件不成立）时结束循环。

下面介绍两个使用 while 语句实现循环结构的实例。

【例 4-1】 计算 s＝1＋2＋3＋…＋100。

编程点拨：本题若机械地从 1 加到 100，程序将很烦琐，而使用循环语句要简便得多。其流程图如图 4-3 所示。

由流程图可以看出，该循环结构中的条件是"n≤100"，其中 n 的初值为 1，共循环 100 次。在循环体中有两个语句，每次按要求进行累加，然后循环变量 n 的值增加 1，从而可计算出 1～100 的和。相应的 C 程序如下：

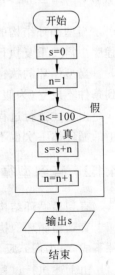

图 4-3 例 4-1 流程图

```
#include< stdio.h>
void main()
{   int  s=0,n=1;
    while(n<=100)        /*循环条件为 n<=100 */
    {   s=s+n;           /* 对 s 进行累加 */
        n++;             /*循环变量 n 增值 1*/
    }
```

```
printf("s=%d\n", s);
}
```

运行结果：

s=5050

实际上在循环体中，也可以先将循环变量 n 增值，然后再进行累加，此时需要改变循环变量 n 的初值以及循环条件。例如，上述的程序可以改写为：

```
#include<stdio.h>
void main()
{   int   s=0,n=0;
    while(n<100)
    {   n++;
        s=s+n;
    }
    printf("s=%d\n", s);
}
```

由此可看出，要构成一个逻辑功能正确的循环结构，必须将构成循环的初值、条件和循环体应实现的功能这三者作为整体来考虑。一旦改变了循环的初值，循环的条件和循环体中各语句的顺序可能也要随之改变。同样，如果改变了循环的条件或循环体中各语句的顺序，其他两方面也要随之改变。

【例 4-2】　有一张足够大的纸，其厚度为 0.15mm，编程计算对折多少次后其厚度能超过珠穆朗玛峰的高度。

编程点拨：众所周知，珠穆朗玛峰的高度约为 8844m，若设变量 h 为纸的厚度，对折次数为 time，可得图 4-4 所示的流程图。

由流程图可以看出，循环前 h 的初值为纸的初始厚度，循环条件为"h 的值未超过珠穆朗玛峰的高度（即 8844000mm）"，循环体由两个语句构成，分别计算对折一次后纸的新厚度和统计的对折次数。

相应的 C 程序如下：

```
#include <stdio.h>
void main()
{   float h=0.15;
    int time=0;
    while(h<=8844000) {          /*循环条件*/
    h*=2;                        /*计算对折后纸的新厚度*/
    time++;                      /*统计对折次数*/
    }
    printf("time=%d\n",time);    /*输出结果*/
}
```

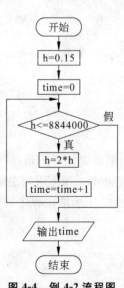

图 4-4　例 4-2 流程图

4.2.2　do-while 语句

do-while 语句主要用来实现直到型循环，其一般形式是：

```
do
    循环体语句
while(表达式);
```

与 while 语句不同的是，do-while 语句是先执行循环体，后判断循环条件。执行 do-while 语句时，不管循环条件如何，应先执行一次循环体内的语句，然后再判断 while 后括号内的表达式（即循环条件）的值是否为真，若表达式的值为真（即为非 0），则继续重复执行循环体内的语句，直到表达式的值为假（即为 0）时为止。

特别要指出的是，在前面图 4-2 所示的直到型循环结构中，只有当条件为真时才退出循环，而条件为假时继续执行循环。但在 C 语言所提供的 do-while 循环结构中，与此刚好相反。因此，虽然 C 语言中的 do-while 循环结构也称为直到型循环结构，但要注意它的条件是相反的。

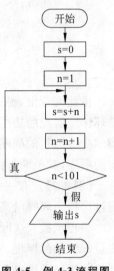

下面介绍两个使用 do-while 语句实现循环结构的实例。

【例 4-3】　用 do-while 语句编程计算 $s＝1＋2＋3＋\cdots＋100$。

编程点拨：本题流程图如图 4-5 所示。相应的 C 程序如下：

```
# include< stdio.h>
void main()
{   int  s=0,n=1;
    do{
        s=s+n;
        n++;
    }while(n<101);                /* 循环条件 */
    printf("s=%d\n",s);
}
```

图 4-5　例 4-3 流程图

需要注意的是，尽管以上问题用 while 语句和 do-while 语句可相互替代，但 while 语句和 do-while 语句在第一次进入循环时条件就不成立的特殊情况下，二者是不等价的。例如，下面两段程序就是不等价的。

程序段 1：

```
n=100;
while(n<100)
    printf("n=%d\n",n);
```

程序段 2：

```
n=100;
```

```
do
    printf("n=%d\n",n);
while(n<100);
```

　　第一段程序因为先判断后执行，所以当 n 的初值不满足小于 100 的条件时，循环一次也不执行，因此没有任何输出结果。而第二段程序虽然 n 的初值不满足小于 100 的条件，但因为是先执行后判断，所以循环至少执行一次，因此输出结果为 n＝100。

　　【例 4-4】　改进例 3-8 的猜数游戏：先由计算机"想"一个 1～100 的数请人猜，如果猜对了，则游戏结束；否则计算机给出提示，告诉猜的数是太大还是太小，并继续请人猜，直到猜对为止。计算机记录人猜的次数，以此来反映猜数者"猜"的水平。

　　编程点拨：若令计算机"想"的数为 m，其值可以通过调用 C 语言标准函数库中的随机函数 rand 产生，人猜的数为 g，其值可以通过键盘输入，变量 count 记录人猜的次数，流程图如图 4-6 所示。相应的 C 程序如下：

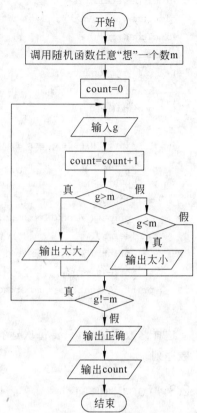

图 4-6　例 4-4 流程图

```
#include<stdlib.h>
#include<stdio.h>
void main()
{   int  m,g,count=0;
    m=rand()%100+1;                           /*让计算机"想"一个 1~100 的随机数*/
    do{
      printf("Please quess a magic number:");
      scanf("%d",&g);                         /*输入猜的数 g*/
      count++;                                /*统计猜的次数*/
      if(g>m)                                 /*若 g>m,提示"错误,太大!"*/
        printf("Wrong!Too high!\n");
      else if(g<m)                            /*若 g<m,提示"错误,太小!"*/
        printf("Wrong!Too low!\n");
      }while(g!=m);
    printf("Right!the number:%d\tcount=%d\n",m,count);      /*输出结果*/
}
```

　　在上机运行本程序时可能会发现，每次运行时计算机所"想"的数都是一样的。这是什么原因呢？事实上，在 C 语言中，尽管用函数 rand 所产生的随机数似乎是随机的，但每次执行程序时所产生的序列是相同的。解决该问题的办法是使程序每次执行时能产生不同的随机数序列，产生这种随机数的过程称为"随机化"，它是通过调用标准函数 srand 来为函数 rand 设置随机数种子来实现的。可修改程序如下：

```
# include< stdlib.h>
# include< stdio.h>
# include< time.h>
void main()
{   int   m,g,count= 0;
    srand(time(NULL));                    /* 调用函数 srand 为函数 rand 设置随机数种子 */
    m= rand()%100+ 1;
    do{
      printf("Please guess a magic number:");
      scanf("%d",&g);
      count++;
      if(g>m)
        printf("Wrong!Too high!\n");
      else if(g<m)
        printf("Wrong!Too low!\n");
      }while(g!=m);
    printf("Right!the number:%d\tcount=%d\n",m,count);
}
```

这样修改程序后，只要每次运行时提供的随机数种子不同，程序就会产生不同的随机数序列。

4.2.3　for 语句

前面介绍的 while 和 do-while 这两种形式的循环结构，对于循环体执行的次数事先无法估计的情况是十分有效的。但在某些问题中，循环体的执行次数是可以事先计算出来的，对于这种情况，虽然循环也可以用 while 和 do-while 这两种形式来实现，但 C 语言还提供了一种更为有效的形式，即使用 for 语句来实现这样的循环。

for 语句用于实现当型循环结构，其使用非常灵活，在 C 语言程序中的应用频度最高。

for 语句的一般形式是：

```
for(表达式 1;表达式 2;表达式 3)
    循环体语句
```

它与下列 while 循环结构等价：

```
表达式 1;
while(表达式 2)
{   循环体语句
    表达式 3;
}
```

一般来说，"表达式 1"通常在循环开始时用来给循环变量赋初值，"表达式 2"通常代表循环条件，只要这个条件为真，循环就得继续下去；"表达式 3"通常是循环增量表达式，用来改变循环变量的值。

for 语句的执行过程是：

（1）计算表达式 1（循环变量初值）的值。

（2）计算表达式 2（循环条件）的值，若条件为真，则执行
（3）；否则执行（5）。

（3）执行循环体语句一次。

（4）计算表达式 3（循环增量表达式）的值，然后转回（2）。

（5）循环结束，执行 for 后面的语句。

上述 for 语句的工作流程如图 4-7 所示。

例如，有如下 for 语句：

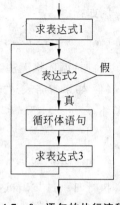

图 4-7　for 语句的执行流程图

for(x=0,a=1;a<5;a++) x=x+a;

其中：

① 表达式 1 为 x＝0,a＝1。这是一个逗号表达式，初始化循环变量 a 的值以及变量
x 的值。

② 表达式 2 为 a＜5。表示循环的条件。

③ 表达式 3 为 a＋＋。它使循环变量 a 增值，即每循环一次，使 a 的值加 1。

④ 循环体语句为 x＝x＋a;。

不难看出，以上 for 语句将重复执行语句“x＝x＋a;a＋＋;”4 次。

下面介绍两个使用 for 语句实现循环结构的实例。

【例 4-5】　用 for 语句编程计算 s＝1＋2＋3＋…＋100。

编程点拨：根据图 4-3 所示的流程图可得如下 C 程序：

```
#include<stdio.h>
void main()
{   int s=0,n
    for(n=1;n<=100;n++)        /* n=1为表达式1,n<=100为表达式2,n++为表达式3 */
        s=s+n;
    printf("s=%d\n", s);
}
```

显然，这个程序要比例 4-1 那个程序简练得多。

关于 for 语句的几点说明：

（1）在 for 语句中，三个表达式中任何一个表达式均可省略，但其中的两个“;”不能
省略。

（2）如果省略表达式 1，应在 for 语句之前给循环变量赋初值。

例如：

```
n=1;
for(;n<=100;n++)s=s+n;
```

执行时跳过“求表达式 1”这一步，其余不变。

（3）如果省略表达式 2，这就意味着表达式 2 的值一直是非 0，循环条件始终为真，循

环将无法终止。

例如：

```
for(n=1; ;n++) s=s+n;
```

执行时循环将无法终止,造成无限循环。

（4）如果省略表达式3,这时应在循环体内增加改变循环变量的语句,否则将造成无限循环。

例如：

```
for(n=1;n<=100;) {s=s+n;n++;}
```

执行时跳过"求表达式3"这一步,其余不变。

又如：

```
for(n=1;n<=100;) s=s+n;
```

因为 n 的值始终是1,循环条件为真,造成无限循环。

（5）如果省略三个表达式,这就意味着表达式2的值一直是非0,循环条件始终为真,循环将无法终止。

例如：

```
for(;;)s=s+n;
```

（6）在 for 循环中,如果循环体语句包含一个以上的语句,应该用花括号括起来,以复合语句形式出现。如果不加花括号,则 for 语句的范围直到 for 后面的第一个分号处。

例如：

```
for(n=1;n<=100;) s=s+n;n++;
```

循环体语句只包含"s=s+n;"语句,而"n++;"语句和循环无关,执行时将造成无限循环。

4.3　循环的嵌套

在一个循环体内又包含另一个完整循环的程序结构,称为循环的嵌套。C 语言允许循环结构嵌套多层。循环的嵌套结构又称为多重循环。

在 C 语言中,while 循环、do-while 循环和 for 循环都可以相互嵌套,即在 while 循环、do-while 循环和 for 循环内都可以完整地包含上述任何一种循环结构。

使用嵌套的循环时,需要注意的是：

（1）循环嵌套不能交叉,即在一个循环体内必须完整地包含着另一个循环。如图 4-8 所示。

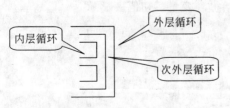

图 4-8　合法的循环嵌套

（2）内层和外层循环变量不能同名，以免造成混乱。

（3）嵌套的循环最好采用缩进格式书写，以保证层次的清晰性。

嵌套循环执行时，先由外层循环进入内层循环，并在内层循环终止之后接着执行外层循环，再由外层循环进入内层循环，当外层循环终止时，循环结束。

下面的程序段可以用来演示嵌套循环的执行过程。

```
# include< stdio.h>
void main()
{   int i,j;
    for(i=0;i<2;i++)                        /*外循环开始*/
    {
        printf("loop1 i=%d\n", i);
        for(j=0;j<3;j++)                    /*内循环开始*/
        {
            printf(" loop2 j=%d\t", j);
        }                                   /*内循环结束*/
        printf("\n");
    }                                       /*外循环结束*/
}
```

程序的运行结果如下：

```
loop1 i=0
  loop2 j=0   loop2 j=1   loop2 j=2
loop1 i=1
  loop2 j=0   loop2 j=1   loop2 j=2
```

观察程序的运行结果可以看出，它的执行过程是：程序开始运行时，首先进入外层循环，进行该层的第一次循环，输出 loop1 i=0。接着进入内层循环，执行这一层的循环，共执行三次，分别输出 loop2 j=0，loop2 j=1，loop2 j=2。内循环结束后，退出内层循环，回到外层循环，执行第二次外层循环并输出 loop i=1。再次进入内层循环，内层循环执行三次，分别输出 loop2 j=0，loop2 j=1，loop2 j=2。内循坏结束后，退出内层循环，回到外层循环，由于此时外层循环的条件为假，结束外层循环。

由此可知，在这个程序中，外层循环每循环 1 次，内层循环就循环 3 次。这样，外层循环循环了 2 次，内层循环共循环了 2×3＝6 次。

【例 4-6】　编写程序输出如下形式的乘法九九表。

1	2	3	4	5	6	7	8	9
2	4	6	8	10	12	14	16	18
3	6	9	12	15	18	21	24	27
4	8	12	16	20	24	28	32	36
5	10	15	20	25	30	35	40	45
6	12	18	24	30	36	42	48	54
7	14	21	28	35	42	49	56	63
8	16	24	32	40	48	56	64	72
9	18	27	36	45	54	63	72	81

编程点拨：乘法九九表给出的是两个数的乘积，如果用变量 x 代表被乘数，y 代表乘数，这两个变量的取值范围都是 1～9。因此，需用二重嵌套循环实现，用外层循环变量 x 控制被乘数的变化，内层循环变量 y 控制乘数的变化。其流程图如图 4-9 所示，相应的 C 程序如下：

```c
#include<stdio.h>
void main()
{   int x,y;
    for(x=1;x<10;x++)
    {
        for(y=1;y<10;y++)
          printf("%5d",x*y);
        printf("\n");                    /*换行*/
    }
}
```

本程序外层循环每循环 1 次，内层循环就循环 9 次。这样，外层循环循环了 9 次，内层循环共循环了 9×9=81 次。

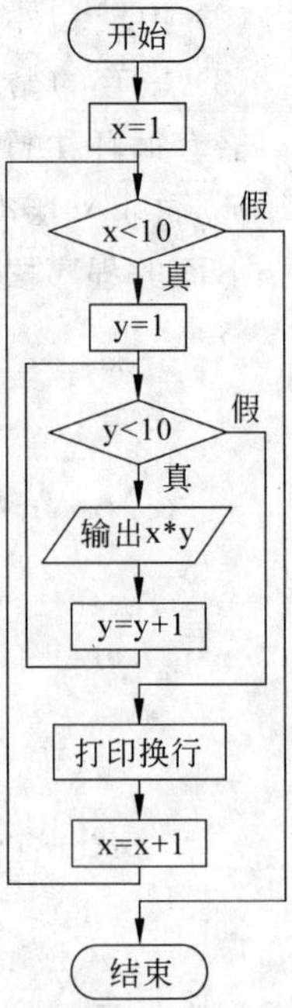

图 4-9　例 4-6 流程图

4.4　break 语句和 continue 语句

4.4.1　break 语句

在第 3 章介绍 switch 语句时曾出现过 break 语句，它的功能是跳出 switch 结构。实际上，C 语言中的 break 语句有以下两个功能：

（1）跳出 switch 结构。

（2）强制中断当前循环体的执行，退出当前循环结构。

break 语句的一般形式为：

```c
break;
```

使用 break 语句可以使循环语句有多个出口，在一些场合下使编程更加灵活、方便。break 语句对循环执行过程的影响示意如下：

```
while(表达式 1){          do{                    for(表达式 1;表达式 2;
                                                     表达式 3))
    …                       …                      …
    if(表达式 2)break;       if(表达式 2)break;        if(表达式 4)break;
    …                       …                      …
}                        }while(表达式 1);         }
循环的下一条语句           循环的下一条语句           循环的下一条语句
```

例如：

```
#include <stdio.h>
void main()
{   float n,sum=0;
    for(n=1;n<=100;n++)
    {   sum+=n;
        if(sum>1000) break;
    }
    printf("n=%f sum=%f\n",n,sum);
}
```

以上程序的功能是计算 1～100 的累加和，直到累加和大于 1000 停止。从上面的 for 循环可以看出，当 sum>1000 时，执行 break 语句，提前终止循环的执行。

4.4.2　continue 语句

continue 语句只能用在循环体中，其一般形式是：

continue;

continue 语句的功能是结束本次循环，即跳过循环体中下面尚未执行的语句，转入下一次循环条件的判断。continue 语句对循环执行过程的影响示意如下：

```
    while(表达式 1){          do{                      for(表达式 1;表达式 2;
                                                            表达式 3){

        …                        …                        …
    ┌ if(表达式 2)continue;   ┌ if(表达式 2)continue;   ┌ if(表达式 4)continue;
    │   …                    │   …                    │   …
    └ }                      └ }while(表达式 1);        └ }
      循环的下一条语句            循环的下一条语句            循环的下一条语句
```

例如：

```
#include <stdio.h>
void main()
{   int x;
    for(x=1;x<100;x++)
    {   if(x%2) continue;
        printf("%4d",x);              /* x 为偶数时执行这部分循环体 */
    }
}
```

以上程序是输出 100 以内的所有偶数。程序中用模运算"x%2"值是否为 0 来判断 x 的奇或偶。如果是偶数，则输出 x；如果是奇数，则用 continue 语句终止本次循环，转去执行下一次循环判断。这就是程序中语句"if(x%2) continue；"的作用。

特别要注意 break 语句和 continue 语句的区别，前者是退出本层循环，后者只是结束本层本次的循环，并不跳出循环。

使用 break 语句和 continue 语句时，还需注意在嵌套循环的情况下，break 语句和 continue 语句只对包含它们的那层循环语句起作用。

4.5　程序举例

本节将结合实际问题介绍初学者应掌握的一些常用算法。掌握这些基本算法对程序设计的初学者是十分必要的，它是编写程序的基础。

【例 4-7】　编程计算当 x＝0.5 时下列级数和的近似值。

$$x-\frac{x^3}{3\times 1!}+\frac{x^5}{5\times 2!}-\frac{x^7}{7\times 3!}+\cdots$$

直到某项的绝对值小于 0.000001 时为止。

编程点拨：以上级数求和问题是程序设计中最常用的算法之一。解决这类问题要利用循环来进行累加计算，有以下要点：

（1）设置累加变量，并赋合适的初值。

（2）每次要进行累加的通项表达式。

（3）循环体中实现累加的语句。

（4）循环结束的条件。

对于本题，可设置累加变量为 s，并赋初值 x。累加通项用 t 表示，由于每次累加通项的符号是交替变化的，可用变量 f 记录数的正负变化。于是，可以写出以下的循环累加通项的表达式和累加语句：

```
n++;              计算当前项 n,n 的初始值为 0
p=p*n;            计算当前项的阶乘 p,p 的初始值为 1
f=-f;             计算当前项的符号
t=(f*pow(x,2*n+1))/((2*n+1)*p);
                  计算当前的累计通项 t,用 pow(x,2*n+1)计算 x^{2n+1}
s=s+t;            将当前累加通项累加到 s 中
```

反复进行以上运算，随着 n 的增加，s 的值精度越高。当满足条件 |t|＜0.000001 时，结束运算，并输出计算结果。其流程图如图 4-10 所示，相应的 C 程序如下：

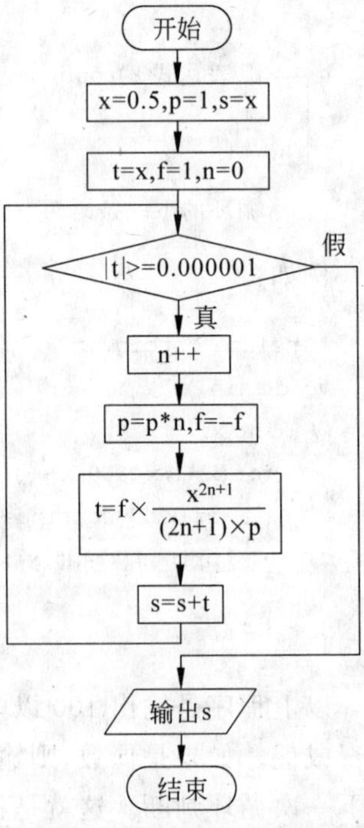

```
#include<stdio.h>
#include<math.h>
void main()
{   float x,p,s,t;
    int n=0,f=1;
    x=0.5; p=1; s=x; t=x;
    while(fabs(t)>=1e-6) {
        n++;
```

图 4-10　例 4-7 流程图

```
        p=p*n;
        f=-f;
        t=(f*pow(x,2*n+1))/((2*n+1)*p);
        s+=t;
    }
    printf("s=%f\n",s);
}
```

思考：程序中为什么令累加变量 s 的初始值为 x，n 的初始值为 0？能否改为其他值？

【例 4-8】 编程求解马克思手稿中的数学题。

马克思手稿中有一道趣味数学题：有 30 个人，其中有男人、女人和小孩，在一家餐馆里吃饭共花了 50 先令，每个男人各花 3 先令，每个女人各花 2 先令，每个小孩各花 1 先令。问男人、女人和小孩各有几人？

编程点拨：设男人、女人和小孩各有 x、y、z 人，按题意可得以下方程：

$$\begin{cases} x+y+z=30 \\ 3x+2y+z=50 \end{cases}$$

两个方程有 3 个未知数，这是一个不定方程，有多组解。用代数方法很难求解，一般要采用"穷举法"来求解这类问题。所谓"穷举法"就是在一个集合内对所有可能的方案都逐一测试，从中找出符合指定要求的解答。它也是解答计数问题的最简单、最直接的一种统计计数方法，就像小孩子想知道他的盒子里有多少只皮球，就一只一只地往外拿，皮球拿完了，也就数出来了。这里，小孩子用的就是"穷举法"，就是把集合中的元素一一列举，不重复，不遗漏，从而计算出元素的个数。

"穷举法"对人来说常常是单调而又烦琐的工作，但对计算机来说，重复计算正好可以用简洁的程序发挥它运算速度快的优势。使用"穷举法"的关键是要确定正确的穷举范围，既不能过分扩大穷举的范围，也不能过分缩小穷举的范围，过分扩大会导致程序运行效率的降低，过分缩小会遗漏正确的结果而导致错误。

对于本题，按常识，x、y、z 都应为正整数，且它们的取值范围应分别为：

x：0~16（在只花 50 先令的情况下，最多只有 16 个男人）

y：0~25（在只花 50 先令的情况下，最多只有 25 个女人）

z＝30－x－y（小孩的人数由方程中的第一个式子计算）

然后判断 x、y、z 的每一种组合是否满足方程中的第二个式子：

$$3*x+2*y+z=50$$

若满足，就可以得到一组符合题意的 x、y 和 z 值。

流程图如图 4-11 所示，相应的 C 程序如下：

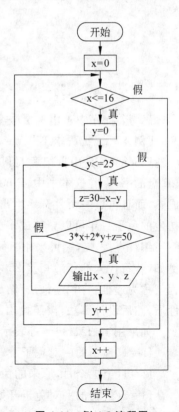

图 4-11　例 4-8 流程图

```
#include<stdio.h>
void main()
{   int x,y,z;
    printf(" Man\tWomen\tChildern\n");
    for(x=0;x<=16;x++)
    for(y=0;y<=25;y++)
    {   z=30-x-y;
        if(3*x+2*y+z==50)
        printf("%3d\t%5d\t%8d\n",x,y,z);
    }
}
```

程序运行结果如下：

```
Man   Women   Childern
0     20       10
1     18       11
2     16       12
3     14       13
4     12       14
5     10       15
6      8       16
7      6       17
8      4       18
9      2       19
10     0       20
```

思考：程序中若用三层嵌套循环表示，该如何修改？

【例 4-9】 编程求 Fibonacci 数列。

Fibonacci 是中世纪意大利的一位极有才华的数学家，他的代表作是 1202 年出版的《算盘的书》。在这本书中，Fibonacci 提出了一个问题：假定一对新出生的兔子一个月后成熟，而且再过一个月开始生出一对小兔子。按此规律，在没有兔子死亡的情形下，一对初生的兔子一年可以繁殖成多少对兔子？

编程点拨：本题可采用"递推法"解决。递推是由一个变量的值推出另外变量的值。例如，若每代人的年龄相差 25 岁，则由一个人的年龄推出其父亲的年龄、爷爷的年龄过程就称为递推。用"递推法"解题的基本点是通过分析问题，找出问题内部包含的规律和性质，然后设计算法，按照找出的规律从初始条件进行递推，最终得到问题的解答。

如果用 f1、f2、f3、f4 等表示各月兔子的对数，则有：

f1＝1（最初的一对兔子）

f2＝1（第二个月，原来的兔子长成，还未生育）

f3＝2（最初的一对兔子开始生育）

f4＝3（上个月生的小兔子还不能生育，原来的一对老兔子又生一对）

f5＝5(上个月生的小兔子还不能生育,其中的两对老兔子各生育一对)

…

显然,各月的兔子数可组成以下 Fibonacci 数列:

$$1、1、2、3、5、8、13、21、34、55、…$$

进一步分析,可以知道从第三个月起,该月的兔子数由两部分组成:上月的兔子数和本月新增的兔子数。因为每对新增兔子只有隔一个月才有生育能力,所以本月的兔子数为上月的兔子数加上上月的兔子数,即

fn＝fn‐1＋fn‐2

因此,若令最初的两个 Fibonacci 数分别为 f1＝1,f2＝1,则下一个 Fibonacci 数 f3 可通过公式递推求得,即 f3＝f1＋f2。

如果要求出某个月 Fibonacci 数列,就应当用以下循环递推过程:

f3＝f1＋f2,f1＝f2,f2＝f3

这是一个按照数据序列的顺序不断向后推导的算法。流程图如图 4-12 所示,相应的 C 程序如下:

```c
#include<stdio.h>
void main()
{   int f1=1,f2=1,f3,i;
    printf("%d\t%d\n",f1,f2);      /*输出前两个月的兔子对数*/
    for(i=3;i<=12;i++){            /* i值表示第 3~12 个月*/
    f3=f1+f2;
    printf("%d%c",f3,i%2? '\t':'\n');
    f1=f2;
    f2=f3;
    }
}
```

程序运行结果如下:

```
1    1
2    3
5    8
13   21
34   55
89   144
```

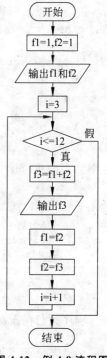

图 4-12 例 4-9 流程图

思考:程序中使用表达式"i%2? '\t':'\n'"有何作用?

【例 4-10】 从键盘输入一个正整数,编程判断它是否是素数,若是素数,输出"Yes!",否则输出"No!"。

编程点拨:素数是指除了能被 1 和它本身整除外,不能被其他任何整数整除的数。

例如，13 除了 1 和 13 外，它不能被 2～12 之间的任何整数整除，故 13 就是一个素数。根据素数的这个定义，可得到判断任意一个正整数 m 是否为素数的方法：把 m 作为被除数，取 i（依次为 2、3、4、…、(m-1)）作为除数，判断 m 与 i 相除的结果，若都除不尽，就说明 m 是素数；反之，只要有一次能被除尽，则说明 m 存在一个 1 和它本身以外的另一个因子，它不是素数。

事实上，根本用不着除那么多次，用数学的方法可以证明：只需用 $2\sim\sqrt{m}$ 之间（取整数）或 2～m/2 之间（取整数）的数去除 m 即可得到正确的判断结果，这样可以减少计算的工作量。

按以上思路可得图 4-13 所示的算法流程图，相应的 C 程序如下：

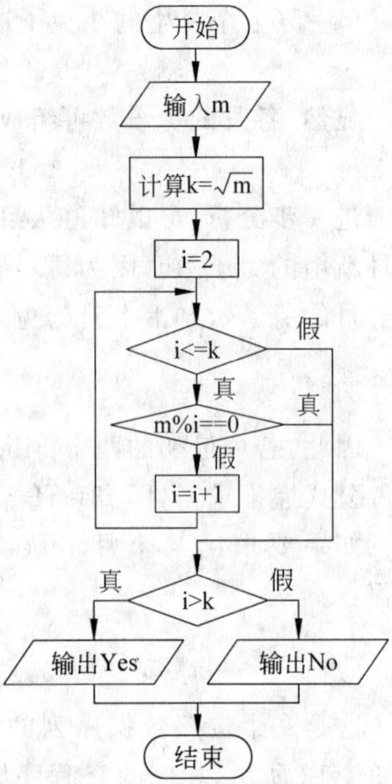

图 4-13　例 4-10 流程图

```c
#include<stdio.h>
#include<math.h>
void main()
{   int m,i,k;
    printf("Please enter a number:");
    scanf("%d",&m);
    k=sqrt(m);                       /*计算*/
    for(i=2;i<=k;i++)                /*i 取 2～k,检查 m 是否能被 i 整除*/
        if(m%i==0)break;            /*若能被 i 整除,则终止循环*/
    if(i>k)
        printf(" Yes!\n");          /*输出结果*/
    else
        printf(" No!\n");
}
```

程序运行情况如下：

Please enter a number: 13✓
Yes!
Please enter a number: 9✓
No!

思考：程序中输出结果时为什么要用条件"i＞k"判断？

【例 4-11】　从键盘输入一行字符，将其中的英文字母进行加密后输出（非英文字母不变）。

编程点拨：随着通信技术的广泛应用，数据被窃取的危险也在不断增加。数据加密就是一种信息保护技术，它使窃取者不能了解数据的真实内容，无法使用这些数据，因此可以减少数据失窃造成的危害。

最简单的数据加密方法是把一个要变换的字符加上（或减去）一个小常数 k，使其变换成另外一个字符。例如,当 k＝5 时,字符'c'＋5 变成了'h',这里"5"就称为密钥。需要注意的是,在转换过程中,如果某大写字母后的第 k 个字母已超出大写字母 Z,或某小写字母后的第 k 个字母已经超出小写字母 z,则将循环到字母表的开始。例如,V 转换成 A,Z 转换成 E,v 转换成 a,z 转换成 e 等。

按以上加密的过程可得图 4-14 所示的算法流程图,相应的 C 程序如下:

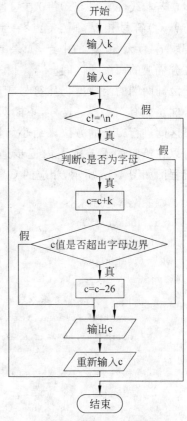

图 4-14　例 4-11 流程图

```c
# include<stdio.h>
void main()
{   char c;
    int k;
    printf(" Input k:");
    scanf("%d",&k);      /* 输入密钥 */
    getchar();           /* 吃掉上次输入的回车符 */
    c=getchar();         /* 输入字符 c */
    while(c!='\n'){
      if((c>='a'&&c<='z')||(c>='A'&&c<='Z'))
      {   c=c+k;
          if(c>'z'||c>'Z'&&c<='Z'+k)
                   /* 判断 c 值是否超出了字母边界 */
          c=c-26;
      }
    printf("%c",c);      /* 输出处理后的 c */
    c=getchar();         /* 重新输入 c */
    }
}
```

程序运行情况如下:

```
Input k: 5↙
Asdf234GT#↙    (原文)
Fxik234LY#     (密文)
```

由以上加密的过程不难推出解密的方法。请读者思考。

【例 4-12】　用二分法求方程 $2x^3 - 4x^2 + 3x - 6 = 0$ 在区间 $(-10,10)$ 的一个根。精度要求为 0.00001。

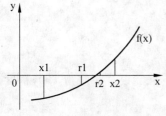

图 4-15　二分法求根示意图

编程点拨:一般来说,非线性方程 $f(x)=0$ 的根的分布是非常复杂的,要找出它们的解析表达式也是非常困难的。已经有人证明,5 次以上的 $f(x)=0$ 都找不出用初等函数表示的根的解析表达式。在这种情况下,只能借助数学分析的方法得到近似的根。二分法就是求解非线性方程时常用的一种方法,其基本思想如图 4-15 所示。

若非线性方程 f(x)＝0 在区间[x₁,x₂]上有 f(x₁)
与 f(x₂)符号相反,则它至少在此区间内有一个根。
若取 r₁ 为 x₁ 和 x₂ 的中点,如果 r₁ 不是 f(x)的根,则
在分隔成的两个子区间[x₁,r₁]和[r₁,x₂]中必有一个
子区间两端的函数值仍然符号相反,在该子区间中也
必然至少有一个根。这样,不断对两端函数值异号的
子区间进行二分的方法来缩小解所在区间的范围,就
可以在给定的误差范围内逐步逼近方程的根。算法
流程图如图 4-16 所示,相应的 C 程序如下:

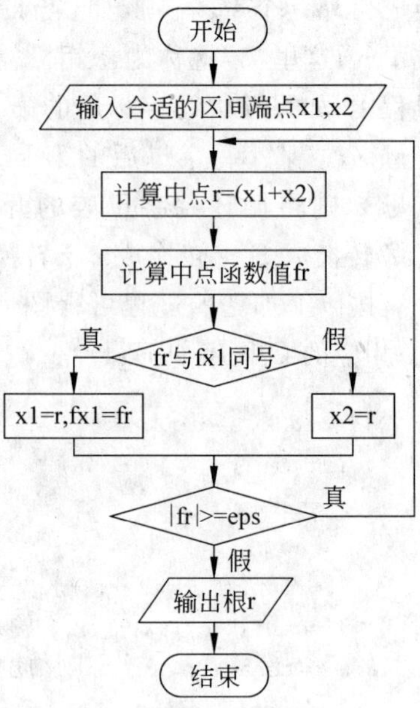

图 4-16　例 4-12 流程图

```
# include< stdio.h>
# include< math.h>
void main()
{    float x1,x2,r,fx1,fx2,fr,eps=1e-5;
                                    /* eps 表示精度 */
     do{            /* 输入合适的区间端点 x1 和 x2 */
       printf(" Please enter two number:");
       scanf("%f,%f",&x1,&x2);
       fx1=2*x1*x1*x1-4*x1*x1+3*x1-6;    /* 计算左端点函数值 fx1 */
       fx2=2*x2*x2*x2-4*x2*x2+3*x2-6;    /* 计算右端点函数值 fx2 */
     }while(fx1*fx2>0);
     do{                              /* 二分法求根 */
       r=(x1+x2)/2;                    /* 求中点 r */
       fr=2*r*r*r-4*r*r+3*r-6;          /* 计算中点函数值 fr */
       if(fx1*fr>0)                   /* 判断 fx1 和 fr 是否同号 */
       {    x1=r;
            fx1=fr;
       }
       else                         /* fx1 和 fr 异号 */
            x2=r;
     }while(fabs(fr)>=eps);
   printf (" root=%.2f\n",r);          /* 输出方程的根 */
}
```

程序运行情况如下:

```
Please enter two number:9,10↙
Please enter two number:-10,10↙
root=2.00
```

【例 4-13】　用牛顿迭代法求方程 x－1－cosx＝0 的一个实根。初值为 1.0,精度要
求为 0.00001。

编程点拨:牛顿迭代法又称为牛顿切线法,是一种收敛速度比较快的数值计算方法,

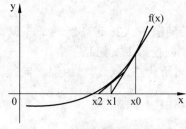

图 4-17　牛顿迭代法求根示意图

其基本思想如图 4-17 所示。

设方程 $f(x)=0$ 有一个根,首先选取一个包含根的区间的一个端点作为初值 x_0,过点 $(x0,f(x0))$ 作函数 $f(x)$ 的切线与 x 轴交于 x_1,则此切线的斜率为 $f'(x0)=f(x0)/(x0-x1)$,整理后即为

$$x1=x0-f(x0)/f'(x0)$$

显然,x_1 比 x_0 更接近根($f'(x0)$ 为函数 $f(x0)$ 的导数)。

继续过点 $(x1,f(x1))$ 作函数 $f(x)$ 的切线与 x 轴交于 x_2 …… 当求得的 x_i 与 x_{i+1} 两点之间的距离小于给定的误差时,便认为 x_{i+1} 就是方程 $f(x)=0$ 的近似根了。算法流程图如图 4-18 所示,相应的 C 程序如下:

```c
#include<stdio.h>
#include<math.h>
void main()
{   float x0,x,r,fx1,fx,fr,eps=1e-5;   /* eps 表示精度 */
    x=1.0;                             /* 赋初始值 */
    do{                                /* 牛顿迭代法求根 */
        x0=x;
        fx=x0-1-cos(x0);               /* 计算函数值 f(x0) */
        fx1=1+sin(x0);                 /* 计算函数 f(x0) 的导数 */
        x=x0-fx/fx1;                   /* 牛顿迭代公式 */
    }while(fabs(x-x0)>=eps);
    printf(" root=%.2f\n",x);          /* 输出方程的根 */
}
```

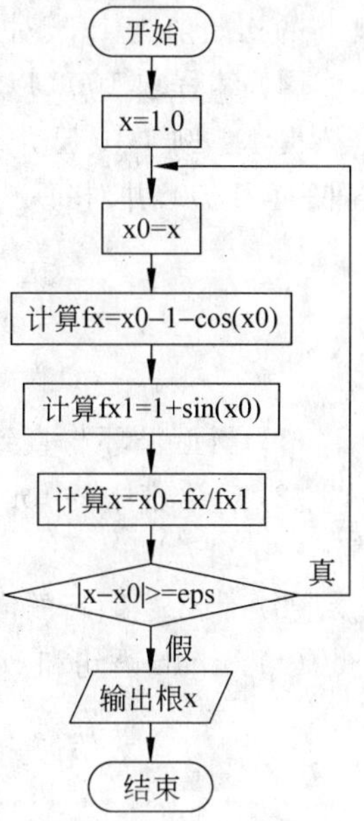

程序运行结果如下:

```
root=1.28
```

图 4-18　例 4-13 流程图

举一反三

(1) 利用以下泰勒级数公式计算 e 的近似值,当最后一项的绝对值小于 10^{-5} 时认为达到精度要求,要求输出 e 值,并统计总共累加了多少项。

$$e=1+\frac{1}{1!}+\frac{1}{2!}+\frac{1}{3!}+\cdots+\frac{1}{n!}$$

提示:解本题可采用级数求和的累加算法,累加语句为:e＝e＋term;,e 初值为 1.0;可利用前项计算后项来寻找累加通项的构成规律,由 $1/2!=1/1!/2,1/3!=1/2!/3,\cdots$,可发现前后项的关系为 term＝term/n,term 初值为 1.0,n 的初值为 1,n 按 n＋＋变化;统计累加项数只要设置一个计数器变量 count,初值为 0,在循环体中每累加一项就加一次 1。

(2) 三色球问题。若一个口袋中放了 12 个球,其中有 3 个红色的,3 个白色的,6 个黑色的,从中任取 8 个球,问共有多少种不同的颜色搭配?

提示:设任取的红球个数为 i,白球个数为 j,黑球个数为 k,根据题意应有 i＋j＋k＝8,0＜＝i＜＝3,0＜＝j＜＝3,0＜＝k＜＝6。采用穷举法求解,根据红球和白球的取值范围,可设计一个双重循环,在红球和白球个数确定的情况下,黑球个数的取值应为 k＝8－

i−j,只要满足 k<＝6,则 i、j、k 的组合即为所求。

（3）一个排球运动员一人练习托球,第 2 次只能托到前一次托起高度的 2/3 偏高 25 厘米。按此规律,他托到第 8 次时,只托起了 1.5 米。问他第 1 次托起了多高?

提示:这是一个倒推的问题,即由某一结果倒推出初始状态。对这样的倒推问题同样可采用递推法求解。根据题意可知倒推过程为:

第 8 次托起高度:h8=h7 * 2/3+0.25=1.5
第 7 次托起高度:h7=h6 * 2/3+0.25
…

第 2 次托起高度:h2=h1 * 2/3+0.25

整理后可得倒推公式为 $h_{n-1}＝(h_n−0.25)*3/2$,用 C 语言表示为 h=(h−0.25)*3/2。设 h 的初始值为 1.5,对以上公式循环计算 7 次即可得解。

（4）编程求 1000 以内的所有素数。

提示:例 4-10 已介绍了判断任一个整数 m 是否为素数的方法,在此基础上,使 m 的值取 1~1000,并对每一个值进行素数判断即可。

复习与思考

（1）当型循环与直到型循环的执行过程有何区别?

（2）C 语言中的 for 循环、while 循环以及 do-while 循环各有什么特点? 适合于何种情况?

（3）什么是循环的嵌套? 如何执行循环的嵌套?

（4）break 语句和 continue 语句的功能是什么? 在循环中使用时有何区别?

习　题　4

1. 选择题

（1）已知 int i=1,j=0;,执行下面语句后 j 的值是＿＿＿＿。

```
while(i)
switch(i)
{   case 1: i+=1;j++;break;
    case 2: i+=2;j++;break;
    case 3: i+=3;j++;break;
    default: i--;j++;break;
}
```

A. 1　　　　　　B. 2　　　　　　C. 3　　　　　　D. 死循环

（2）下面的 for 语句＿＿＿＿。

```
for(x=0,y=10;(y>0)&&(x<4);x++,y--);
```

  A. 是无限循环   B. 循环次数不定

  C. 循环执行 4 次   D. 循环执行 3 次

（3）C 语言中 while 和 do-while 循环的主要区别是_____。

  A. do-while 的循环体至少无条件执行一次

  B. while 的循环控制条件比 do-while 的循环控制条件严格

  C. do-while 允许从外部转到循环体内

  D. do-while 的循环体不能是复合语句

（4）下列循环语句中有语法错误的是_____。

  A. while(x＝y)5;   B. while(0);;

  C. do printf("%d",a);while(a－－);   D. do x＋＋ while(x＝＝10);

（5）设 t 为 int 类型，进入下面的循环之前，t 的值为 0，则以下叙述中正确的是_____。

```
while(t=1)
{…}
```

  A. 循环条件表达式的值为 0   B. 循环条件表达式的值为 1

  C. 循环条件表达式不合法   D. 以上说法都不对

（6）以下程序的输出结果是_____。

```
#include< stdio.h>
void main( )
{   int i;
    for(i='A';i< 'I';i++,i++) printf("%c",i+32);
    printf(" \n");
}
```

  A. 编译不通过，无输出   B. aceg

  C. acegi   D. abcdefghi

（7）有以下程序段，其中 x 为整型变量：

```
x=-1;
do{;}while(x++);
printf("x=%d",x);
```

以下选项中叙述正确的是_____。

  A. 该循环没有循环体，程序错误   B. 输出 x＝1

  C. 输出 x＝0   D. 输出 x＝－1

（8）设 x 和 y 均为 int 型变量，则执行下面的循环后，y 的值为_____。

```
for(y=1,x=1;y<=50;y++) {
    if(x>=10) break;
    if(x%2==1)
    {   x+=5;
        continue;
```

```
        }
        x-=3;
    }
```

  A. 2   B. 4   C. 6   D. 8

(9) 若 sizeof(int)为 2,计算 1~10 的乘积,下列语句序列中正确的是_____。

  A. int jc=1; for(int i=2;i<=10;i++) jc *=i;

  B. for(float jc=1,int i=2;i<=10;i++,jc *=i);

  C. float jc=1; for(int i=2;i<=10;jc *=i,i=i+1);

  D. for(float jc=1;i=2;i<=10;i++) jc *=i;

(10) 已知 int i=1;,执行语句 while(i++<4);后,变量 i 的值为_____。

  A. 3   B. 4   C. 5   D. 6

2. 填空题

(1) 下面程序的输出结果是_____。

```
#include<stdio.h>
void main()
{   int num=0;
    while(num<=2)
    {
      num++;
      printf("%d\n",num);
    }
}
```

(2) 下面程序的输出结果是_____。

```
#include<stdio.h>
void main()
{   int a=1,b=0;
    do{
        switch(a)
        {   case 1: b=1;break;
            case 2: b=2;break;
            default : b=0;
        }
        b=a+b;
        }while(!b);
    printf("a=%d,b=%d",a,b);
}
```

(3) 从键盘上输入"446755"时,下面程序的输出结果是_____。

```
#include<stdio.h>
```

```c
void main()
{   int c;
    while((c=getchar())!'\n')
    switch(c-'2')
    {   case 0:
        case 1: putchar(c+4);
        case 2: putchar(c+4);break;
        case 3: putchar(c+3);
        default: putchar(c+2);break;
    }
    printf("\n");
}
```

(4) 下面程序的输出结果是_____。

```c
#include<stdio.h>
void main()
{   int x,I;
    for(i=1;i<=100;i++) {
        x=I;
        if(++x%2==0)
            if(++x%3==0)
                if(++x%7==0)
                    printf("%d",x);
    }
}
```

(5) 下面程序的输出结果是_____。

```c
#include<stdio.h>
void main()
{   int i,j,x=0;
    for(i=0;i<2;i++) {
        x++;
        for(j=0;j<3;j++) {
            if(j%2) continue;
            x++;
        }
        x++;
    }
    printf("x=%d\n",x);
}
```

(6) 下面程序的输出结果是_____。

```c
#include<stdio.h>
void main()
```

```
{    int i,j,k=10;
     for(i=0;i<2;i++) {
       k++;
       {   int m=0;
           for(j=0;j<=3;j++) {
               if(j%2) continue;
               m++;
           }
           printf("m=%d\n",m);
       }
       k++;
     }
     printf("k=%d\n",k);
}
```

（7）有以下程序段：

```
s=1.0;
for(k=1;k<=n;k++)
    s=s+1.0/(k*(k+1));
printf("%f\n",s);
```

填空完成下述程序，使之与上述程序的功能完全相同。

```
s=0.0;
    (1)  ;
k=0;
do{
    s=s+d;
    (2)  ;
    d=1.0/(k*(k+1));
    }while(  (3)  );
printf("%f\n",s);
```

（8）下面程序的功能是从键盘上输入若干学生的学习成绩，统计并输出最高成绩和最低成绩，当输入为负数时结束输入。请完善程序。

```
#include<stdio.h>
void main()
{    float x,amax,amin;
     scanf("%f",&x);
     amax=x;
     amin=x;
   while((1)) {
     if(x>amax) amax=x;
     if((2)) amin=x;
     scanf("%f",&x);
```

```
    }
    printf("\namax=%f\namin=%f\n",amax,amin);
}
```

(9) 下面程序的功能是统计用 0~9 之间不同数字组成的三位数的个数。请完善程序。

```
# include< stdio.h>
void main()
{   int i,j,k,count=0;
    for(i=1;i<=9;i++)
      for(j=0;j<=9;j++)
        if(   (1)   )continue;
        else
          for(k=0;k<=9;k++)
            if((2)) count++;
    printf("%d",count);
}
```

(10) 下面程序的功能是输出 100 以内个位数为 6,且能被 3 整除的所有数。请完善程序。

```
# include< stdio.h>
void main()
{   int i,j;
    for(i=0;   (1)   ;i++) {
      j=i * 10+6;
      if((2)) continue;
      printf("%d",j);
    }
}
```

(11) 下列程序计算并输出方程 $X^2+Y^2+Z^2=1989$ 的所有整数解。请完善程序。

```
# include< stdio.h>
void main()
{     (1)   ;
    for(i=-45;i<=45;i++)
      for(   (2)   )
        for(k=-45;k<=45;k++)
          if(   (3)   )
            printf( "%4d%4d%4d\n", i,j,k);
}
```

(12) 输入两个整数,输出它们的最小公倍数和最大公约数。请完善程序。

```
# include< stdio.h>
```

```
void main( )
{    int m,n,gbs,gys;
     scanf((1));
     for(gbs=m;  (2)  ; gbs=gbs+m);
     gys=  (3)  ;
     printf("gbs=%d\tgys=%d\n", gbs,gys);
}
```

3. 编程题

(1) 编写程序计算以下公式的值：

$$\text{sum} = 1 + \frac{1}{2} + \frac{1}{3} + \frac{1}{4} + \cdots + \frac{1}{999} + \frac{1}{1000}$$

(2) 编写程序计算以下公式的值：

$$\sum_{k=1}^{100} k + \sum_{k=1}^{50} k \times k + \sum_{k=1}^{10} \frac{1}{k}$$

(3) 编写程序计算以下公式的值：

$$S = \frac{1}{1 \times 2} + \frac{1}{2 \times 3} + \frac{1}{3 \times 4} + \frac{1}{4 \times 5} + \cdots + \frac{1}{N \times (N+1)}$$

要求最后一项小于 0.001 时，或当 $N=20$ 时尚未达到精度要求，则停止计算。

(4) 已知求正弦 $\sin x$ 的近似值的多项式公式为：

$$\sin x = x - \frac{x^3}{3!} + \frac{x^5}{5!} - \frac{x^7}{7!} + \cdots + (-1)^n \frac{x^{2n+1}}{(2n+1)!} + \cdots$$

编写程序，要求输入 x 和 eps，按上述公式计算 $\sin x$ 的近似值。要求计算的误差小于给定的 eps。

(5) 编写程序，读入一个整数 N，若 N 为非负数，则计算 $N \sim 2 \times N$ 之间的整数和；若为一个负数，则计算 $2 \times N \sim N$ 之间的整数和。

(6) 国王的许诺。相传国际象棋是古印度舍罕王的宰相达依尔发明的。舍罕王十分喜欢象棋，决定让宰相自己选择何种赏赐。这位聪明的宰相指着 8×8 共 64 格的象棋盘说："陛下，请您赏给我一些麦子吧，就在棋盘的第 1 个格子中放 1 粒，第 2 个格子中放 2 粒，第 3 个格子中放 4 粒，以后每一格都比前一格增加一倍，依次放完棋盘上的 64 个格子，我就感恩不尽了。"舍罕王让人扛来一袋麦子，他要兑现他的许诺。

请问：国王能兑现他的许诺吗？试编程计算舍罕王共要赏赐给他的宰相多少粒麦子？假设 1 立方米麦子有 1.42×10^8 粒的话，那么这些麦子又合多少立方米？

(7) 100 匹马驮 100 担货，大马一匹驮 3 担，中马一匹驮 2 担，小马两匹驮 1 担。试编写程序计算大、中、小马的数目。

(8) 设 N 是一个 4 位数，它的 9 倍恰好是其反序数（如 1089×9 后的反序数是 9801），试编写程序求 N 的值。

(9) 如果一个正整数等于其各个数字的立方和，则称该数为阿姆斯特朗数（也称为自恋性数）。如 $407 = 4^3 + 0^3 + 7^3$ 就是一个阿姆斯特朗数。编写程序求 1000 以内的所有阿姆斯特朗数。

（10）韩信点兵。韩信有一队兵，他想知道有多少人，就让士兵排队报数：按从 1 至 5 报数，最末一个士兵报的数为 1；按从 1 至 6 报数，最末一个士兵报的数为 5；按从 1 至 7 报数，最末一个士兵报的数为 4；按从 1 至 11 报数，最末一个士兵报的数为 10。你知道韩信有多少兵吗？

（11）试编写程序验证 2000 以内的哥德巴赫猜想，对于任何大于 4 的偶数均可以分解为两个素数之和。

（12）猴子吃桃问题。猴子第一天摘下若干桃子，当即吃了一半还不过瘾，又多吃了一个。第二天早上又将剩下的桃子吃掉一半，又多吃了一个。以后每天早上都吃了前一天剩下的一半零一个。到第十天早上想再吃时，就只剩下一个桃子。求第一天共摘多少个桃子？

（13）水手分椰子。5 个水手在一个岛上发现了一堆椰子，先由第 1 个水手把椰子分为等量的 5 堆，剩下的 1 个给了猴子，并自己藏起 1 堆。然后，由第 2 个水手把剩下的 4 堆混合后重新分为等量的 5 堆，剩下的 1 个给了猴子，自己藏起 1 堆。以后第 3、4 个水手依次同样处理。最后第 5 个水手把剩下的椰子分为等量的 5 堆后，同样剩下 1 个给了猴子。问原来这堆椰子至少有多少个？

（14）用牛顿迭代法求方程 $2x^3 - 4x^2 + 3x - 6 = 0$ 在 1.5 附近的根。

（15）编写程序，输出如下上三角形式的乘法九九表。

```
1   2   3    4    5    6    7    8    9
    4   6    8   10   12   14   16   18
        9   12   15   18   21   24   27
            16   20   24   28   32   36
                 25   30   35   40   45
                      36   42   48   54
                           49   56   63
                                64   72
                                     81
```

（16）编写程序，输入顶行字符和图形的高，输出下图所示图形。

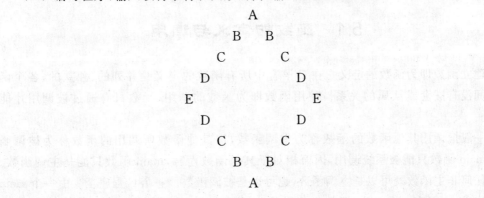

第5章

chapter 5

模块的实现——函数

根据模块化程序设计的原则,一个较大的程序一般要分为若干个小模块,每个模块实现一个比较简单的功能。在 C 语言中由函数来实现这些模块。函数是用来完成特定功能的一段程序,是 C 程序的基本单位。

在 C 语言中,函数分为两种:

1. 标准库函数

这种函数由所使用的 C 编译系统提供,用户不必定义,可直接使用,例如常用的 printf 函数、scanf 函数和 sqrt 函数等。在使用这些库函数时,需要使用文件包含命令 #include 将带有该函数定义的头文件包含到当前 C 程序中。

2. 用户自定义函数

这种函数用以解决用户的专门问题,一般由用户自己编写。用户自定义函数是可以反复使用的程序段。如果一个程序段在程序不同处多次出现,就可以把这段程序取出来,构建一个函数。凡是程序中需要执行这个操作时,只需调用这个函数就可以了。

多次调用同一个函数,可以减少重复编写程序的工作量,使程序的代码长度减少,而且程序的结构也显得简洁,清楚。

5.1 函数的定义与调用

建立函数即为函数的定义。在 C 语言中所有函数的定义是并列的、独立的,各个函数之间没有嵌套或从属的关系。使用函数即为函数的调用,函数只有通过被调用才能执行。

一般把调用其他函数的函数称为主调函数,被其他函数所调用的函数称为被调函数。main 函数只能被系统调用,因而相对于其他函数而言,main 函数只能是主调函数。其他任何非主函数既可以是主调函数,也可以是被调函数。一个 C 程序至少由一个 main 函数构成,一般由一个 main 函数和若干其他函数构成。程序的执行从 main 函数开始,调用其他函数后再回到 main 函数结束。

5.1.1　函数的定义

C语言规定,在程序中用到的所有函数,除了C编译系统提供的标准库函数外,其他函数必须"先定义,后使用"。函数定义主要包括:指定函数的名字,以便以后按名调用;指定函数的类型;指定函数参数的名字和类型,以便调用函数时向它们传递数据;指定函数应当执行的操作,也就是函数的功能,这是最重要的。函数定义的一般形式有如下两种:

(1) 函数定义的传统形式。

```
函数类型 函数名(形参表列)
形参说明
{
    声明部分
    语句
}
```

其中前两行构成函数首部(或称为函数头),后面用一对花括弧括起来的部分为函数体。

(2) 函数定义的现代风格形式。

```
函数类型 函数名(类型 形参 1,类型 形参 2,…)
{
    声明部分
    语句
}
```

其中第一行构成函数头,后面用一对花括弧括起来的部分为函数体。ANSI C新标准推荐使用这种方法来定义函数。

【例 5-1】　定义一个求两个整数和的函数。

```
int sum(x,y)            /* 函数名为 sum,函数类型为 int,形参为 x 和 y */
int x,y;                /* 形参类型为 int */
{                       /* 函数体,完成求两个数和的功能 */
    int z;
    z=x+y;
    return(z);
}
```

也可写成:

```
int sum(int x,int y)    /* 函数名为 sum,函数类型为 int,形参为 x 和 y,形参类型为 int */
{                       /* 函数体,完成求两个数和的功能 */
    int z;
    z=x+y;
```

```
    return (z);
}
```

关于函数定义的几点说明：

（1）函数名可以是符合 C 语言规则的任何合法标识符，其命名规则与变量一样，通常使用有意义的符号来表达。在同一程序中，函数名应该是唯一的，不能重名。

（2）函数名前的函数类型是指函数返回值的数据类型，函数返回值通过函数体中的 return 语句得到。当函数不要求返回值时，实际上带回的是一个不确定的值，可以用 void 标识函数类型。关键字 void 是一种数据类型，用它标识的对象是无值的，又称为"空类型"。当函数的返回值为 int 型时，函数名前的函数类型可以省略。

（3）根据实际需要，函数形参可有可无，由此函数根据其形式又可分为有参函数和无参函数。带有形参的函数称为有参函数，不带形参的函数称为无参函数。无参函数的定义中形参表为空，但函数名后的"()"不能省略，其一般形式为：

```
函数类型 函数名()
{
    声明部分
    语句
}
```

【例 5-2】 无参函数的例子。

```
void printstar()
{
    printf("********************\n");
}
```

（4）对于有参函数，在函数定义时必须对所有形参进行数据类型说明，形参可以是变量、数组等。形参与形参之间用","分隔。

（5）函数体用一对花括弧{}括起来，由声明部分和语句部分组成。声明部分对函数内使用的变量和被调函数的原型进行定义和声明，语句部分是实现该函数功能的 C 语句序列。

（6）C 语言还允许定义"空函数"，它的形式为：

```
函数类型    函数名()
{ }
```

例如：

```
void dummy()
{ }
```

空函数的函数体中没有任何 C 语句，所以调用这种函数时，实际上它什么工作也不做，定义它的目的是为了在程序中占据一席之地，以便将来需要扩充函数功能时使用，这对于较大程序的编写、调试以及功能扩充往往是有用的。

5.1.2　函数的返回值

函数要求返回一个函数值时,函数体内应包含返回语句,返回语句在函数中的作用是返回调用它的主调函数,同时向主调函数送回计算结果(函数返回值)。如例 5-1 的 sum 函数。其一般格式为:

```
return (表达式);
```

或

```
return 表达式;
```

return 语句的执行过程是:先计算 return 语句后面括号内表达式的值,再将计算结果返回给主调函数。表达式的括号可以省略。

【例 5-3】　编写函数求两个数的最大值。

```
# include< stdio.h>
float max(float x,float y)              /* 函数 max 的定义,求两个数的最大值 */
{   float z;
    if(x> y) z=x;
    else z=y;
    return (z);                         /* 返回计算结果 */
}
void main()
{   float a,b,c;
    scanf("%f%f",&a,&b);
    c=max(a,b);                         /* 调用函数 max 并将函数返回值赋给 c */
    printf("max=%f\n",c);               /* 输出计算结果 */
}
```

在设计带有返回值的函数时要注意以下几点:

(1)一个函数中可以有一个以上的 return 语句,执行到哪一个 return 语句,哪一个语句就起作用。

【例 5-4】　多个 return 语句的函数例子。

```
float min(float x,float y)
{
    if(x< y) return x;               /* 返回最小值 x */
    else return y;                   /* 返回最小值 y */
}
```

(2)函数返回值的类型应为定义函数时的函数类型。如果函数类型和 return 语句中表达式值的类型不一致,则要将表达式值的类型转换成与函数类型一致的类型。

【例 5-5】　将例 5-3 的例子稍作改动(注意是变量的类型改动)。

```
# include< stdio.h>
```

```
int max(float x,float y)              /* 函数 max 的定义,求两个数的最大值 */
{    float z;
     if(x>y)z=x;
     else z=y;
     return (z);                       /* 返回计算结果 */
}
void main()
{    float a,b,c;
     scanf("%f%f",&a,&b);
     c=max(a,b);                       /* 调用函数 max 并将函数返回值赋给 c*/
     printf("max=%f\n",c);             /* 输出计算结果 */
}
```

　　函数 max 定义为整型,而 return 语句中的 z 为实型,二者不一致,按上述规定,先将 z 值转换为整型,然后 max 带回一个整型值返回主函数中。

　　(3) 无返回值的函数也可以有 return 语句,可以写成:

```
return;
```

　　在执行被调函数时,遇到该语句就结束函数的执行,返回到主调函数。若函数中无 return 语句,会执行到函数体最后的"}"为止。

5.1.3　函数的调用

　　当一个函数被正确定义后,它不会自己执行自己,必须通过被调用才能被执行。主调函数为实现既定的功能去调用相应的被调函数,函数在调用前必须先定义,然后主调函数才能调用该函数。

1. 函数调用的一般形式

　　函数调用的一般形式为:

函数名 (实参表列)

其中实参是有确定值的常量、变量或表达式,各参数间用逗号分开,如例 5-5 中的 max(a, b)。在实参表中,实参的个数与顺序必须和形参的个数与顺序相同,实参的数据类型也应和形参的数据类型一致。实参的作用就是把参数的具体数值传递给被调用的函数。

　　函数调用的执行过程是:

　　(1) 对于有参函数,计算各实参表达式的值,一一对应地赋给相应的形参;对于无参函数,则不执行此操作。

　　(2) 进入被调函数,执行函数中的语句,实现函数的功能,当执行到 return 语句时,计算并带回 return 语句中的表达式值(无返回值的函数可以没有 return 语句,而是当遇到函数体的"}"时),返回主调函数。

　　(3) 继续执行主调函数中的后续语句。

【例 5-6】 计算并输出一个圆台两底面积之和。

```c
#include<stdio.h>
float area(float x,float y)              /* 函数 area 的定义,求一个圆台两底面积之和 */
{
    float s;
    s=3.1415 * (x * x+y * y);
    return s;
}
void printstar()                         /* 函数 printstar 的定义,输出一行星号 */
{   int i;
    for(i=0;i<30;i++)
        printf(" * ");
    printf("\n");
}
void main()
{
    float r1,r2,s;                       /* r1 和 r2 代表圆台两底的半径 */
    printstar();                         /* printstar 函数调用 */
    scanf("%f,%f",&r1,&r2);
    s=area(r1,r2);                       /* arear 函数调用 */
    printf("s=%.2f\n",s);
    printstar();                         /* printstar 函数调用 */
}
```

程序由 main、area 和 printstar 这三个函数组成。main 为主调函数,其余两个函数为被调函数。程序中函数的调用控制流程如图 5-1 所示,执行结果如下:

```
******************************
1,2↙
s=15.71
******************************
```

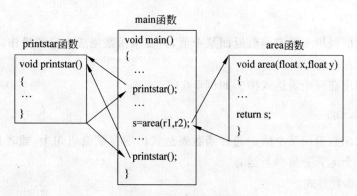

图 5-1　函数调用过程

需要注意，如果实参表列包含多个实参，对实参求值的顺序并不是确定的，有的系统按自左向右的顺序求实参的值，有的系统则按自右向左的顺序。许多 C 版本（例如 Turbo C2.0 和 Visual C++ 6.0）是按自右向左的顺序求值。

【例 5-7】 实参求值顺序的例子。

```c
# include< stdio.h>
int fun(int a,int b)                  /* 函数 fun 的定义,比较两个数的大小 */
{
    if(a>b) return 1;
    else if(a==b) return 0;
    else return -1;
}
void main()
{
    int k=3,s;
    s=fun(k,++k);                      /* 函数调用 */
    printf("s=%d\n",s);
}
```

在 Visual C++ 6.0 下运行的结果为：

```
s=0
```

上述程序在计算实参表达式时是按从右到左的原则计算，因此函数调用 fun(k，＋＋k) 经计算处理实参表达式后得到 fun(4,4)，而不是 fun(3,4)。以后对于类似这种情况，读者可以在所使用的计算机系统上试一下，以便知道它所处理的方法。

2. 函数调用的方式

根据函数在程序中出现的位置来分，函数调用的方式通常有以下几种：

（1）函数调用语句方式。

形式为函数调用加分号，形成单独一个语句。如例 5-6 中：

```
printstar();
```

这种方式的调用不要求函数返回某个值，只要求函数完成一定的操作。

（2）函数表达式方式。

即函数调用在一个表达式中。如例 5-6 中。

```
s=area(r1,r2);
```

这时要求函数返回某个值。通常函数表达式出现在赋值语句中，或者出现在算术表达式中作为一个运算分量参与运算。

（3）函数参数方式。

带返回值的函数调用可作为一个函数的实参。例如，例 5-3 中求两个数的最大值函数按如下形式调用：

```
m=max (max(a,b),c);
```

其中 max(a,b)是一次函数调用,它的值作为 max 的另一次调用的实参。m 的值是 a、b、c 三者的最大值。

3. 函数的原型声明

在例 5-6 中,三个函数的调用关系是:main 函数先后调用 area 函数和 printstar 函数。三个函数在程序中定义的顺序为:

```
定义函数 area()
定义函数 printstar()
定义函数 main()
```

其中 area 函数和 printstar 函数的定义顺序可互换,但如果将 main 函数的定义改为放在 printstar 函数和 area 函数定义之前,即三个函数在程序中定义的顺序为:

```
定义函数 main()
定义函数 area()
定义函数 printstar()
```

程序将会出现错误。造成如此情况的原因是什么呢?

原来 C 程序在进行编译时是从上到下逐行进行的。例如,当系统编译到 main 函数中包含函数调用的语句“s=area(r1, r2);”时,由于 area 函数定义在 main 函数之后,编译系统不知道 area 是不是函数名,也无法判定实参的个数和类型是否正确,因而无法进行正确性的检查。如果不做检查,在运行时才发现实参与形参的类型或个数不一致,就会出现运行错误。解决此类问题的方法就是在函数调用之前通过函数原型对所调用的函数进行声明。这种声明有以下两个作用:

(1) 标明函数返回值的类型,使编译系统能正确地编译和返回数据。

(2) 指示形参的类型和个数,供编译系统进行检查。

函数原型声明可用以下两种形式之一:

形式 1: 函数类型 函数名(参数 1 类型,参数 2 类型,…);

形式 2: 函数类型 函数名(参数 1 类型 参数名 1,参数 2 类型 参数名 2,…);

采用第一种形式比较精炼,而采用第二种形式只需照抄函数首部就可以了,不易出错。例如,在例 5-6 的程序中若要对 area 函数进行原型声明,可采用以下两种形式中的任一种:

```
float area(float,float );
```

或

```
float area(float x,float y);
```

函数原型一般写在程序的开头部分(在所有函数定义之前)或主调函数的说明部分。其中函数类型、函数名、参数类型、参数个数、参数顺序应与函数定义中的一致。

【例 5-8】 不改变程序功能，只改写例 5-6 中三个函数的定义顺序。以下两种形式均可。

函数原型声明在主函数内部的源程序：

```
#include<stdio.h>
void main()
{
    float r1,r2,s;
    float area(float,float);          /* area 函数原型声明 */
    void printstar();                 /* printstar 函数原型声明 */
    printstar();                      /* printstar 函数调用 */
    scanf("%f,%f",&r1,&r2);
    s=area(r1,r2);                    /* area 函数调用 */
    printf("s=%.2f\n",s);
    printstar();                      /* printstar 函数调用 */
}
float area(float x,float y)           /* 函数 area 的定义,求一个圆台两底面积之和 */
{
    float s;
    s=3.1415*(x*x+y*y);
    return s;
}
void printstar()                      /* 函数 printstar 的定义,输出一行星号 */
{   int i;
    for(i=0;i<30;i++)
        printf("*");
    printf("\n");
}
```

函数原型声明在程序开始部分的源程序：

```
#include<stdio.h>
float area(float,float);              /* area 函数原型声明 */
void printstar();                     /* printstar 函数原型声明 */
void main()
{
    float r1,r2,s;
    printstar();                      /* printstar 函数调用 */
    scanf("%f,%f",&r1,&r2);
    s=area(r1,r2);                    /* area 函数调用 */
    printf("s=%.2f\n",s);
    printstar();                      /* printstar 函数调用 */
}
float area(float x,float y)           /* 函数 area 的定义,求一个圆台两底面积之和 */
{
```

```
        float s;
        s=3.1415*(x*x+y*y);
        return s;
}
void printstar()                        /* 函数 printstar 的定义,输出一行星号 */
{   int i;
    for(i=0;i<30;i++)
        printf("*");
    printf("\n");
}
```

说明：如果被调函数的定义出现在主调函数之前,可不必作函数声明。例如,例 5-6 的情况。除此之外,都应该按上述介绍的方法对所调用的函数作声明,否则程序就会出现错误。

用函数原型来声明函数,还能减少编写程序时可能出现的错误。由于函数声明的位置与函数调用语句的位置比较近,因此在写程序时便于就近参照函数原型来书写函数调用,不易出错。

5.2 函数间的参数传递

5.2.1 实参与形参的传递方式

在 C 语言中,当一个函数需要调用另一个函数时,总要将一些数据传递给被调用的函数,而被调用的函数执行完后,一般也需要将执行结果或一些有关信息返回到主调函数。这就涉及到主调函数中的实参与被调函数中的形参之间数据的传递问题。在程序设计语言中,有两种不同的参数传递方式,即值传递方式和地址传递方式。

1. 值传递方式

值传递方式是指主调函数把实参的值赋给(复制给)形参。在这种传递方式下,主调函数中的实参地址与被调函数中的形参地址是互相独立的。

当函数被调用时,系统为形参变量分配内存单元,并将实参的值存入对应形参的内存单元。被调函数在执行过程中使用的是形参,形参的任何变化不会影响实参的值。当函数返回时,系统将收回为形参分配的内存空间。

由此可以看出,在值传递方式下,被调函数中对形参的操作不影响主调函数中实参值,因此只能实现数据的单向传递,即在调用时只将实参值传给形参。

在 C 语言中,当形参为简单变量和数组元素时,均采用值传递方式,实参可以是变量、常量、表达式。在这种情况下,一个函数只能通过函数名返回一个值。在本章前面介绍的所有函数例子,采用的均是这种传递方式。

为了进一步说明这个问题，下面看一个实例。

【例 5-9】 分析下列 C 程序。

```
#include<stdio.h>
void main()
{
    void s(int);                    /*函数声明*/
    int n;
    printf("input number\n");
    scanf("%d",&n);
    s(n);                           /*调用函数*/
    printf("n=%d\n",n);
}
void s(int n)
{
    int i;
    for(i=n-1;i>=1;i--)
    n=n+i;
    printf("n=%d\n",n);
}
```

在这个程序中共有两个函数，程序的功能是计算 $\sum_{i=1}^{n} i$。在主函数中输入 n 值，并作为实参，在调用时传递给 s 函数的形参 n（注意，本例的形参变量和实参变量的标识符都为 n，但这是两个不同的量，在计算机中的存储位置是不同的）。在主函数中用 printf 语句输出一次 n 值，这个 n 值是实参 n 的值。在函数 s 中也用 printf 语句输出了一次 n 值，这个 n 值是形参最后取得的 n 值。从运行情况看，输入 n 值为 100，即实参 n 的值为 100。把此值传给函数 s 时，形参 n 的初值也为 100，在执行函数过程中，形参 n 的值变为 5050。返回主函数之后，输出实参 n 的值仍为 100。可见，实参的值不随形参的变化而变化。

2. 地址传递方式

地址传递方式是指在一个函数调用另一个函数时，并不是将主调函数中的实参值直接传递给被调用函数中的形参，而只是将存放实参的地址传递给形参。在这种传递方式下，被调用函数在执行过程中，当需要存取形参值时，实际上是通过形参找到实参所在的地址后，直接存取实参地址中的数据。因此，如果在被调用函数中改变了形参的值，实际上也就改变了主调函数中实参的值。显然，当被调函数执行完返回主调函数时，被调函数中形参的新值也就通过实参的地址传回了主调函数。

在地址传递方式下，形参和实参代表的是地址，如指针变量或数组名等。

注意：

（1）无论是"值传递方式"还是"地址传递方式"，C 语言都是单向传递数据的，一定是实参传递给形参，反过来不行。也就是说，C 语言中函数参数传递的两种方式本质相同——"单向传递"。

（2）"值传递方式"和"地址传递方式"只是传递的数据类型不同（"值传递"传递的是一般的数值，"地址传递"传递的是地址）。"地址传递"实际上是"值传递"方式的一个特例，本质还是传值，只是此时传递的是一个地址数据值。

5.2.2　局部变量与全局变量

前面提到，形参变量只在被调用期间才分配内存单元，调用结束后立即释放。这一点表明形参变量只有在函数内才是有效的，离开该函数就不能再使用了。这种变量有效性的范围称为变量的作用域。不仅对于形参变量，C 语言中所有的量都有自己的作用域。变量说明的方式不同，其作用域也不同。C 语言中的变量，按作用域范围可分为两种，即局部变量和全局变量。

在 C 语言中，函数之间的数据传递除了采用形参和实参之间的传递方式外，还可以通过定义全局变量的方式来实现各函数之间的数据传递。

1. 局部变量

局部变量也称为内部变量，它是在函数内定义的变量。其作用域仅限于函数内，离开该函数后再使用这种变量是非法的。

例如：

```
int f1(int a)
{
    int b,c;
    …
}                            /* 变量 a、b、c 的作用域 */
int f2(int x)
{
    int y,z;
    …
}                            /* 变量 x、y、z 的作用域 */
void main()
{
    int m,n;
    …
}                            /* 变量 m、n 的作用域 */
```

在函数 f1 内定义了三个变量，a 为形参，b、c 为一般变量，a、b、c 变量的作用域仅限于 f1 内。同理，x、y、z 的作用域仅限于 f2 内。m、n 的作用域仅限于 main 函数内。

关于局部变量的作用域还要说明几点：

（1）形参变量是属于被调函数的局部变量，实参变量是属于主调函数的局部变量。

（2）允许在不同的函数中使用相同的变量名，它们代表不同的对象，分配不同的单元，互不干扰，也不会发生混淆。

（3）在复合语句中也可以定义变量，其作用域只在复合语句范围内。

例如：

```
void main()
{
    int sum,a;
    ...
    {
        int b;
        sum=a+b;
        ...
    }                          /*变量b的作用域*/
    ...
}                              /*变量sum、a的作用域*/
```

2. 全局变量

全局变量也称为外部变量，它是在函数外部定义的变量。它的作用域是从定义位置开始到本程序文件的末尾。

例如：

```
int a,b;                       /*a、b为全局变量*/
void f1()                      /*函数f1*/
{
    ...
}
float x,y;                     /*x、y为全局变量*/
int f2()                       /*函数f2*/
{
    ...
}
void main()                    /*主函数*/
{
    ...
}
```

变量 a、b、x、y 都是在函数外部定义的，都是全局变量。但 x,y 定义在函数 f1 之后，而在 f1 内又无对 x,y 的说明，所以它们在 f1 内无效。a,b 定义在源程序最前面，因此在 f1,f2 及 main 内不加说明也可使用。

全局变量的几点说明：

（1）如果同一个源文件中，全局变量与局部变量同名，则在局部变量的作用范围内，全局变量被"屏蔽"，即它不起作用。

【例 5-10】 分析下列 C 程序：

```
#include<stdio.h>
int a=3,b=5;                   /*a、b为全局变量*/
```

```
max(int a,int b)                           /* a、b 为 max 函数中的局部变量 */
{    int c;
     c=a>b?a:b;
     return(c);
}
void main()                                /* a 为 main 函数中的局部变量 */
{    int a=8;
     printf("%d\n",max(a,b));
}
```

全局变量 a、b 和 max 函数的局部变量 a、b，以及 main 函数中的局部变量 a 同名。由于全局变量与局部变量同名时，在局部变量的作用范围内全局变量不起作用，故在 max 函数中使用的是 max 函数的局部变量 a、b，在 main 函数中使用的是 main 函数中的局部变量 a 和全局变量 b。

（2）使用全局变量可实现各函数之间的数据传递。

【例 5-11】　输入正方体的长宽高，求体积及三个面的面积。

```
#include<stdio.h>
int s1,s2,s3;                              /* s1、s2、s3 为全局变量 */
int v_s( int a,int b,int c)
{
     int v;
     v=a*b*c;                              /* 求体积 v */
     s1=a*b;                               /* 求三个面的面积 s1、s2、s3 */
     s2=b*c;
     s3=a*c;
     return v;
}
void main()
{
     int v,l,w,h;
     printf("\ninput length,width and height\n");
     scanf("%d%d%d",&l,&w,&h);
     v=v_s(l,w,h);
     printf("\nv=%d,s1=%d,s2=%d,s3=%d\n",v,s1,s2,s3);
}
```

函数 v_s 用于求正方体的体积以及三个面的面积，需带回 4 个值给 main 函数。由于使用返回语句只能带回一个值，故本程序通过将三个面的面积 s1、s2、s3 定义为全局变量，根据全局变量的作用范围，在 main 函数中就可以使用这三个全局变量，由此实现了函数之间的数据传递。

需要指出，除非十分必要，一般不提倡使用全局变量来实现函数之间的数据传递。其原因有以下几点：

（1）由于全局变量属于程序中的所有函数，因此在程序的执行过程中，全局变量都需要占据存储空间，即使实际正在执行的函数根本用不着这些全局变量，它们也要占用存储空间。

（2）在函数中使用全局变量后，要求在所有调用该函数的调用程序中都要使用这些全局变量，从而降低函数的通用性。

（3）在函数中使用全局变量后，使函数之间的影响比较大，从而使模块的"内聚性"差，而与其他模块的"耦合性"强。

（4）在函数中使用全局变量会降低程序的清晰性，可读性差。

5.2.3 变量的存储类别

一般来说，C 语言将存放用户程序和数据的内存区域分成三块，分别是：

（1）程序区：用于存放程序代码。

（2）静态存储区：保存的数据在程序开始执行时就分配固定的存储单元，程序执行完后才释放所占的存储单元。存储在该区域的变量称为静态存储变量，如全局变量、静态局部变量等。

（3）动态存储区：保存的数据在调用函数执行时才分配存储单元，函数调用结束后立即释放所占的存储单元。存储在该区域的变量称为动态存储变量，如函数形参、自动型的局部变量、函数调用时的现场保护和返回地址等。

因此，在 C 语言中每个变量都有两个属性：数据类型和存储类型。在 C 语言中变量定义的一般形式应为：

存储类型　数据类型　变量名表；

其中，数据类型是指变量所持有数据的性质，如 int 型、long 型、float 型等；存储类型是指变量数据的存储区域，可分为静态存储类和动态存储类两大类。具体又分为以下4 种：

（1）自动类型（auto）

（2）寄存器类型（register）

（3）静态类型（static）

（4）外部类型（extern）

1. 自动类型（auto）

使用 auto 说明的变量为自动型变量，自动型变量是局部变量，auto 可以省略。C 语言规定，如果局部变量不作存储类型说明，则默认是自动型变量。

例如，局部变量说明：

```
auto int x,y;
```

等价于：

```
int x,y;
```

实际上，在此之前所介绍的程序中定义的所有局部变量均是自动型变量。自动型变量存储在动态存储区中。

2. 寄存器类型（register）

使用 register 说明的变量为寄存器型变量。这类变量的值是保存在 CPU 的一个寄存器中，其访问速度比普通变量快，因此对频繁使用的变量可以用 register 说明。

【例 5-12】 用 register 说明变量的程序。

```
# include "stdio.h"
int fac(int n)
{   register int i,f=1;
    for(i=1;i<=n;i++)
      f=f * i;
    return f;
}
void main()
{   int i;
    for(i=1;i<=5;i++)
        printf("%d!=%d\n",i,fac(i));
}
```

程序运行结果为：

```
1!=1
2!=2
3!=6
4!=24
5!=120
```

以上程序的功能是计算 1~5 的阶乘。在函数 fac 中用 register 说明了寄存器变量 f 和 i，系统将把这两个变量的值保存在 CPU 的寄存器中而不是内存中。形参 n 是自动型变量，其值保存在动态存储区中。在 main 函数中说明的变量 i 也是自动型变量，其值也保存在动态存储区中。一般来说，寄存器变量的数据类型只限于整型、字符型，且只用于局部变量。

3. 静态类型（static）

用 static 说明的局部变量是静态局部变量。静态局部变量的值存储在静态存储区中，在整个程序运行期间都不释放。因此，静态局部变量的值具有继承性，即在下一次调用函数时，此静态局部变量的初值就是上一次调用结束时该变量的值。

【例 5-13】 用 static 说明变量的程序。

```
# include "stdio.h"
int fac(int n)
{   static int f=1;
    f=f * n;
```

```
        return f;
    }
    void main()
    {   int i;
        for(i=1;i<=5;i++)
            printf("%d!=%d\n",i,fac(i));
    }
```

以上程序的功能也是计算 1～5 的阶乘。在函数 fac 中用 static 说明了静态局部变量 f,因此在程序编译时给它赋初值 1 后,均保留每次调用后的值,在下一次调用时为上一次调用结束时的值。

静态变量可以在定义时初始化,没有显示初始化的静态变量由编译程序自动初始化为 0。

4. 外部类型（extern）

外部变量是全局变量,其值保存在静态存储区中。外部变量的作用域是从定义位置开始到本程序文件的末尾。如果在外部变量的有效范围之外要使用它,则事先要用 extern 加以声明。

【例 5-14】 分析下列 C 程序。

```
# include < stdio.h>
extern int n;                            /* 全局变量的声明 */
void fun()
{
    n-=20;
}
int n=100;                               /* 全局变量的定义 */
void main()
{
    for( ; n>=60; )
    {
        fun();
        printf("n=%d\n", n);
    }
}
```

全局变量 n 尽管定义在 fun 函数之后,但时由于用 extern 进行了说明,故在 fun 函数中仍是有效的。如果不做说明,系统不会认为在 fun 函数中使用的 n 是已定义的全局变量,编译时会出错。

程序的运行结果为:

n=80
n=60
n=40

由此可以看出,用 extern 说明的外部变量提供了使用全局变量的一种途径。

5.3 函数的嵌套调用

C 语言中不允许嵌套的函数定义,因此各函数之间的定义是平行的,不存在上一级函数和下一级函数的问题。但是 C 语言允许在一个函数的定义中出现对另一个函数的调用。这样就出现了函数的嵌套调用,即在被调函数中又可调用其他函数。这与其他语言的子程序嵌套的情形是类似的。其关系表示如图 5-2 所示。

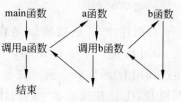

图 5-2 表示了两层嵌套调用的情形,其执行过程是:执行 main 函数中调用 a 函数的语句时,即转去执行 a 函数,在 a 函数中调用 b 函数时,又转去执行 b 函数,b 函数执行完毕返回 a 函数的调用处继续执行,a 函数执行完毕返回 main 函数的调用处继续执行。

图 5-2 函数的嵌套调用

【例 5-15】 计算 $s = 2^2! + 3^2!$

编程点拨:本题可编写三个函数,除主函数外,可定义一个 f1 函数来计算平方值,定义另一个 f2 函数来计算阶乘值。主函数先调用 f1 计算出平方值,再在 f1 中以平方值为实参,调用 f2 计算其阶乘值,然后返回 f1,再返回主函数,在循环程序中计算累加和。

相应的 C 程序如下:

```
#include<stdio.h>
long f1(int p)
{
    int k;
    long r;
    long f2(int);                    /* 函数声明 */
    k=p*p;
    r=f2(k);                         /* 函数调用 */
    return r;
}
long f2(int q)
{
    long c=1;
    int i;
    for(i=1;i<=q;i++)
      c=c*i;
    return c;
}
void main()
{
    int i;
```

```
    long s=0;
    for (i=2;i<=3;i++)
      s=s+f1(i);                              /*函数调用*/
    printf("\ns=%ld\n",s);
}
```

程序的运行结果为：

S=362904

在程序中，f1 函数和 f2 函数的类型均为长整型，都在 main 函数之前定义，故不必再在 main 函数中对 f1 和 f2 加以说明。在 main 程序中，执行循环时，依次把 i 值作为实参通过调用 f1 函数求 i^2 值。在 f1 中又发生对 f2 函数的调用，这时是把 i^2 的值作为实参去调用 f2，在 f2 中完成求 i^2！的计算。f2 执行完毕把 c 值（即 i^2！）返回给 f1，再由 f1 返回 main 函数实现累加。至此，由函数的嵌套调用实现了题目的要求。

【例 5-16】 用梯形法编程求函数 $f(x) = x^2 + 2x + 1$ 的定积分 $\int_0^2 f(x)dx$ 的值。

编程点拨：以上定积分的几何意义是求曲线 $y=f(x)$、$x=a(a$ 为 0）、$y=0(x$ 轴）和 $x=b(b$ 为 2）所围成的面积。若把区间[a,b]等分为 n 等分，可得若干个小梯形，每个小梯形的高为 $h=(b-a)/n$，积分面积就近似为这些小梯形面积之和。其中，第 1 个小梯形面积近似为：

$$((f(a)+f(a+h))\times h)/2$$

第 i 个小梯形面积近似为：

$$((f(a+(i-1)\times h)+f(a+i\times h))\times h)/2$$

本题可编写三个函数，除主函数外，一个是用来计算 $f(x)=x^2+2x+1$ 的 fun 函数，另一个是用梯形法计算定积分值的 djf 函数。主函数输入 n、a 和 b 的值，然后调用 djf 函数计算并输出定积分的值。

相应的 C 程序如下：

```
#include<stdio.h>
double fun(double x)
{   double y;
    y=x*x+2*x+1;
    return y;
}
double djf(double n,double a,double b)
{   double s=0,h;
    int i;
    h=(b-a)/n;
    for(i=1;i<=n;i++)
      s+=((fun(a+(i-1)*h)+fun(a+i*h))*h)/2;
    return(s);
}
```

```
void main()
{    double s,n,a,b;
     scanf("%lf,%lf,%lf",&n,&a,&b);
     s=djf(n,a,b);
     printf("s=%lf\n",s);
}
```

程序的运行情况为：

```
100,0,2↙
s=8.67
```

5.4 函数的递归调用

人们在解决一些复杂问题时，为了降低问题的复杂度，一般总是将问题逐层分解，最后归结为一些简单的问题。这种将问题逐层分解的过程，实际上并没有对问题进行求解，而只是当解决了最后那些最简单的问题后，再沿着原来分解的逆过程逐步进行综合。这就是递归的基本思想。

在 C 语言中，一个函数在它的函数体内直接或间接调用它自身称为递归调用。这种函数称为递归函数。在递归调用中，主调函数又是被调函数。执行递归函数将反复调用其自身，每调用一次就进入新的一层。

例如有 f 函数定义如下：

```
int f(int x)
{
    int y;
    z=f(y);                  /*函数 f 调用其自身*/
    return z;
}
```

这个函数是一个递归函数。但是运行该函数将无休止地调用其自身，这当然是不正确的。为了防止递归调用无终止地进行，必须在函数内有终止递归调用的手段。常用的办法是加条件判断，满足某种条件后就不再做递归调用，然后逐层返回。下面举例说明递归调用的执行过程。

【例 5-17】 用递归法计算 n!。

编程点拨：用递归法计算 n! 可用下述公式表示：

$$n! = \begin{cases} 1 & n = 0,1 \\ n \times (n-1)! & n > 1 \end{cases}$$

按公式可编程如下：

```
#include<stdio.h>
long fun(int n)
{
```

```
    long f;
    if(n==0||n==1) f=1;
    else f=fun(n-1) * n;
    return(f);
}
void main()
{
    int n;
    long y;
    printf("\ninput a inteager number:\n");
    scanf("%d",&n);
    y=fun(n);
    printf("%d!=%ld",n,y);
}
```

程序中给出的 fun 函数是一个递归函数。主函数调用 fun 后即进入 fun 函数执行，当 n＝0 或 n＝1 时都将结束函数的执行，否则就递归调用 fun 函数自身。由于每次递归调用的实参为 n－1，即把 n－1 的值赋予形参 n，最后当 n－1 的值为 1 时再做递归调用，形参 n 的值也为 1，将使递归终止，然后可逐层退回。图 5-3 所示为计算 5! 调用过程示意图。

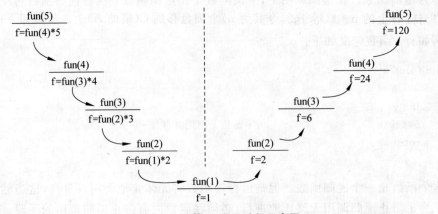

图 5-3　计算 5! 调用过程示意图

从图 5-3 可知，求解可分成两个阶段：第一个阶段为"回推"，即将 n! 表示为(n－1)!×n 的值，而(n－1)! 的值仍不知道，还要"回推"到(n－2)!……直到 1!。此时 1! 已知，不必再向前推了。然后开始第二阶段，采用"递推"方法，从 1! 推出 2!，从 2! 推出 3!……一直推算出 5! 为止。也就是说，一个递归的问题可以分为"回推"和"递推"两个阶段。要经历许多步才能求出最后的值。

例 5-17 也可以不用递归的方法来完成，例如可以用递推法，即从 1 开始乘以 2，再乘以 3……直到 n。递推法比递归法更容易理解和实现。但是有些问题则用递归算法实现更简单。典型的问题是 Hanoi 塔问题。

【例 5-18】 Hanoi 塔问题。

一块板上有三根针,即 A、B、C。A 针上套有 64 个大小不等的圆盘,大的在下,小的在上。如图 5-4 所示。要把这 64 个圆盘从 A 针移动到 C 针上,每次只能移动一个圆盘,移动可以借助 B 针进行。但在任何时候,任何针上的圆盘都必须保持大盘在下,小盘在上。求移动的步骤。

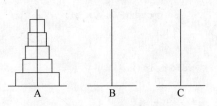

图 5-4 Hanoi 塔问题示意图

编程点拨:设 A 上有 n 个盘子。

如果 n=1,则将圆盘从 A 直接移动到 C。

如果 n=2,则:

(1) 将 A 上的 n−1(等于 1)个圆盘移到 B 上。

(2) 将 A 上的一个圆盘移到 C 上。

(3) 将 B 上的 n−1(等于 1)个圆盘移到 C 上。

如果 n=3,则:

(1) 将 A 上的 n−1(等于 2,令其为 n)个圆盘移到 B(借助于 C)。步骤如下:

① 将 A 上的 n−2(等于 1)个圆盘移到 C 上。

② 将 A 上的一个圆盘移到 B 上。

③ 将 C 上的 n−2(等于 1)个圆盘移到 B 上。

(2) 将 A 上的一个圆盘移到 C 上。

(3) 将 B 上的 n−1(等于 2,令其为 n)个圆盘移到 C(借助 A)上。步骤如下:

① 将 B 上的 n−2(等于 1)个圆盘移到 A 上。

② 将 B 上的一个圆盘移到 C 上。

③ 将 A 上的 n−2(等于 1)个圆盘移到 C 上。

到此,完成了三个圆盘的移动过程。

从上面分析可以看出,当 n 大于等于 2 时,移动的过程可分解为三个步骤:

(1) 把 A 上的 n 1 个圆盘移到 B 上。

(2) 把 A 上的一个圆盘移到 C 上。

(3) 把 B 上的 n−1 个圆盘移到 C 上。

其中第(1)步和第(3)步是类同的。

当 n=3 时,第(1)步和第(3)步又分解为类同的三步,即把 n−1 个圆盘从一个针移到另一个针上。显然这是一个递归过程,据此算法可编程如下:

```c
#include<stdio.h>
void move(int n,char x,char y,char z)
{
    if(n==1)
      printf("%c-->%c\n",x,z);
    else
    {
      move(n-1,x,z,y);
      printf("%c-->%c\n",x,z);
```

```
        move(n-1,y,x,z);
    }
}
void main()
{
    int h;
    printf("\ninput number:\n");
    scanf("%d",&h);
    printf("the step to moving %2d diskes:\n",h);
    move(h,'a','b','c');
}
```

从程序中可以看出，move 函数是一个递归函数，它有 4 个形参 n、x、y、z。n 表示圆盘数，x、y、z 分别表示三根针。move 函数的功能是把 x 上的 n 个圆盘移动到 z 上。当 n＝1 时，直接把 x 上的圆盘移至 z 上，输出 x－＞z。如果 n≠1，则分为三步：递归调用 move 函数，把 n－1 个圆盘从 x 移到 y 上；输出 x－＞z；递归调用 move 函数，把 n－1 个圆盘从 y 移到 z 上。在递归调用过程中 n＝n－1，故 n 的值逐次递减，最后 n＝1 时终止递归，逐层返回。

当 n＝3 时，程序运行的结果为：

```
input number:
3 ↙
the step to moving 3 diskes:
a-->c
a-->b
c-->b
a-->c
b-->a
b-->c
a-->c
```

在程序设计中，递归是一个很有用的工具。对于一些比较复杂的问题，设计成递归算法，其结构清晰，可读性强。

举一反三

（1）用递归法求 Fibonacci 数列。

提示：根据 Fibonacci 数列的规律，求前 n 项 Fibonacci 数列的递归公式为：

$$\text{fib}(n) = \begin{cases} 1 & (n=1) \\ 1 & (n=2) \\ \text{fib}(n-1)+\text{fib}(n-2) & (n \geqslant 3) \end{cases}$$

（2）有 5 个人坐在一起，问第 5 个人多少岁，他说比第 4 个人大 3 岁。问第 4 个人多少岁，他说比第 3 个人大 3 岁。问第 3 个人多少岁，他说比第 2 个人大 3 岁。问第 2 个人多少岁，他说比第 1 个人大 3 岁。最后问第 1 个人，他说是 16 岁。请问第 5 个人多大？

提示：本题可以用递推法求解，也可用递归法求解。据题意，用递归法求解的递归公式为：

$$age(n) = \begin{cases} 16 & n = 1 \\ age(n-1) + 3 & n > 1 \end{cases}$$

复习与思考

(1) 函数如何定义和调用？

(2) 什么是函数原型？在什么情况下必须使用函数原型声明？

(3) 模块间参数传递有哪些方法？值传递方式和地址传递方式有何不同？

(4) 什么是全局变量？什么是局部变量？

(5) 什么是静态存储变量？什么是动态存储变量？各有什么特点？

(6) 什么是函数的嵌套调用和递归调用？其调用执行过程如何？

习　题　5

1. 选择题

(1) 以下正确的说法是_____。

　　A. 用户若需调用标准函数，调用前必须重新定义

　　B. 用户可以重新定义标准库函数，若如此，该函数将失去原有含义

　　C. 系统根本不允许用户重新定义标准函数

　　D. 用户若需要调用标准库函数，调用前不必使用预编译命令将该函数所在文件包括到用户源文件中，系统自动去调

(2) 在 c 语言中，以下说法正确的是_____。

　　A. 普通实参和与其对应的形参各占用独立的存储单元

　　B. 实参和与其对应的形参共占用一个存储单元

　　C. 只有当实参和与其对应的形参同名时才共占用存储单元

　　D. 形参是虚拟的，不占用存储单元

(3) 若调用一个函数，且此函数中没有 return 语句，则关于该函数正确的说法是_____。

　　A. 没有返回值　　　　　　　　　　　B. 能返回若干个系统默认值

　　C. 能返回一个用户所希望的函数值　　D. 返回一个不确定的值

(4) 在 c 语言中以下不正确的说法是_____。

　　A. 实参可以是常量、变量或表达式　　B. 形参可以是常量、变量或表达式

　　C. 实参可以为任意类型　　　　　　　D. 形参应与其对应的实参类型一致

(5) 在下列结论中，只有一个是错误的，它是_____。

　　A. C 语言允许函数的递归调用

　　B．Ｃ语言中的 continue 语句可以通过改变程序的结构而省略

　　C．有些递归程序是不能用非递归算法实现的

　　D．Ｃ语言中不允许在函数中再定义函数

（6）已知函数定义如下：

```
float fun1(int x,int y)
{   float z;
    z=(float)x/y;
    return(z);
}
```

主调函数中有 int a＝1,b＝0;,可以正确调用此函数的语句是_____。

　　A．printf("%f",fun1(a,b));　　　　　B．printf("%f",fun1(&a,&b));

　　C．printf("%f",fun1(*a,*b));　　　　D．printf("%f",fun1(b,a));

（7）在Ｃ语言中,函数的数据类型是指_____。

　　A．函数返回值的数据类型　　　　　B．函数形参的数据类型

　　C．调用该函数时实参的数据类型　　D．任意指定的数据类型

（8）如果在一个函数中的复合语句中定义了一个变量,则该变量_____。

　　A．在该复合语句中有效　　　　　　B．在该函数中有效

　　C．在本程序范围中均有效　　　　　D．为非法变量

（9）在函数调用过程中,如果函数 funA 调用了函数 funB,函数 funB 又调用了函数 funA,则_____。

　　A．称为函数的直接递归调用　　　　B．称为函数的间接递归调用

　　C．称为函数的循环调用　　　　　　D．Ｃ语言中不允许这样的递归调用

（10）以下说法中正确的是_____。

　　A．Ｃ语言程序总是从第一个函数开始执行

　　B．在Ｃ语言程序中,要调用的函数必须在 main() 中定义

　　C．Ｃ语言程序总是从 main() 开始执行

　　D．Ｃ语言程序中的 main() 必须放在程序的开始部分

（11）以下正确的说法是_____。

　　A．函数的定义可以嵌套,但函数的调用不可以嵌套

　　B．函数的定义不可以嵌套,但函数的调用可以嵌套

　　C．函数的定义和调用均不可以嵌套

　　D．函数的定义和调用均可以嵌套

（12）有以下函数定义：

```
void fun(int n,double x) {….}
```

若以下选项中的变量都已经正确定义并赋值,则对函数 fun 的正确调用语句是_____。

　　A．fun(int y,double m)　　　　　　B．k=fun(10,12.5)

C. fun(x,n)   D. void fun(n,x)

(13) 关于 return 语句, 正确的说法是_____。

  A. 在主函数和其他函数中均可出现

  B. 必须在每个函数中出现

  C. 不可以在同一个函数中多次出现

  D. 只能在除主函数之外的函数中出现一次

(14) 已知函数 func 的定义为:

```
void func(){…}
```

则函数定义中 void 的含义是_____。

  A. 执行函数 func 后, 函数没有返回值

  B. 执行函数 func 后, 函数不再返回

  C. 执行函数 func 后, 可以返回任何类型

  D. 以上答案均不正确

(15) 以下正确的函数首部定义形式是_____。

  A. int abc(int x,int y)   B. int abc(int x;int y)

  C. int abc(int x,int y);   D. int abc(int x,y)

(16) C 语言规定, 简单变量做实参时, 它和对应形参之间的数据传递方式是_____。

  A. 地址传递   B. 由用户指定传递方式

  C. 由实参传给形参, 再由形参传回给实参   D. 值传递

(17) 下面函数调用语句含有实参的个数为_____。

```
fun((exp1,exp2),(exp3,exp4));
```

  A. 1   B. 2   C. 3   D. 4

(18) 函数 swap(int x,int y)可以完成对 x 值和 y 值的交换, 在运行调用函数中的如下语句后, a 和 b 的值分别是_____。

```
a=2; b=3;
swap(a,b);
```

  A. 3 2   B. 3 3   C. 2 2   D. 2 3

2. 填空题

(1) 下面程序的输出结果是_____。

```
#include<stdio.h>
int func(int a,int b)
{   int c;
    c=a+b;
    return(c);
```

```
}
void main()
{   int x=6,y=7,z=8,r;
    r=func((x--,y++,x+y),z--);
    printf("%d\n",r);
}
```

（2）下面程序的输出结果是_____。

```
#include<stdio.h>
int k=1;
void fun(int);
void main()
{   int i=4;
    fun(i);
    printf ("\n%d,%d",i,k);
}
void fun(int m)
{   m+=k;k+=m;
    {   char k='B';
        printf("\n%d",k-'A');
    }
    printf("\n%d,%d",m,k);
}
```

（3）下面程序的输出结果是_____。

```
#include<stdio.h>
int w=3;
void main()
{   int w=10;
    printf("%d\n",fun(5) * w);
}
int fun(int k)
{   if(k==0) return(w);
    return(fun(k-1) * k);
}
```

（4）下面程序的输出结果是_____。

```
#include<stdio.h>
void main()
{   int x=1;
    void f1(),f2();
    f1();
    f2(x);
    printf("%d\n",x);
```

```
}
void f1(void)
{    int x=3;
     printf("%d ",x;;
}
void f2(x)
int x;
{    printf("%d ",++x);
}
```

(5) 以下程序的运行结果是_____。

```
#include<stdio.h>
int max(int x,int y)
{    int z;
     z=x>y? x:y;
     return(z);
}
void main()
{    int a=3,b=10,c;
     c=max(a,b);
     printf("%d",c);
}
```

(6) 以下程序的运行结果是_____。

```
#include<stdio.h>
void main()
{
     int i=2,p;
     p=f(i,++i);
     printf("%d",p);
}
int f(int a,int b)
{
     int c;
     if(a>b) c=1;
     else if(a==b) c=0;
     else c=-1;
     return(c);
}
```

(7) 以下程序的运行结果是_____。

```
#include<stdio.h>
int f(int x,int y)
{    return(y-x) * x; }
```

```
    void main()
{   int a=3,b=4,c=5,d;
    d=f(f(3,4),f(3,5));
    printf("%d\n",d);
}
```

（8）以下程序的运行结果是_____。

```
#include "stdio.h"
void f()
{   int a=0;
    static int b=0;
    a++;
    b++;
    printf("a=%d,b=%d,",a,b);
}
void main()
{   int i;
    for(i=0;i<3;i++)
    f();
}
```

（9）以下函数的功能是_____。

```
void xx(int x,int y,int z)
{   int t;
    if(x>y){t=x;x=y;y=t;}
    if(x>z) {t=z;z=x;x=t;}
    if(y>z) {t=y;y=z;z=t;}
    printf("%d %d %d\n",x,y,z);
}
```

（10）以下程序的功能是_____。

```
#include<stdio.h>
int fun(int n)
{   int a,b,c;
    a=n/100;
    b=n%100/10;
    c=n%10;
    if(a*100+b*10+c==a*a*a+b*b*b+c*c*c) return n;
    else return 0;
}
void main()
{   int n,m;
    for(n=100;n<1000;n++)
    {   k=fun(n);
```

```
        if(k!=0) printf("%d",k);
    }
}
```

(11) 以下程序的运行结果是_____。

```
#include<stdio.h>
long fib(int g)
{   switch(g)
    {   case 0: return 0;
        case 1: case 2: return 1;
    }
    return(fib(g-1)+fib(g-2));
}
void main()
{   long k;
    k=fib(7);
    printf("k=%d\n",k);
}
```

(12) 下面函数的功能是判断一个数是否为素数。请完善程序。

```
void f(int m)
{   int i,k;
    k=  (1)  ;
    for(i=2;i<=  (2)  ;i++)
        if((3))break;
    if((4))printf("是素数");
    else printf("非素数");
}
```

(13) 有一分数序列: 2/1,3/2,5/3,8/5,13/8,21/13,…,求出这个数列的前 20 项之和。请完善程序。

```
void f()
{   int n,t;
    float a=2,b=1,s=0;
    for(n=1;  (1)  ;n++)
    {   s=s+a/b;
          (2)  ;
    }
    printf("sum is %9.6f\n",s);
}
```

(14) 一个 5 位数,判断它是不是回文数。即 12321 是回文数,个位与万位相同,十位与千位相同。请完善程序。

```
void fun(long x)
{   long ge,shi,qian,wan;
    wan=x/10000;
    qian=_____(1)_____;
    shi=_____(2)_____;
    ge=x%10;
    if (__(3)__)
        printf("this number is a huiwen\n");
    else printf("this number is not a huiwen\n");
}
```

(15) 用递归实现将输入小于 32768 的整数按逆序输出。如输入 12345，则输出 54321。请完善程序。

```
# include"stdio.h"
void r(int m);
void main()
{   int n;
    printf("Input n : ");
    scanf("%d",__(1)__);
    r(n);
    printf("\n");
}
void r(int m)
{   printf("%d",__(2)__);
    m=__(3)__;
    if(__(4)__) r(m);
}
```

(16) 输入 n 值，输出高度为 n 的等边三角形。请完善程序。例如，当 n＝4 时的图形如下：

```
                    *
                   ***
                  *****
                 *******
```

```
# include< stdio.h>
void prt(char c,int n)
{   if(n> 0)
    {   printf("%c",c);
            (1);
    }
}
void main()
{   int i,n;
```

```
scanf("%d",&n);
for(i=1;i<=n;i++)
{    (2)    ;
    (3)   ;
  printf("\n");
}
}
```

3. 编程题

(1) 编写一个 fun 函数,功能是根据给定的三角形三条边长 a,b,c,求三角形的面积。

(2) 编写两个函数,分别求两个整数的最大公约数和最小公倍数。用主函数调用这两个函数,并输出结果。两个整数由键盘输入。

(3) 求方程 $ax^2+bx+c=0$ 的根。编写三个函数分别求当 $b^2-4ac>0$、$b^2-4ac=0$ 和 $b^2-4ac<0$ 时的根,并输出结果。从主函数输入 a、b、c 的值。

(4) 编写函数实现牛顿迭代法求一元三次方程 $x^3+2x^2+3x+4=0$ 在 1 附近的一个实根。

(5) 输入以秒为单位的一个时间值,将其转化成"时∶分∶秒"的形式输出。将转换工作定义成函数。

(6) 一个整数,它加上 100 后是一个完全平方数,再加上 168 又是一个完全平方数,请问该数是多少? 将求数工作定义为一个函数。

(7) 编写一个函数验证 2000 以内的歌德巴赫猜想,对于任何大于 4 的偶数均可以分解为两个素数之和。

(8) 编写一个递归函数将一个整数 n 转换成相应的字符串。

chapter 6

预处理命令

在前面各章中，已多次出现以"#"号为开头的代码行，例如#include 以及#define 等，它们统称为编译预处理命令。编译预处理命令虽然与 C 源程序密切相关，但它并不是 C 语言本身的组成部分。在 C 语言中，并没有任何内在的机制来完成诸如在编译时包含其他源文件、定义宏、根据条件决定编译时是否包含某些代码的功能。要完成这些工作，就需要使用预处理程序。尽管在目前绝大多数编译器都包含了预处理程序，但通常认为它们是独立于编译器的。

所谓"预处理"是指在进行编译的第一遍扫描（词法扫描和语法分析）之前所做的工作，它由预处理程序负责完成。当对一个源文件进行编译时，系统将自动调用预处理程序对源程序中的预处理部分作处理，处理完后自动进入对源程序的编译。

预处理指令是以"#"号开头的代码行，合理地使用预处理功能编写的程序便于阅读、修改、移植和调试，也有利于模块化程序设计。不同的编译系统提供的编译预处理命令有所不同，但通常都提供宏定义、文件包含和条件编译这三类编译预处理命令。

6.1 宏 定 义

宏与变量一样，都是遵守先定义后使用的原则。宏定义分为无参数的宏定义和有参数的宏定义，它们均用#define 实现。使用宏的优点是见名知意，一改全改，方便修改。

6.1.1 无参数的宏定义

无参数的宏定义的宏名后不带参数，一般形式为：

```
#define 宏名 字符串
```

其中，宏名必须遵循 C 标识符的命名规则，字符串可以是常数、表达式、格式串等。在第 1 章介绍的符号常量就是宏名。宏定义的功能是用指定的宏名来代表一个字符串。

例如，有以下宏定义：

```
#define PI 3.1415926
```

其作用是指定用宏名 PI 代替 3.1415926 这个字符串。在预处理时，预处理程序将程序中在该命令以后出现的所有的 PI 都用 3.1415926 代替,这种代替的过程称为"宏展开"。

例如,有以下宏定义:

```
#define PI "3.1415926"
```

预处理程序在预处理时,是将在该命令以后出现的所有的 PI 都用 3.1415926 代替。所以可以看出:虽然无参数宏定义的一般形式中都统称为字符串,但是有双引号和没有双引号是完全不一样的。

【例 6-1】 无参数宏定义的简单应用。

```
#include <stdio.h>
#define  PI  3.1415926                        /*宏定义*/
void main()
{   float c,s,v,r;
    printf("请输入圆的半径:");
    scanf("%f",&r);
    c=2.0*PI*r;                               /*宏调用*/
    s=PI*r*r;
    v=4.0/3*PI*r*r*r;
    printf("圆的周长 c=%f\n 圆的面积 s=%f\n 圆的体积 v=%f\n",c,s,v);
}
```

上述代码经宏展开后变成:

```
#include <stdio.h>
void main()
{   float c,s,v,r;
    printf("请输入圆的半径:");
    scanf("%f",&r);
    c=2.0*3.1415926*r;                        /*宏展开*/
    s=3.1415926*r*r;
    v=4.0/3*3.1415926*r*r*r;
    printf("圆的周长 c=%f\n 圆的面积 s=%f\n 圆的体积 v=%f\n",c,s,v);
}
```

程序运行情况如下:

```
请输入圆的半径:3✓
圆的周长 c=18.849556
圆的面积 s=28.274334
圆的体积 v=113.097334
```

通常,程序中有反复使用的表达式时,可以考虑用宏定义。例如,表达式"2*x+x*x"经常在源程序中出现,则可对其进行宏定义:

```
#define  Fx  (2*x+x*x)
```

在编写源程序时，所有的"2＊x＋x＊x"都可由 Fx 代替。而对源程序做编译时，将先由预处理程序进行宏代换，即用"2＊x＋x＊x"表达式去置换所有的宏名 Fx，然后再进行编译。

【例 6-2】　无参数宏定义中带括号的字符串。

```
#include<stdio.h>
#define  Fx  (2*x+x*x)                      /*宏定义*/
void main()
{   int c,x;
    printf("input a number: ");
    scanf("%d",&x);
    c=2*Fx+3*Fx+4*Fx;                       /*宏调用*/
    printf("c=%d\n",c);
}
```

程序中首先进行了宏定义，在赋值语句 c＝2＊Fx＋3＊Fx＋4＊Fx;中作了宏调用。在预处理时，经宏展开后该语句变为：

```
c=2*(2*x+x*x)+3*(2*x+x*x)+4*(2*x+x*x);
```

需要注意的是，在宏定义中表达式(2＊x＋x＊x)两边的括号不能少，否则会出现与预想不一致的结果。如例 6-2 中的宏定义若改为：

```
#define  Fx  2*x+x*x
```

在宏展开时将得到下述语句：

```
.c=2*2*x+x*x+3*2*x+x*x+4*2*x+x*x;
```

显然与原题意要求不符，计算结果当然是错误的。因此在做宏定义时必须注意保证在宏展开之后不发生错误。

对于无参数的宏定义有以下几点说明：

（1）宏定义是用宏名来表示一个字符串，在宏展开时又以该字符串取代宏名，这只是一种简单的代换，字符串中可以含任何字符，可以是常数，也可以是表达式，预处理程序对它不作任何检查。如有错误，只能在编译已经宏展开后的源程序时发现。

（2）宏定义不是语句，在行末不必加分号，若加上分号则连分号也一起代换。

（3）宏定义必须写在函数之外，其作用域为宏定义开始到源程序结束。若要终止其作用域，可使用 ♯undef 命令。

例如，以下程序片段：

```
#define  PI  3.14159
void main()
{ … }
#undef  PI
void Fx()
{ … }
```

表示 PI 只在 main 函数中有效,在 Fx 函数中无效。

(4) 宏名在源程序中若用双引号括起来,则预处理程序不对其作宏展开。

【例 6-3】 宏名在源程序中用双引号括起来。

```
#include<stdio.h>
#define   MX 100              /*宏定义*/
void main()
{   printf("MX");
    printf("\n");
}
```

程序中定义宏名 MX 表示 100,但在 printf 语句中 MX 被双引号括起来,因此不作宏展开。程序的运行结果为:

```
MX
```

这表示把 MX 当字符串处理。

(5) 宏定义允许嵌套,在宏定义的字符串中可以使用已经定义的宏名。在宏展开时由预处理程序层层代换。

例如:

```
#define  R  3
#define  PI  3.1415926
#define  C  2*PI*R
printf("%f",C);
```

在宏展开后变为:

```
printf("%f",2*3.1415926*3);
```

(6) 虽然宏名的命名只要满足标识符的规定就可以,但人们习惯上用大写字母表示宏名,以便于与变量区别。

(7) 宏定义与变量定义的含义不同,宏定义只作字符替换,不分配存储空间,而变量定义需要给变量分配存储空间。

6.1.2 带参数的宏定义

带参数的宏定义的宏名后有参数。带参数的宏定义的一般形式为:

```
#define   宏名(参数表)   字符串
```

其中"参数表"中的参数以逗号隔开。

在宏定义中的参数称为形式参数,在宏调用中的参数称为实际参数。

例如:

```
#define F(x) x*x+5*x                        /*宏定义,x是形式参数*/
    ...
```

```
void main()
{
    ...
    k=F(4);                              /* F(4)是宏调用,4是实际参数 */
    ...
}
```

预处理程序在处理带参数的宏定义时,要经过参数替换和宏展开两个步骤。所谓参数替换是指用实际参数代替形式参数,上题即用4替换x,这样字符串就变为4*4+5*4;所谓宏展开是指用替换后的字符串去替换宏调用,上题即用4*4+5*4替换F(4)。经过这两步后,k=F(4)就变成k=4*4+5*4。

【例6-4】 带参数的宏定义的简单应用。

```
#include <stdio.h>
#define  MAX(a,b)  (a>b)?a:b         /* 带参数的宏定义,a,b为形式参数 */
void main()
{   int x,y,max;
    printf("input two numbers:  ");
    scanf("%d%d",&x,&y);
    max=MAX(x,y);                     /* MAX(x,y)为宏调用,x,y为实际参数 */
    printf("max=%d\n",max);
}
```

经宏展开后,上述代码将变成:

```
#include <stdio.h>
void main()
{   int x,y,max;
    printf("input two numbers:  ");
    scanf("%d%d",&x,&y);
    max=(x>y)?x:y;
    printf("max=%d\n",max);
}
```

对于带参数的宏定义,有以下几点说明:

(1) 带参数的宏定义中,宏名和形式参数列表外面的括号之间不能有空格出现。

例如,若把:

```
#define MAX(a,b) (a>b)?a:b
```

写为以下形式:

```
#define MAX  (a,b)  (a>b)?a:b
```

将被认为是无参数的宏定义,宏名MAX代表字符串(a,b) (a>b)? a:b。宏展开时,宏调用语句:

```
max=MAX(x,y);
```

将代换为以下形式：

```
max=(a,b)(a>b)?a:b(x,y);
```

这显然是错误的。

（2）在带参数的宏定义中，形式参数不分配内存单元，因此不必作类型定义。而宏调用中的实际参数有具体的值，要用它们去代替形式参数，因此必须作类型说明。这与函数中的情况不同。在函数中，形式参数和实际参数是两个不同的量，各有自己的作用域，调用时要把实际参数值赋予形式参数，进行"值传递"。而在带参数的宏中，只是符号替换，不存在值传递的问题。

（3）在宏定义中的形式参数是标识符，而宏调用中的实际参数可以是表达式。

【例 6-5】　宏调用中的实际参数是表达式的应用。

```
#include<stdio.h>
#define  Fx(s)  (s)*(s)              /*带参数的宏定义*/
void main()
{   int x,y;
    printf("input a number:    ");
    scanf("%d",&x);
    y=Fx(x+1);                        /*Fx(x+1)是宏调用,实际参数 x+1 是表达式*/
    printf("y=%d\n",y);
}
```

程序中第一行为宏定义，形式参数为 s。程序第七行宏调用中实际参数为 x+1，是一个表达式，在宏展开时，用 x+1 代换 s，再用(s)*(s)代换 y，得到如下语句：

```
y=(x+1)*(x+1);
```

这与函数的调用是不同的。函数调用时要把实际参数表达式的值求出来再赋予形式参数，而宏展开中对实际参数表达式不作计算，直接照原样代换。

（4）在宏定义中，字符串内的形式参数通常要用括号括起来，以避免出错。

【例 6-6】　带参数的宏定义中字符串内的形式参数用括号的应用。

```
#include<stdio.h>
#define  PI  3.1415926
#define  S(r)  PI*(r)*(r)
void main()
{   float  a,area1,area2;
    a=3.6;
    area1=S(a);
    area2=S(a+3);
    printf("r=%f\n area=%f\n",a,area1);
    printf("r=%f\n area=%f\n",a+3,area2);
}
```

经宏展开后的程序如下：

```
#include <stdio.h>
void main()
{   float  a, area1, area2;
    a=3.6;
    area1=3.1415926 * (a) * (a);
    area2=3.1415926 * (a+3) * (a+3);
    printf("r=%f\n area=%f\n", a,area1);
    printf("r=%f\n area=%f\n", a+3,area2);
}
```

宏调用 S(a)和 S(a+3)分别被替换成 3.1415926 * (a) * (a)和 3.1415926 * (a+3) * (a+3)。如果带参数的宏定义中字符串内的形式参数没有用括号，则出现错误的结果。例如：

```
#include <stdio.h>
#define  PI  3.1415926
#define  S(r)  PI * r * r
void main()
{   float  a, area;
    a=3.6;
    area=S(a+3);
    printf("r=%f\n area=%f\n",a,area);
}
```

经宏展开后的程序如下：

```
#include <stdio.h>
void main()
{   float  a,area;
    a=3.6;
    area=3.1415926 * a+3 * a+3;
    printf("r=%f\n area=%f\n", a, area);
}
```

宏调用 S(a+3)被替换成 3.1415926 * a+3 * a+3，这样算出的结果肯定不是半径为 a+3 的圆面积。为保证结果正确，建议读者在定义带参数的宏定义中，将字符串内包含的形式参数均用括号括起来。所以例 6-4 中的宏定义最好改为：

```
#define  MAX(a,b)  ((a)>(b))?(a):(b)
```

（5）带参的宏和带参函数很相似，但有本质上的不同：

① 在有参函数中，形式参数是有类型的，所以要求实际参数的类型与其一致；而在有参宏中，形式参数是没有类型信息的，因此用于置换的实际参数，什么类型都可以。有时，可利用有参宏的这一特性实现通用函数功能。

② 使用有参函数,无论调用多少次,都不会使目标程序变长,但每次调用都要占用系统时间进行调用现场保护和现场恢复;而使用有参宏,由于宏展开是在编译时进行的,因此不占用运行时间,但是每引用一次,都会使目标程序增大一次。

③ 函数调用只能得到一个返回值,而使用宏可以设法得到几个结果。

【例 6-7】 带参数的宏的应用。

```
#include<stdio.h>
#define  S(s1,s2,s3,v)  s1=l*w; s2=l*h; s3=w*h; v=w*l*h
void main()
{   int l=3,w=4,h=5,a,b,c,v;
    S(a,b,c,v);
    printf("a=%d\nb=%d\nc=%d\nv=%d\n",a,b,c,v);
}
```

经宏展开后的程序如下:

```
#include<stdio.h>
void main()
{   int l=3,w=4,h=5,a,b,c,v;
    a=l*w;b=l*h;c=w*h;v=w*l*h;
    printf("a=%d\nb=%d\nc=%d\nv=%d\n",a,b,c,v);
}
```

6.2 文 件 包 含

文件包含是 C 语言预处理程序的另一个重要功能。文件包含命令行的一般形式为:

```
#include "文件名"
```

或

```
#include <文件名>
```

文件包含命令的功能是把指定文件的全部内容复制到当前处理的文件中,即用指定文件的全部内容去替换♯include 命令。

在模块化程序设计中,文件包含是很有用的。例如,一个大的程序可以分为多个模块,由多个程序员分别编程。有些公用的符号常量、函数原型声明和宏定义等可单独组成一个文件,在其他文件的开头用文件包含命令把该文件的内容复制到本文件里面,这样可避免在每个文件开头都去书写那些公用量,从而节省时间,并减少出错。

【例 6-8】 将例 6-7 改写成文件包含的形式。

(1) 定义一个文件 head. h,只用一条语句:

```
#define S(s1,s2,s3,v) s1=l*w;s2=l*h;s3=w*h;v=w*l*h
```

(2) 定义文件 file. c,内容如下:

```
#include "head.h"
```

```
#include <stdio.h>
void main()
{    int l=3,w=4,h=5,a,b,c,v;
     S(a,b,c,v);
     printf("a=%d\nb=%d\nc=%d\nv=%d\n",a,b,c,v);
}
```

＃include "head. h"经过预处理程序处理后（当然，＃include ＜stdio. h＞命令也被
stdio. h 文件内容替换。这里为了方便，没有替换，读者可以上机验证），file. c 就变为：

```
#define S(s1,s2,s3,v) s1=l*w;s2=l*h;s3=w*h;v=w*l*h
#include <stdio.h>
void main()
{    int l=3,w=4,h=5,a,b,c,v;
     S(a,b,c,v);
     printf("a=%d\nb=%d\nc=%d\nv=%d\n",a,b,c,v);
}
```

在前面章节中，要求读者在写程序时在文件的开头都要加上＃include ＜stdio. h＞，
实质上其目的就是将 stdio. h 文件的内容复制到本文件中，因为 printf 和 scanf 等函数的
原型声明是在 stdio. h 中的，如果没有函数原型声明，在编译时就会出现错误，所以读者
在使用库函数时，一定要加上包含了该库函数原型声明的文件命令。

对于文件包含，有以下几点说明：

（1）文件包含命令中的文件名可以用双引号括起来，也可以用尖括号括起来。

例如，以下写法都是允许的：

```
#include "stdio.h"
```

与

```
#include <stdio.h>
```

但是这两种形式是有区别的：使用＜ ＞表示预处理程序在 C 编译器指定的名为
include 的目录中查找该文件；使用双引号则表示系统首先在当前文件所在的目录中查
找，若未找到，才到 C 编译器指定的名为 include 的目录中查找该文件。所以一般系统提
供的头文件用＜ ＞，用户自己定义的头文件用" "。

为了方便文件包含，允许在文件名加上路径，如：

```
#include "C:\\test.c"
```

即把 C 盘根目录下的 test. c 文件内容复制到本文件中。

（2）常用在文件头部的被包含文件称为"标题文件"或"头部文件"，常以 h（head）作
为后缀，简称头文件。在头文件中，除可包含宏定义外，还可包含外部变量定义、结构类
型定义等。

（3）一条包含命令只能指定一个被包含文件。如果要包含 n 个文件，则要用 n 条包

含命令。

(4) 文件包含可以嵌套,即被包含文件中又包含另一个文件。

6.3　条　件　编　译

条件编译是指对源程序中某段程序通过条件来控制是否参加编译。如果条件成立,就对该段程序进行编译,否则就不编译。这样可以根据不同的编译条件来决定对源文件中的哪一段程序进行编译,使得同一个源程序在不同的编译条件下产生不同的目标代码文件,满足不同用户和不同环境的要求,这对于程序的移植和调试是很有用的。

条件编译有三种形式:

(1)

```
#ifdef   标识符
  程序段 1
[#else
  程序段 2 ]
#endif
```

它的功能是:如果标识符已被 #define 命令定义过,则对程序段 1 进行编译;否则对程序段 2 进行编译。如果没有程序段 2(它为空),本格式中的 #else 可以没有,即可以写为:

```
#ifdef   标识符
程序段
#endif
```

上面的"程序段"可以是若干条语句,也可以是命令行。这种条件编译对提高 C 源程序的通用性有很大好处。

【例 6-9】　条件编译的应用。

```
#include <stdio.h>
#define   DEBUG
void main()
{   #ifdef   DEBUG
     printf("*******************");
    #else
     printf("##################");
    #endif
}
```

很显然,程序的输出结果为一串"＊"号。如果删除 #define DEBUG 语句,则输出结果为一串"#"号。

(2)

```
#ifndef   标识符
```

```
    程序段 1
[#else
    程序段 2]
#endif
```

它的功能是：如果标识符未被 #define 命令定义过，则对程序段 1 进行编译；否则对程序段 2 进行编译。这与第一种形式的功能正好相反。

（3）

```
#if 常量表达式
    程序段 1
[#else
    程序段 2]
#endif
```

它的功能是：如果常量表达式的值为真（非 0），则对程序段 1 进行编译；否则对程序段 2 进行编译。因此可以使程序在不同条件下完成不同的功能。

【例 6-10】　条件编译的应用。

```
#include<stdio.h>
#define R 1
void main()
{   float c,r,s;
    printf ("input a number:  ");
    scanf("%f",&c);
    #if R
        r=3.14159 * c * c;
        printf("area of round is: %f\n",r);
    #else
        s=c * c;
        printf("area of square is: %f\n",s);
    #endif
}
```

上面程序只要修改预处理命令 #define R 1，令 R 为 0 或"非 0"就可以完成两种不同的计算。

复习与思考

（1）常用的预处理命令有哪几种形式？

（2）带参数的宏定义与函数有什么不同？

（3）文件包含如何实现？

（4）条件编译有什么作用？

习 题 6

1. 选择题

(1) 以下程序的运行结果是_____。

```
#define  MIN(x,y)  (x)<(y)?(x):(y)
#include <stdio.h>
void main()
{   int i=10,j=15,k;
    k=10*MIN(i,j);
    printf("%d\n",k);
}
```

    A. 10   B. 15   C. 100   D. 150

(2) 程序段：

```
#define  A  3
#define  B(a)  ((A+1)*a)
...
x=3*(A+B(7));
```

正确的判断是_____。

    A. 程序错误，不允许嵌套宏定义   B. x=93

    C. x=21   D. 程序错误，宏定义不允许有参数

(3) 以下程序段中存在错误的是_____。

    A. #define array_size 100   B. #define PI 3.1415926

          int array[array_size];   #define S(r) PI * (r) * (r)

                                                 ...

                                                 area=S(3.2);

    C. #define PI 3.1415926   D. #define PI 3.1415926

          #define S(r) PI * (r) * (r)   #define S#(r) PI * (r) * (r)

                                             ...

          area=S(a+b);   area=S(a);

(4) 以下在任何情况下计算平方数时都不会引起二义性的宏定义是_____。

    A. #define POWER(x) x * x

    B. #define POWER(x) (x) * x

    C. #define POWER(x) (x * x)

    D. #define POWER(x) ((x) * (x))

(5) 下列程序执行后的输出结果是_____。

```
#define  MA(x) x*(x-1)
```

```
#include <stdio.h>
void main()
{   int a=1,b=2;
    printf("%d\n",MA(1+a+b));
}
```

　　A. 6　　　　　　　B. 8　　　　　　　C. 10　　　　　　　D. 12

（6）以下程序的输出结果是_____。

```
#define  SQR(X)  X*X
#include <stdio.h>
void main()
{   int  a=16, k=2, m=1;
    a/=SQR(k+m)/SQR(k+m);
    printf("%d\n",a);
}
```

　　A. 16　　　　　　B. 2　　　　　　　C. 9　　　　　　　D. 1

（7）程序中头文件 type.h 的内容是：

```
#define  N    5
#define  M1   N*3
```

　　程序如下：

```
#define   "type.h"
#define  M2   N*2
void main()
{   int i;
    i=M1+M2;
    printf("%d\n",i);
}
```

程序编译后运行的输出结果是_____。

　　A. 10　　　　　　B. 20　　　　　　C. 25　　　　　　D. 30

（8）请读程序：

```
#include <stdio.h>
#define SUB(X,Y) (X)*Y
void main()
{   int a=3,b=4;
    printf("%d", SUB(a++,b++));
}
```

上面程序的输出结果是_____。

　　A. 12　　　　　　B. 15　　　　　　C. 16　　　　　　D. 20

2. 填空题

(1) 若有宏定义如下：

```
#define   X    5
#define   Y    X+1
#define   Z    Y * X/2
```

则执行以下 printf 语句后，输出结果是_____。

```
int a;
a=Y;
printf("%d\n",Z);
printf("%d\n",--a);
```

(2) 请读程序，写出输出结果_____。

```
#include <stdio.h>
#define  MUL(x,y)   (x) * y
void main()
{   int a=3,b=4,c;
    c=MUL(a+1,b+2);
    printf("%d\n",c);
}
```

(3) 以下程序在宏展开后，赋值语句 s 的形式是_____。

```
#define   R   3.0
#define   PI  3.14159
#include <stdio.h>
void main()
{   float  s;
    s=PI * R * R ;
    printf("s=%f\n", s);
}
```

(4) 以下程序的输出结果是_____。

```
#define   DEBUG
#include <stdio.h>
void main()
{   int a=14,b=15,c;
    c=a/b;
    #ifdef  DEBUG
    printf("a=%d,b=%d, ",a,b);
    #endif
    printf("c=%d\n",c);
}
```

（5）设有如下宏定义

```
#define  MYSWAP(z,x,y)  {z=x;  x=y; y=z;}
```

以下程序段通过宏调用实现变量 a 和 b 的内容交换，请填空。

```
float  a=5,b=16,c;
MYSWAP(____,a ,b);
```

（6）以下程序的输出结果是_____。

```
#define MAX(x,y) (x)>(y)?(x):(y)
#include <stdio.h>
void main()
{   int a=5,b=2,c=3,d=3,t;
    t=MAX(a+b,c+d) * 10;
    printf("%d\n",t);
}
```

3. 编程题

（1）分别用函数和带参数的宏两种方法编写程序，实现从三个数中找出最大值。

（2）利用条件编译方法实现输出 1900—2000 年中的闰年或非闰年。

第7章

数　组

在用计算机解决实际问题时,经常会遇到对批量数据进行处理的情况。例如,对一组数据进行排序,求平均值,在一组数据中查找某一数值,完成矩阵运算,表格数据处理等。

例如有以下问题:编写程序,先输入全年级100个学生的成绩,然后按成绩由高到低排出名次。

若定义100个一般变量来存放这100个学生的成绩并对其进行排序,显然这样处理是非常复杂,也是不现实的。在C语言中,通常都要借助数组来解决这类需要对类型相同的批量数据进行处理的问题。

在程序设计中,为了处理方便,把具有相同类型的一组数据按有序的形式组织起来,这些按序排列的同类数据元素的集合称为数组。如果用一个统一的名字标识这组数据,这个名字就称为数组名,构成数组的每一个数据项称为数组元素或下标变量。

在C语言中,数组属于构造数据类型。一个数组可以分解为多个数组元素,这些数组元素可以是基本数据类型或是构造类型。因此按数组元素的类型不同,数组又可分为数值数组、字符数组、指针数组和结构数组等各种类别。本章介绍数值数组和字符数组,其余部分将在以后各章陆续介绍。

7.1　一维数组

7.1.1　一维数组的定义与引用

1. 一维数组的定义

与使用变量一样,在C语言中使用数组也必须先进行定义。数组定义包括要说明数组名、类型、维数与大小。

一维数组定义的一般形式为:

类型说明符 数组名[常量表达式];

其中,类型说明符是任一种基本数据类型或构造数据类型,数组名是用户定义的用来标识这组数据的标识符,方括号中的常量表达式表示数据元素的个数,也称为数组的长度。

例如:

```
int a[10];                定义整型数组 a,有 10 个元素
float b[10],c[20];        定义实型数组 b,有 10 个元素;实型数组 c,有 20 个元素
```

对于数组定义,应注意以下几点:

(1) 数组的类型实际上是指数组元素值的类型。对于同一个数组,其所有元素的数据类型都是相同的。

(2) 数组名的命名规则应符合标识符的命名规定。

(3) 数组名不能与同一函数内的其他变量名相同。

例如:

```
void main()
{
    int a;
    float a[10];
    ...
}
```

是错误的。

(4) 方括号中常量表达式表示数组元素的个数。

例如,a[5]表示数组 a 有 5 个元素,但注意其下标从 0 开始计算。因此 5 个元素分别为 a[0]、a[1]、a[2]、a[3]、a[4]。

(5) 不能在方括号中用变量来表示元素的个数,但是可以是符号常数或常量表达式。

例如:

```
#define FD 5
void main()
{
    int a[3+2],b[7+FD];
    ...
}
```

是合法的。

但是下述定义方式是错误的:

```
void main()
{
    int n=5;
    int a[n];
    ...
}
```

（6）允许在同一个类型说明中定义多个数组和多个变量。

例如：

```
int a,b,c,d,k1[10],k2[20];
```

2. 一维数组元素的引用

数组元素是组成数组的基本单元。数组元素也是一种变量，其标识方法为数组名后跟一个下标。下标表示了元素在数组中的顺序号。

一维数组元素引用的一般形式为：

数组名[下标]

其中，下标只能为整型常量、整型变量或整型表达式，其值最小为 0，最大为定义的数组长度减 1。

例如：

```
a[5]
a[i+j]
a[i++]
```

都是合法的数组元素。

数组元素通常也称为下标变量。必须先定义数组，才能使用下标变量。在 C 语言中只能逐个地使用下标变量，而不能一次引用整个数组。

例如，输出有 10 个元素的数组，必须使用循环语句逐个输出各下标变量：

```
for(i=0; i<10; i++)
    printf("%d",a[i]);
```

而不能用一个语句输出整个数组。例如，下面的写法是错误的：

```
printf("%d",a);
```

【例 7-1】 以下程序说明了如何对数组定义和引用数组元素。

```
#include <stdio.h>
void main()
{
    int i,a[10];                        /*定义数组*/
    for(i=0;i<=9;i++)
        a[i]=i;                         /*引用数组元素*/
    for(i=9;i>=0;i--)
        printf("%d ",a[i]);             /*引用数组元素*/
}
```

在这个程序中，首先定义了一个长度为 10 的整型一维数组 a，然后利用 for 循环对其中的每一个元素（a[0]～a[9]）进行赋值，最后利用 for 循环按逆序输出这 10 个元素值。

在 C 语言中，凡是一般变量可以使用的地方都可以使用数组元素。

7.1.2　一维数组的初始化

在 C 语言中，给数组元素提供数据可以利用赋值语句对数组元素逐个赋值，如例 7-1；或用输入函数 scanf 逐个输入数组中各个元素。

例如：

```
for(i=0;i<10;i++)
    scanf("%d",&a[i]);
```

除此之外，也可以采用数组初始化方法。

所谓"数组初始化"是指在数组定义时给数组元素赋值。数组初始化是在编译阶段进行的，这样将减少运行时间，提高效率。

对一维数组元素的初始化可以用以下方法来实现：

（1）在定义数组时对数组元素赋初值。

例如：

```
int a[10]={0,1,2,3,4,5,6,7,8,9};
```

其中在{}中的各数据值即为各数组元素的初值，各值之间用逗号间隔。以上例子相当于以下操作：

```
a[0]=0;a[1]=1...a[9]=9;
```

（2）可以只给部分数组元素赋初值。

例如：

```
int a[10]={0,1,2,3,4};
```

当{}中值的个数少于元素个数时，只给前面部分元素赋值。以上例子表示只给 a[0]～a[4] 这 5 个元素赋值，而后 5 个元素自动赋 0 值。

（3）只能给数组元素逐个赋值，不能给数组整体赋值。

例如，给 10 个元素全部赋 1 值，只能写为：

```
int a[10]={1,1,1,1,1,1,1,1,1,1};
```

而不能写为：

```
int a[10]=1;
```

（4）若给全部数组元素赋值，则在数组说明中可以不给出数组元素的个数。

例如：

```
int a[5]={1,2,3,4,5};
```

可写为：

```
int a[]={1,2,3,4,5};
```

7.1.3　一维数组应用举例

【例 7-2】　编写程序,从键盘输入某班学生某门课的成绩,求出最高分以及其序号。

编程点拨:学生成绩可用一个一维数组来存储,这样每个学生的成绩都保存在数组中,可以随时取出来进行各种处理。求最高分就是求最大值的问题,可先假设一个学生的成绩为最高,其余学生的成绩只要和假设的最高分比较即可。假设比较的结果是后面学生的成绩为最高,则将假设的最高分修改为后面学生的成绩,同时记录其序号(即下标);反之,不作任何修改。这样,全部比较完毕,最高分也就出来了。其流程图如图 7-1 所示,相应的 C 程序如下:

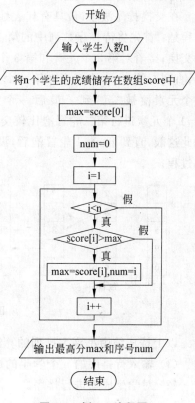

图 7-1　例 7-2 流程图

```c
#include <stdio.h>
void main()
{
    int max,score[40];
    int i,n,num;
    printf("input total numbers:\n");
    scanf("%d",&n);
                    /*输入学生的实际人数*/
    printf("input score:\n");
    for(i=0;i<n;i++)
        scanf("%d",&score[i]);
    max=score[0];  num=0;
    for(i=1;i<n;i++)     /*求最大值*/
        if(score[i]>max)
        {  max=score[i];  num=i;  }
    printf("max=%d,num=%d\n",max,num);
}
```

程序运行结果如下:

```
input total numbers:
10↙
input score:
85  90  67  78  66  97  68  79  88  89↙
max=97,num=5
```

思考:若要同时求出最高分和最低分及其序号,程序该如何修改呢?

【例 7-3】　从键盘输入某班学生某门课的成绩,然后按分数从低到高进行排序。

编程点拨:本例需要用排序算法进行处理。排序是把一组数据按一定规则(比如从小到大,称为升序;或从大到小,称为降序)排列的过程,即将一个无序的数据序列调整为有序数据序列的过程。排序的算法很多，常见的有交换排序法、选择排序法和插入排序法等。

交换排序的基本思路是：按一定的规则（比如从小到大）比较待排序数列中的两个数，如果是逆序（后一个数比前一个数大），就交换这两个数；否则就继续比较另一对数，直到将全部数都排好为止。

在交换排序法中，最具有代表性的是冒泡法。用冒泡法对一组数按升序排列的基本过程是：首先将待排序数列中的第 1 个元素和第 2 个元素进行比较，如果是逆序，进行一次交换；接着对第 2 个元素和第 3 个元素进行比较，如果是逆序，进行一次交换；依此类推，直到对第 n−1 个元素和第 n 个元素比较完为止。此过程称为一轮冒泡，这时最大的一个元素便被"沉"到了最后一个元素的位置上。然后再从第 1 个元素开始，到第 n−1 个元素进行第二轮冒泡比较交换，将次大元素"沉"到了倒数第二个元素的位置上。如此这般，直到第 n−1 轮冒泡后，没有元素需要交换为止。图 7-2 为用冒泡法进行排序的过程。

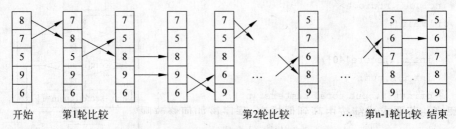

开始　　第1轮比较　　　　　　　　第2轮比较　　…　第n-1轮比较 结束

图 7-2　冒泡排序示例

以上按成绩由小到大排列的算法描述如下：

（1）输入待排序的 n 个学生的成绩。

（2）对学生成绩进行排序。

```
for(i=0;i<n-1;i++)                  /*需进行 n-1 轮冒泡比较交换*/
    for(j=0;j<n-1-i;j++)            /*比较交换第 1 到第 n-i 之间的相邻元素*/
        if(score[j]>score[j+1])
            交换 score[j]和 score[j+1]
```

（3）输出排序后结果。

相应的 C 程序如下：

```
#include <stdio.h>
void main()
{
    int temp,score[40];
    int i,j,n;
    printf("input total numbers:\n");
    scanf("%d",&n);                 /*输入学生的实际人数*/
    printf("input score:\n");
    for(i=0;i<n;i++)                /*输入学生的成绩*/
```

```
        scanf("%d",&score[i]);
        for(i=0;i<n-1;i++)                  /*用冒泡法对学生成绩由低到高排序*/
        for(j=0;j<n-1-i;j++)
            if(score[j]>score[j+1])
            {   temp=score[j];              /*交换 score[j]和 score[j+1]*/
                score[j]=score[j+1];
                score[j+1]=temp;
            }
        printf("output score:\n");
        for(i=0;i<n;i++)                     /*输出排序后结果*/
            printf("%d  ",score[i]);
    }
```

程序运行结果如下：

```
input total numbers:
10↙
input score:
85  90  67  78  66  97  68  79  88  89↙
output score:
66  67  68  78  79  85  88  89  90  97
```

思考：若要求成绩按由高到低排序，程序该如何修改呢？

【例 7-4】 已知数组 a 中一共有 10 个已按由小到大排好序的整数。现从键盘输入一个整数，判断这个数是否是数组 a 中的数，如果是的话，打印出此数在数组 a 中的位置，否则打印"找不到"。

编程点拨：在程序设计中经常遇到对一个有序的数列进行查找的问题，这种操作称为检索。检索的算法有很多，本例介绍二分法查找算法。

二分法查找的基本思想为：

第一步：把一个包含 n 个数的有序数列放在数组 a 中，将待查的数放在 x 中。设三个位置变量 d、m、h。d 用来表示查找范围的顶部，即 d 的初值为 0。h 用来表示查找范围的底部，即 h 的初值为 n−1。m 用来表示查找范围的中间位置，即 m＝(d＋h)/2。再把 m 作为数组 a 的下标，这样就把 n 个数分成以 a[m]为中点的两段区间。

第二步：重复进行以下三种判断，不断缩小查找范围，并在下列两种情况下不再重复进行判断而退出循环：一是已找到，则可以退出循环；二是没有找到，即本身数组 a 中不存在这个数，以至于使 d 大于 h 了，这时也应该退出循环。

① 如果 x 等于 a[m]，则已找到，就此可以结束查找过程。

② 如果 x 大于 a[m]，则 x 必定落在后半段范围，即在 a[m+1]～a[h]范围内，所以舍弃前半段范围，保留后半段范围，定出新的 d 和 m 的值，并在新定出的区间内重新再划分两段范围，重新进行判断。

③ 如果 x 小于 a[m]，则 x 必定落在前半段范围，即在 a[d]～a[m−1]范围内。这时再重新定义 h 和 m，并在新定出的范围内重新再划分两段范围，重新进行判断。

以上问题用二分法查找的算法描述如下：

（1）输入已按由小到大排序的 10 个整数到数组 a 中和待查数 x。

（2）用二分法查找数 x。

```
d=0; h=9;                            /*给顶部 d 和底部 h 赋初值*/
while(d<=h)
{   m=(d+h)/2;                       /*计算中间位置*/
    if(x==a[m]) break;               /*x 与 a[m]相等情况*/
    else if(x>a[m]) d=m+1;           /*x 大于 a[m]时,取后半段范围*/
    else   h=m-1;                    /*x 小于 a[m]时,取前半段范围*/
}
```

（3）输出查找结果。

```
if(d<=h)                             /*已找到情况*/
    printf("%d is the position %d\n",x,n);
else                                 /*未找到情况*/
    printf("there is no %d\n",x);
```

相应的 C 程序如下：

```
#include <stdio.h>
void main()
{   int  a[10],d,h,x,i,m;
    printf("Please input 10 numbers:");
    for(i=0;i<10;i++)                /*输入已按由小到大排序的 10 个整数到数组 a 中*/
        scanf("%d",&a[i]);
    printf(" Please input x:");
    scanf("%d",&x);                  /*输入要找的数 x*/
    d=0; h=9;                        /*给顶部 d 和底部 h 赋初值*/
    while(d<=h)                      /*用二分法查找数 x*/
    {   m=(d+h)/2;
        if(x==a[m]) break;
        else if(x>a[m]) d=m+1;
        else   h=m-1;
    }
    if(d<=h)                         /*输出查找结果*/
        printf(" %d is the position %d\n",x,m);
    else
        printf("there is no %d\n",x);
}
```

程序运行结果如下：

```
Please input 10 numbers:2  4  6  7  10  12  13  15  21  23✓
Please input x:7✓
7 is the position 3
```

举一反三

(1) 用筛选法求 1000 以内的所有素数。

筛选法是古希腊著名数学家埃拉托色尼(Eratosthenes)提出的一种求素数的方法。他在一张纸上写下 1~1000 的全部整数,然后按照下面的方法把一些数挖掉:

① 先把 1 挖掉。

② 从 2 开始,依次用纸上剩下的数去除其后面的各数,把凡是能被整除的数再挖掉。

这样,纸就被挖成了一个筛子,而剩下的数就是 1~1000 中的全部素数。

提示:可设置一个一维数组 a[1001],将 a[0]置为 0,a[1]~a[1000]依次存放 1~1000。首先将 a[1]置为 0,即表示将 1 挖掉。然后用以下方法挖掉能被 2~999 整除的数:

```
for(i=2;i<1000;i++)
    if(a[i]!=0)
        for(j=i+1;j<=1000;j++)
            if(a[j]!=0)
                if(a[j]%a[i]==0) a[j]=0;            /*置 0,表示 a[j]被挖掉*/
```

(2) 从键盘输入 10 个互不相等的整数,然后删除最大数。

提示:定义一个一维数组 a[10]存放键盘输入的 10 个互不相等的整数,然后可用例 7-2 介绍的方法找出这 10 个数的最大数及其下标 k,最后用以下方法删除这个数:

```
for(i=k;i<9;i++)
    a[i]=a[i+1];
```

7.2　二　维　数　组

7.2.1　二维数组的定义与引用

前面介绍的数组只有一个下标,称为一维数组,其数组元素也称为单下标变量。除此之外,C 语言也允许定义和使用多维数组。多维数组元素可有多个下标,所以也称为多下标变量。本节主要介绍二维数组,其他多维数组可依此类推。

1. 二维数组的定义

二维数组定义的一般形式为:

类型说明符 数组名[常量表达式 1][常量表达式 2];

其中常量表达式 1 表示数组第一维的长度,常量表达式 2 表示第二维的长度。
例如:

```
int a[3][4];
```

定义了一个 3 行 4 列的二维数组 a,该数组共有 3×4 个元素,即:

```
a[0][0],a[0][1],a[0][2],a[0][3]
a[1][0],a[1][1],a[1][2],a[1][3]
```

```
a[2][0],a[2][1],a[2][2],a[2][3]
```

二维数组可以看成是一张二维的表格，第一维看作行，第二维看作列。因此二维数组在实际应用中最为普遍。

二维数组在概念上是二维的，即是说其下标在两个方向上变化，下标变量在数组中的位置也处于一个平面之中，而不是像一维数组只是一个向量。但是，由于实际的存储器是连续编址的，也就是说存储器单元是按线性排列的。那么如何在线性存储器中存放二维数组呢？一般有两种方式：一种方式是将二维数组按行排列，即放完一行之后顺次放入下一行；另一种方式是按列排列，即放完一列之后再顺次放入下一列。

在C语言中，二维数组是采用按行排列的方式存储。例如对二维数组"int a[3][4];"，先存放a[0]行，再存放a[1]行，最后存放a[2]行。每行中有4个元素，也是依次存放。各元素在内存中的排列顺序如下：

```
a[0][0]
a[0][1]
a[0][2]
a[0][3]
a[1][0]
a[1][1]
a[1][2]
a[1][3]
a[2][0]
a[2][1]
a[2][2]
a[2][3]
```

在一个二维数组定义好后，如何计算这个二维数组所需分配的存储单元数（即内存字节数）呢？可用下列公式计算：

行数 × 列数 × 一个数据所占字节数

例如，对二维数组"int a[3][4];"，在 Visual C++ 6.0 环境中所占的内存单元数为：

3 × 4 × 4 = 48 个字节

注意：在 Visual C++ 6.0 环境中，int 型变量需要分配 4 字节内存空间。若在其他环境，例如 TC2.0 环境中，由于 int 型变量需分配 2 字节内存空间，因此数组 a 所占的内存单元数为 3×4×2=24 个字节。

从概念上讲，在 C 语言中，一个二维数组可以看成是由若干个一维数组组成。以二维数组"int a[3][4];"为例，它可以看作是一个有 3 个元素的一维数组：a[0]、a[1]、[a[2]。其中的每个元素又是一个有 4 个元素的一维数组，如 a[0] 的 4 个元素为 a[0][0]、a[0][1]、a[0][2]、a[0][3]。上述概念如图 7-3 所示。

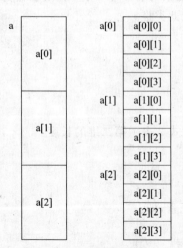

图 7-3　二维数组示意图

2. 二维数组元素的引用

引用二维数组元素的形式为：

数组名[下标][下标]

其中下标应为整型常量、整型变量或整型表达式。

例如：

a[2][3]　　　　　　表示引用 a 数组的第 2 行第 3 列的元素

注意：在使用数组元素时，下标值应在已定义的数组大小范围内，即取值范围为
[0,数据长度－1]。如果超出此范围，就会产生下标越界错误。

虽然数组元素和数组定义在形式上有些相似，但这两者具有完全不同的含义。数组
定义的方括号中给出的是某一维的长度；而数组元素中的下标是该元素在数组中的位置
标识。前者只能是常量，后者可以是常量、变量或表达式。

例如：

int a[3][4];　　　　　　定义了一个包含有 3×4 个元素的二维数组 a
a[2][3]　　　　　　　　　代表数组 a 中的第 2 行第 3 列元素

7.2.2　二维数组的初始化

与一维数组一样，也可以对二维数据进行初始化。二维数组的初始化可采用以下多
种方式：

(1) 按行给数组的所有元素赋初值。

例如：

int a[4][3]={{80,75,92},{61,65,71},{59,63,70},{85,87,90}};

在这种初始化方法中，每行的各列元素初值用{}括起来。

(2) 按数组元素的存储顺序赋初值。

例如：

int a[4][3]={ 80,75,92,61,65,71,59,63,70,85,87,90};

在这种初始化方法中，不需标出行和列，只需将全部初始化数据按数组元素的存储
顺序(按行存储)写在一个{}内。

(3) 可以只对部分元素赋初值，未赋初值的元素自动取 0 值。

例如：

int a[4][3]={{1},{2},{3},{4}};

是对每一行的第一列元素赋值，未赋值的元素取 0 值。赋值后各元素的值为：

1 0 0

```
2 0 0
3 0 0
4 0 0
```

又如：

```
int a [4][3]={{0,1},{0,0,2},{3},{4,1}};
```

赋值后的元素值为：

```
0 1 0
0 0 2
3 0 0
4 1 0
```

（4）若对全部元素赋初值，则第一维的长度可以省略。

例如：

```
int a[4][3]={ 80,75,92,61,65,71,59,63,70,85,87,90};
```

可以写为：

```
int a[][3]={ 80,75,92,61,65,71,59,63,70,85,87,90};
```

下面结合一个具体例子说明二维数组的定义、引用和初始化方法。

【例 7-5】　一个学习小组有 5 个人，每个人有 3 门课的考试成绩，如表 7-1 所示。求全组各科的平均成绩和所有科目的总平均成绩。

表 7-1　学生成绩表

	张	王	李	赵	周
Math	80	61	59	85	76
C	75	65	63	87	77
Foxpro	92	71	70	90	85

编程点拨：可设一个二维数组 a[5][3] 来存放 5 个人 3 门课的成绩。再设一个一维数组 v[3] 存放所求得全组各科平均成绩。设变量 average 为全组所有科目的总平均成绩。

相应的程序如下：

```
#include <stdio.h>
void main()
{
    int i,j,s=0,average,v[3];
    int a[5][3]={{80,75,92},{61,65,71},{59,63,70},
                {85,87,90},{76,77,85}};
    for(i=0;i<3;i++)
    {   for(s=0,j=0;j<5;j++)
```

```
                s=s+a[j][i];  /* 求各科的总成绩 */
            v[i]=s/5;         /* 求各科的平均成绩 */
        }
        average= (v[0]+v[1]+v[2])/3;    /* 求所有科目的总平均成绩 */
        printf("math:%d\nc languag:%d\nFoxpro:%d\n",v[0],v[1],v[2]);
        printf("total:%d\n", average);
    }
```

程序运行结果如下：

```
math:72
c languag:73
Foxpro:81
total:75
```

程序在定义数组 a 时按行给数组所有元素赋了初值，然后用了一个双重循环。在内循环中依次将各个学生的成绩累加起来，退出内循环后再把该累加成绩除以 5 送入 v[i] 之中，这就是该门课程的平均成绩。外循环共循环 3 次，分别求出 3 门课各自的平均成绩并存放在 v 数组之中。退出外循环之后，把 v[0]、v[1]、v[2] 相加除以 3 即得到所有科目的总平均成绩 average，最后按题意输出。

7.2.3　二维数组应用举例

【例 7-6】　将一个二维数组的行和列互换，存到另一个二维数组中。例如：

$$a = \begin{bmatrix} 2 & 4 & 6 \\ 8 & 10 & 12 \end{bmatrix} \quad b = \begin{bmatrix} 2 & 8 \\ 4 & 10 \\ 6 & 12 \end{bmatrix}$$

编程点拨：先定义一个 m×n 的二维数组 a 来存放原数组值，再定义一个 n×m 的二维数组 b 来存放对二维数组 a 行和列互换后的值。

相应的程序如下：

```
#include <stdio.h>
#define m  2
#define n  3
void main()
{   int a[m][n]={2,4,6,8,10,12},b[n][m],i,j;
    printf("array a:\n");
    for(i=0;i<m;i++) {
        for(j=0;j<n;j++) {
            printf("%d  ",a[i][j]);       /* 输出 a 数组元素的值 */
            b[j][i]=a[i][j];              /* 将 a[i][j] 元素值赋给 b[j][i] 元素 */
        }
        printf("\n");                     /* 输出 a 数组一行元素值后换行 */
    }
```

```
        printf("array b:\n");
        for( i=0;i<n;i++) {
            for(j=0;j<m;j++)
                printf("%d  ", b[i][j]);          /* 输出 b 数组元素的值 */
            printf("\n");                          /* 输出 b 数组一行元素值后换行 */
        }
    }
```

程序运行结果如下：

```
array a:
2    4    6
8    10   12
array b:
2    8
4    10
6    12
```

【例 7-7】 打印如下所示的杨辉三角形：

```
1
1   1
1   2   1
1   3   3   1
1   4   6   4   1
1   5   10  10  5   1
...
```

编程点拨：杨辉三角形是(a+b)的 n 次幂的展开系数。例如：

$(a+b)^1=a+b$ 系数为 1,1

$(a+b)^4=a^4+4a^3b+6a^2b^2+4ab^3+b^4$ 系数为 1,4,6,4,1

容易得到杨辉三角形的系数规律是(设幂为 n)：

(1) 共有 n+1 组系数，且第 k(取 0～n)组有 k+1 个数。

(2) 每组最后一位与第一位均为 1。

(3) 若用二维数组存放系数，每行存放一组，则从第 2 行开始，每一行除最后一个数与第一个数外，其余各个数都是它的前一行同一列与前一行前一列元素之和。

求幂为 n 的杨辉三角形的算法描述如下：

(1) 对每组最后一位与第一位元素赋值 1。

```
for(i=0;i<=n;i++)
    a[i][0]=a[i][i]=1;
```

(2) 对其他元素赋值。

```
for(i=2;i<=n;i++)
```

```
    for(j=1;j<i;j++)
        a[i][j]=a[i-1][j-1]+a[i-1][j];
```

（3）按指定格式输出。

相应的程序如下：

```
#include <stdio.h>
#define  N  15
void main()
{   int   i,j,n,a[N][N];
    printf(" Input n(1-15):\n");
    scanf("%d",&n);                        /* 输入幂数 n */
    for(i=0;i<=n;i++)                      /* 对每组最后一位与第一位元素赋值 */
        a[i][0]=a[i][i]=1;
    for(i=2;i<=n;i++)                      /* 对其他元素赋值 */
        for(j=1;j<i;j++)
            a[i][j]=a[i-1][j-1]+a[i-1][j];
    for(i=0;i<=n;i++) {                    /* 按指定格式输出 */
        for(j=0;j<=i;j++)                  /* 每组有 i+1 个系数 */
            printf(" %6d",a[i][j]);
        printf("\n");                      /* 打印一组系数后换行 */
    }
}
```

【例 7-8】 打印"魔方阵"。所谓魔方阵是指这样的方阵，它的每一行、每一列和对角线之和均相等。例如，三阶魔方阵为：

```
8   1   6
3   5   7
4   9   2
```

要求打印出由 $1\sim n^2$（n 为奇数）的自然数构成的魔方阵。

编程点拨：求魔方阵（奇数阶）的一种解法是用一个 $n\times n$ 的二维数组存放方阵，由 1 到 n^2 的各数的排列规律如下：

（1）将 1 放在第 0 行中间一列。

（2）从 2 开始直到 $n\times n$ 为止各数依次按此规则存放。每一个数存放的行比前一个数的行数减 1，列数加 1。

（3）如果上一数的行数为 0，则下一个数的行数为 n−1（指最后一行）。

（4）当上一个数的列数为 n−1（指最后一列）时，下一个数的列数应为 0。

（5）如果按上面规则确定的位置上已有数，则把下一个数放在上一个数的下面。

求魔方阵的算法描述如下：

（1）初始化魔方阵——将数组中所有元素值赋 0，作为有无数字的判断。

（2）存放数字 1。

```
j=n/2;i=0;
a[i][j]=1;
```

（3）存放数字 2～n×n。

```
for(k=2;k<=n*n;k++)
{   i1=i;j1=j;                          /* 保留原行数和列数 */
    i--;j++;                            /* 行数减 1,列数加 1 */
    if(i<0) i=n-1;                      /* 行数为 0 情况处理 */
    if(j>n-1) j=0;                      /* 列数为 n-1 情况处理 */
    if(a[i][j]==0)   a[i][j]=k;         /* 将 k 存于第 i 行,第 j 列 */
    else {                             /* 确定的位置上已有数情况处理 */
        i=i1+1;
        j=j1;
        a[i][j]=k;
    }
}
```

（4）输出魔方阵。
相应的程序如下：

```
#include <stdio.h>
#define n 3
void main()
{   int  i,j,k,i1,j1;
    int a[n][n]={0};                    /* 初始化魔方阵 */
    j=n/2;
    i=0;
    a[i][j]=1;                          /* 存放数字 1 */
    for(k=2;k<=n*n;k++)                 /* 存放数字 2～n*n */
    {   i1=i;j1=j;                      /* 保留原行数和列数 */
        i--; j++;
        if(i<0) i=n-1;
        if(j>n-1) j=0;
        if(a[i][j]==0) a[i][j]=k;
        else {
            i=i1+1;
            j=j1;
            a[i][j]=k;
        }
    }
    for(i=0;i<n;i++)                    /* 输出魔方阵 */
    {
        for(j=0;j<n;j++)
            printf("%4d",a[i][j]);
```

```
            printf("\n");
    }
}
```

举一反三

(1) 将一个 5×5 的矩阵转置。

提示：一个矩阵的转置运算就是将行与列对调。可设置一个 5×5 的二维数组 a 存放矩阵的值，然后以主对角线为界，交换上三角和下三角对应元素的值（即使 a[i][j] 与 a[j][i] 互换，其中i取值为 0～4,j取值为 0～i）。

(2) 编写程序，输入 n 值，输出 n×n(n<10)阶螺旋方阵。例如，5×5 阶螺旋方阵如下：

```
 1   2   3   4   5
16  17  18  19   6
15  24  25  20   7
14  23  22  21   8
13  12  11  10   9
```

提示：根据螺旋方阵的规律，按顺时针方向从外向内给二维数组置螺旋方阵，可用嵌套循环来实现。外层的循环用来控制螺旋方阵的圈数，若 n 为偶数，则有 n/2 圈；若 n 为奇数，则有 n/2+1 圈。内层用 4 个循环分别给每一圈的上行、右列、下行、左列元素赋值。

7.3　字符数组

用来存放字符型数据的数组称为字符数组。字符数组中的一个元素可存放一个字符。

7.3.1　字符数组的定义与初始化

和定义其他类型数组一样,字符数组定义的一般形式为：

一维字符数组：

char　数组名[常量表达式];

二维字符数组：

char　数组名[常量表达式 1][常量表达式 2];

例如：

```
char c[10];          定义了一个包含 6 个字符元素的一维数组 c
char s[5][5];        定义了一个包含 25 个字符元素的二维数组 s
```

字符数组也允许在定义时初始化。其初始化方法与前面两节介绍的数组的初始化方法一样。

例如：

```c
char c[9]={'c',' ','p','r','o','g','r','a','m'};
```

把 9 个字符分别赋给 c[0]～c[8]的 9 个元素。数组 c 在内存中的存放形式如下：

c[0]	c[1]	c[2]	c[3]	c[4]	c[5]	c[6]	c[7]	c[8]
c		p	r	o	g	r	a	m

对字符数组初始化时，如果花括号{}中提供的初值个数（即字符的个数）大于数组长度，则出现语法错误；如果初值个数小于数组长度，则只将这些字符赋给数组中前面的那些元素，其余元素自动定为空字符（即'\0'）。

例如：

```c
char c[10]={'c',' ','p','r','o','g','r','a','m'};
```

把 9 个字符分别赋给 c[0]～c[8]的 9 个元素，c[9]未赋值，系统自动定为'\0'值。数组在内存中的存放形式如下：

c[0]	c[1]	c[2]	c[3]	c[4]	c[5]	c[6]	c[7]	c[8]	c[9]
c		p	r	o	g	r	a	m	\0

如果提供的初值个数与预定的数组长度相同，赋初值时也可以省去长度说明。

例如：

```c
char c[]={'c',' ','p','r','o','g','r','a','m'};
```

这时数组 c 的长度自动定为 9。

下面结合一个具体例子进一步说明字符数组的定义、引用和初始化方法。

【例 7-9】 初始化二维数组 a，并输出各元素值。

```c
#include <stdio.h>
void main()
{
    int i,j;
    char a[][5]={{'B','A','S','I','C',},{'d','B','A','S','E'}};
    for(i=0;i<=1;i++)
    {
        for(j=0;j<=4;j++)
            printf("%c",a[i][j]);          /*输出字符数组元素 a[i][j]的值*/
        printf("\n");
    }
}
```

程序运行结果如下：

```
BASIC
dBASE
```

本例的二维字符数组由于在初始化时全部元素都赋了初值,因此一维下标的长度可以省略。

7.3.2 字符串与字符数组

在 C 语言中没有专门的字符串变量,通常用一个字符数组来存放和处理一个字符串。

前面介绍字符串常量时,已说明字符串总是以'\0'作为字符串的结束符。因此当把一个字符串存入一个数组时,也把结束符'\0'存入该数组,并以此作为字符串结束的标志。有了'\0'标志后,就可以很方便地判断字符串的实际长度。

C 语言允许除按上一节介绍的用字符数据初始化字符数组外,还允许用字符串的方式对字符数组作初始化赋值。

例如:

```
char c[]={'c',' ','p','r','o','g','r','a','m','\0'};
```

可写为:

```
char c[]={"c program"};
```

或去掉{}写为:

```
char c[]="c program";
```

由于"c program"是字符串常量,C 编译系统自动在尾部加上'\0',因此,用字符串方式赋值比用字符逐个赋值要多占一个字节,专门用于存放字符串结束标志'\0'.数组 c 在内存中的实际存放情况为:

c[0]	c[1]	c[2]	c[3]	c[4]	c[5]	c[6]	c[7]	c[8]	c[9]
c		p	r	o	g	r	a	m	\0

一维字符数组可存放一个字符串,二维字符数组可用于存放多个字符串。对于用二维数组存放多个字符串的情形,第一维的长度代表要存储的字符串个数,可以省略;第二维的长度代表了字符串的长度,不能省略,且应按最长的字符串长度设置。

例如:

```
char  week[7][10]={"Sunday","Monday","Tuesday","Wednesday",
                    "Thursday","Friday","Saturday"};
```

可写为:

```
char  week[][10]={"Sunday","Monday","Tuesday","Wednesday",
                    "Thursday","Friday","Saturday"};
```

数组 week 初始化后在内存中的实际存放情况为:

S	u	n	d	a	y	\0	\0	\0	\0
M	o	n	d	a	y	\0	\0	\0	\0
T	u	e	s	d	a	y	\0	\0	\0
W	e	d	n	e	s	d	a	y	\0
T	h	u	r	s	d	a	y	\0	\0
F	r	i	d	a	y	\0	\0	\0	\0
S	a	t	u	r	d	a	y	\0	\0

数组 week 的每一行都有 10 个元素，当初始化字符串长度小于 10 时，C 编译系统自动地为其后的元素赋初值'\0'。

7.3.3　字符数组的输入与输出

在采用了字符串方式后，字符数组的输入与输出将变得简单方便。字符数组的输入与输出有三种方法：可以用格式符％c 对字符数组中的每一个元素逐个输入或输出；也可以用格式符％s 将字符串作为一个整体来输入或输出；另外，还可以用字符串处理函数来输入或输出一个字符串。

1. 用格式符％c 一个字符一个字符地输入或输出

用于输入时，输入项为数组元素地址。在具体进行输入操作时，各字符之间不要输入分隔符，字符也不要用单引号' '括起来。

用于输出时，输出项为数组元素。

【例 7-10】　输入并输出一个字符串。

```c
#include <stdio.h>
void main()
{   char  a[10],i;
    for(i=0;i<10;i++)
        scanf("%c",&a[i]);                       /* 输入数组 a 中各元素的值 */
    for(i=0;i<10;i++)
        printf("%c",a[i]);                       /* 输出数组 a 中各元素的值 */
}
```

程序运行结果如下：

I am a boy↙
I am a boy

2. 用格式符％s 将字符串作为一个整体来输入或输出

在用格式符％s 进行输入或输出时，因为 C 语言中数组名代表该数组的起始地址，故输入输出项均为数组名。输入时，可用空格或回车作为输入数据的分隔符，系统将自动地在字符串最后加结束符'\0'。在输出时,遇第 1 个结束符'\0'作为输出结束标记。

【例 7-11】 用格式符％s 对数组进行输入和输出操作。

```
#include <stdio.h>
void main()
{
    char str1[6],str2[6],str3[6];
    printf("input string:\n");
    scanf("%s%s%s",str1,str2,str3);          /*数组的输入操作*/
    printf("%s %s %s\n",str1,str2,str3);      /*数组的输出操作*/
}
```

程序运行时如果输入:

How are you? ↙

由于在输入的 How、are、"you?"之间各有一个空格分隔,因此输入后的结果是将
How 作为一个字符串赋给数组 str1,并且在后面自动加上字符串结束符'\0';将 are 作为
一个字符串赋给数组 str2,并且在后面自动加上字符串结束符'\0';将"you?"作为一个字
符串赋给数组 str3,并且在后面自动加上字符串结束符'\0'。输入后各数组在内存的存储
情况如下,数组中未被赋值的元素的值是不可预知的随机数。

H	o	w	\0		
a	r	e	\0		
y	o	u	?	\0	

程序的输出结果为:

How are you? ↙

从这个输出结果可以看出,字符数组按字符串输出时,并不受字符数组存储空间的
限制,而是从字符数组存储空间的第一个字符开始,直到遇到字符串结束符'\0'为止。

用 scanf 函数按％s 格式符输入一个字符串时,必须注意以下几点:

(1) 由于采用这种方式输入时,字符串的分隔符可是空格,因此,如果在输入的字符
串中包含空格时,只截取空格前的部分作为字符串赋给字符数组。

【例 7-12】 设有 C 程序如下:

```
#include <stdio.h>
void main()
{
    char str[15];
    printf("input string:\n");
    scanf("%s",str);
    printf("%s\n",str);
}
```

运行时如果输入：

```
input string:
this is a book↙
```

实际上并不把这整个输入的字符串加上'\0'送到数组 str 中，而只将空格前的字符串"this"送到 str 中。由于把"this"作为一个字符串处理，因此在其后加'\0'。str 数组在内存中的存储情况如下所示：

t	h	i	s	\0										

输出结果为：

```
this
```

从输出结果可以看出，空格以后的字符都未能输出。

（2）输入时应确保输入的字符串长度不超过字符数组定义的长度，否则会产生错误。

3. 用 gets 和 puts 函数输入或输出一个字符串

用于字符串输入输出的函数 gets 和 puts 是 C 语言提供的标准输入输出函数库中的函数，因此，在使用这些函数时，应在程序的开始处加上预处理命令：

```
#include <stdio.h>
```

或

```
#include "stdio.h"
```

1）字符串输入函数 gets
调用形式：

```
gets(字符数组名)
```

功能：从终端输入一个字符串（直到第一个换行符'\n'结束），并保存到字符数组对应的存储单元中。函数的返回值为字符数组的起始地址。

2）字符串输出函数 puts
调用形式：

```
puts(字符数组名)
```

功能：将一个字符串输出到终端显示器，当遇到第一个'\0'时结束，并自动输出一个换行符。

【例 7-13】 设有 C 程序如下：

```
#include <stdio.h>
void main()
{
    char str[15];
```

```
    printf("input string:\n");
    gets(str);                              /* 输入字符串 */
    puts(str);                              /* 输出字符串 */
}
```

运行时如果输入：

input string:

this is a book↙

由于用 gets 函数输入字符串时是从键盘读入一行，并遇到第一个换行符'\n'结束，因此以上输入是把这整个字符串加上'\0'送到数组 str 的存储单元中。str 数组在内存中的存储情况如下所示：

t	h	i	s		i	s		a		b	o	o	k	\0

在输出时，将字符串结束标记'\0'转换成换行符'\n'，即输出字符串后换行。以上程序的运行结果为：

this is a book

7.3.4　常用字符串处理函数

在 C 语言的函数库中提供了丰富的字符串处理函数，使用这些函数可以大大减轻编程者的负担，从而对字符串的操作更加简单方便。

下面介绍几个最常用的字符串处理函数。几乎所有版本的 C 都提供了这些函数。需要指出的是，在使用这些函数时，必须在程序的开始处加上预处理命令：

```
#include <string.h>
```

或

```
#include "string.h"
```

1. 字符串连接函数 strcat

调用形式：

strcat(字符数组名 1,字符数组名 2)

功能：把字符数组 2 中的字符串连接到字符数组 1 中字符串的后面，并删去字符数组 1 中字符串后的串标志"\0"。函数返回值是字符数组 1 的首地址。

【例 7-14】　设有 C 程序如下：

```
#include  "string.h"
#include "stdio.h"
void main()
```

```
{
    char str1[25]="My name is ";
    char str2[10];
    printf("input your name:\n");
    gets(str2);
    strcat(str1,str2);                    /*字符串的连接操作*/
    puts(str1);
}
```

运行时如果输入：

```
input your name::
Wang Ling↙
```

本程序把用初始化方法赋值的字符数组 str1 和用键盘输入法赋值的字符数组 str2 连接起来。连接前后数组在内存中的状态如下所示。

连接前：

str1:	M	y		n	a	m	e		i	s		\0											

str2:	W	a	n	g		L	i	n	g	\0

连接后：

str1:	M	y		n	a	m	e		i	s		W	a	n	g		L	i	n	g	\0		

str2:	W	a	n	g		L	i	n	g	\0

程序运行结果为：

```
My name is Wang Ling
```

需要注意的是，字符数组 1 应定义足够的长度，否则不能全部装入被连接的字符串。

2. 字符串复制函数 strcpy

调用形式：

```
strcpy(字符数组名 1,字符数组名 2)
```

功能：把字符数组 2 中的字符串复制到字符数组 1 中。字符串结束标志"\0"也一同复制。字符数组 2 也可以是一个字符串常量，这时相当于把一个字符串赋予一个字符数组。

【例 7-15】 设有 C 程序如下：

```
#include "stdio.h"
#include "string.h"
void main()
{
```

```
char   str1[15],str2[]="C Language";
strcpy(str1,str2);                          /* 字符串赋值操作 */
puts(str1);
}
```

执行 strcpy 函数后,字符数组 str1 在内存中的状态如下所示:

str1:	C		L	a	n	g	u	a	g	e	\0			

程序运行结果为:

```
C Language
```

需要注意的是,本函数要求字符数组 1 应有足够的长度,否则不能全部装入所复制的字符串。另外,要注意字符串赋值不能使用赋值运算符(即不能使用赋值语句 str1＝str2),只能使用 strcpy 函数。

3. 字符串比较函数 strcmp

调用形式:

```
strcmp(字符串 1,字符串 2)
```

功能:按照 ASCII 码值比较两个字符串的大小,并由函数返回值返回比较结果。结果分为三种情况:

(1) 字符串 1＝字符串 2,返回值为 0。

(2) 字符串 1＞字符串 2,返回值为一个正整数。

(3) 字符串 1＜字符串 2,返回值为一个负整数。

字符串的比较方法为:对两个字符串从左至右按字符的 ASCII 码值大小逐个字符相比较,直到出现不同的字符或遇到'\0'为止。也就是说,当出现第一对不相等的字符时,就由这两个字符的大小来决定所在字符串的大小。例如,因为'u'＞'a',所以 strcmp("computer","compare")的函数值大于 0。由于'\0'的 ASCII 码值为 0,是 ASCII 码表中值最小的,因此若一个字符串是另一个字符串的子串,即字符串中前面的字符都相同,那么短的字符串一定小于长的字符串。例如,strcmp("Hello","Hello World")的函数值小于 0。

【例 7-16】　设有 C 程序如下:

```
#include "stdio.h"
#include "string.h"
void main()
{    int k;
     char str1[15],str2[]="C Language";
     printf("input a string:\n");
     gets(str1);
     k=strcmp(str1,str2);                    /* 比较两个字符串的大小 */
```

```
        if(k==0) printf("str1=str2\n");              /*输出比较结果*/
        if(k>0) printf("str1>str2\n");
        if(k<0) printf("str1<str2\n");
    }
```

本程序中把输入的字符串和数组 str2 中的字串比较，比较结果返回到 k 中，根据 k 值再输出结果。

如果输入为：

```
dbase↙
```

由 ASCII 码值可知 dbase 大于 C Language，故 k>0，输出结果为：

```
str1>str2
```

4. 求字符串长度函数 strlen

调用形式：

```
strlen(字符串)
```

功能：求字符串的实际长度（即在第一个'\0'之前的字符个数，不包含字符串结束标志'\0'），并作为函数返回值。

【例 7-17】　设有 C 程序如下：

```
#include "stdio.h"
#include "string.h"
void main()
{    int k;
     char str[]="C Language";
     k=strlen(str);                      /*求字符串 str 的实际长度*/
     printf("The lenth of the string is %d\n",k);
}
```

输出结果为：

```
The lenth of the string is 10
```

7.3.5　字符数组应用举例

【例 7-18】　输入一个字符串，统计其中有多少个单词。单词之间用空格分隔开。

编程点拨：对于以上问题，可设变量 num 用来统计单词个数（初值为 0）。变量 flag 作为判别是否出现单词的标志，若 flag＝0 表示未出现单词，如出现单词 flag 就置为 1。

由于字符串中单词之间用空格分隔开，因此单词的数目可以由空格出现的次数决定（连续的若干个空格作为出现一次空格；一行开头的空格不统计在内）。如果测出某一个字符为非空格，而它前面的字符是空格，则表示"新的单词开始"，此时使 num 累加 1。如果当前字符为非空格,而其前面的字符也是非空格,则意味着仍然是原来那个单词的继续,num 不应再加 1。前面一个字符是否空格可以从 flag 的值看出,若 flag=0,则表示前一个字符是空格;如果 flag=1,意味着前一个字符为非空格。

算法描述如下:

(1) 输入一个字符串 str。

(2) 统计出单词个数 num。

依次取出字符串 str 中的每一个字符 c(直到结束标记'\0'为止),并判断:

① 如果 c=空格,则表示未出现新单词,使 flag=0,num 不累加。

② 如果 c≠空格,并判断 c 前一个字符为空格(flag=0),则意味着新单词出现,使 flag=1,num 累加 1。

③ 如果 c≠空格,并判断 c 前一个字符为非空格(flag=1),则意味着新单词未出现,使 num 不累加。

(3) 输出单词个数 num。

相应的程序如下:

```c
#include <stdio.h>
void main()
{    char str[80],c;
     int i,num=0,flag=0;
     printf(" Please input string:\n");
     gets(str);                          /*输入字符串*/
     for(i=0;(c=str[i])!='\0';i++)       /*取出 str 中的每一个字符 c 并判断*/
         if(c==' ')   flag=0;            /*字符 c 为空格*/
         else if(flag==0)                /*字符 c 不为空格,且 c 前一个字符为空格*/
         {    flag=1;
              num++;                      /*单词个数 num 累加 1*/
         }
     printf("There are %d words in the string.\n",num);    /*输出结果*/
}
```

程序运行结果如下:

```
Please input string:
You are teachers.↙
There are 3 words in the string.
```

【例 7-19】 输入一个无符号整数,将其转换成二进制字符串并输出。

编程点拨:将十进制整数转换成二进制数一般采用"除 2 取余"的方法,即将该十进制数不断除以 2,并保留每次除以 2 所得的余数,直到余数为 0 为止。然后再将所得余数按逆序(即倒着排列)排列,即为所求的二进制数。

求解本题的具体算法可描述如下:

(1) 输入一个十进制整数 n。

(2) 将 n 转换成二进制字符串 str。

```
for(i=0;n!=0;i++)
{   str[i]=n%2+'0';                        /*对 n 模 2 运算,再加上'0'转换成字符*/
    n/=2;                                  /*对 n 除 2 取整,给出下一个数*/
}
str[i]='\0';                               /*加字符串结束符*/
```

（3）将字符串 str 逆序排列。

```
for(k=0,j=i-1;k<j;k++,j--)                 /*i 为字符串的长度*/
{ t=str[k];str[k]=str[j];str[j]=t; }
```

（4）输出字符串 str。

相应的程序如下：

```
#include <stdio.h>
void main()
{   unsigned n;
    char  str[10],t;
    int   k, i,j;
    printf(" Please input:");
    scanf("%u",&n);                        /*输入无符号整数 n*/
    for(i=0;n!=0;i++)                      /*按除 2 求余产生字符串 str*/
    {   str[i]=n%2+'0';
        n/=2;
    }
    str[i]='\0';                           /*加字符串结束符*/
    printf(" The result is:");
    for(k=0,j=i-1;k<j;k++,j--)             /*将字符串 str 逆序排列*/
    { t=str[k]; str[k]=str[j]; str[j]=t; }
    puts(str);                             /*输出字符串*/
}
```

程序运行结果如下：

```
Please input:8↙
The result is:1000
```

【例 7-20】 输入 5 个国家的名称,并按字母顺序排列输出这些国家名称。

编程点拨：可设一个 5×20 的二维字符数组 name 来存放 5 个国家名。由于 C 语言规定可以把一个二维数组当成多个一维数组处理,因此二维字符数组 name 又可以按 5 个一维数组处理,而每个一维数组就代表一个国家名字符串。由此可看出,本例实际上就是一个排序的程序。在例 7-3 中曾介绍了一种冒泡排序算法,只要对例 7-3 的程序稍加改造,就可以用来解决当前的问题。

求解本题的具体算法可描述如下：

（1）输入五个国家名保存到二维数组 name 中。

（2）用冒泡法对数组 name 按由小到大顺序排序。

```
for(i=0;i<4;i++)
   for(j=0;j<4-i;j++)
    if(strcmp(name[j],name[j+1])>0)
    {   strcpy(str,name[j]);                    /*交换name[j]与name[j+1]的值*/
        strcpy(name[j],name[j+1]);
        strcpy(name[j+1],str);
    }
```

（3）输出排序结果。

相应的程序如下：

```
#include <stdio.h>
#include <string.h>
void main()
{   char str[20],name[5][20];
    int i,j;
    printf("input country's name:\n");
    for(i=0;i<5;i++)                            /*输入5个国家名*/
        gets(name[i]);
    printf("\n");
    for(i=0;i<4;i++)                            /*对国家名称按字母顺序排列*/
        for(j=0;j<4-i;j++)
          if(strcmp(name[j],name[j+1])>0)
          {   strcpy(str,name[j]);
              strcpy(name[j],name[j+1]);
              strcpy(name[j+1],str);
          }
    printf("The results is:\n");
    for(i=0;i<5;i++)                            /*输出排列结果*/
    puts(name[i]);
}
```

程序运行结果如下：

```
input country's name:
China ↙
Japan ↙
England ↙
America ↙
France ↙
The results is:
America
China
England
France
Japan
```

　　思考：本程序中比较和交换字符串 name[j]与 name[j+1]为何要用字符串处理函数？能否改为其他形式？

举一反三

　　（1）将一个字符串 str1 中的前 n 个字符复制到另一个字符串 str2 中。要求不使用系统函数。

　　提示：据题意，设 i 取值 0～n－1，可用一个循环实现逐个赋值。

　　（2）一个字符串如果正读和倒读的结果一样，就称为"回文"。试编写一个程序判断任意一个字符串是否为回文。

　　提示：根据回文的定义，可设两个下标 i 和 j，分别表示串首和串尾，然后用循环依次比较它们对应的元素值是否相等，并使 i++和 j－－，直到 i>j 为止。若比较的元素值不等，则非回文，否则为回文。

7.4　数组作为函数参数

　　C 语言规定，数组可以作为函数的参数使用来进行数据传送。数组用作函数参数有两种形式：一种是把数组元素作为实参使用；另一种是把数组名作为函数的参数使用。

　　数组元素即下标变量，它与简单变量并无区别。因此它作为函数实参使用与简单变量是完全相同的，在发生函数调用时，把作为实参的数组元素的值传送给形参，实现单向的值传递。有关值传递方面的内容已在第 5 章作了详细的介绍。本节主要介绍数组名作为函数参数的情况，这是数组的重要应用之一。

7.4.1　用一维数组名作为函数参数

　　首先看以下实例。

　　【例 7-21】　用选择法对 10 个整数由小到大（升序）排序。

　　编程点拨：可定义一个一维数组 a 存放这 10 个数。

　　选择法排序的基本思想是：先找出 10 个数中的最小者（降序是找最大者）与数组中的第一个数 a[0]交换；再从 a[1]～a[9]中找出最小数与 a[1]交换……每比较一轮，找出一个未经排序的数中的最小数，共比较 9 轮。

　　下面以 5 个数为例说明选择法排序的步骤：

a[0]	a[1]	a[2]	a[3]	a[4]	
4	3	8	7	1	未排序时的情况
1	3	8	7	4	将 5 个数中的最小数与 a[0]交换
1	3	8	7	4	将余下的 4 个数中的最小数与 a[1]交换
1	3	4	7	8	将余下的 3 个数中的最小数与 a[2]交换
1	3	4	7	8	将余下的 2 个数中的最小数与 a[3]交换

　　由于排序算法在程序设计中使用的频率很高，同时考虑到程序结构的模块化，因此常常将排序算法编入一个函数封装起来，这样以后再使用时，不必重新书写这段程序代

码,只要给定必要的入口参数(例如,待排序的数组名和待排序的数据个数),就可以得到排序后的结果了。

用函数实现用选择法对 10 个数排序的程序如下:

```
#include <stdio.h>
void sort(int a[],int n)              /* 用选择法对 n 个数进行排序 */
{   int i,j,k,t;
    for(i=0;i<n-1;i++)                /* 做 n-1 轮比较 */
    {   k=i;                          /* k 代表每轮要选择的最小数的下标 */
        for(j=i+1;j<n;j++)            /* j 代表每轮要和 a[k]比较的数的下标 */
            if(a[j]<a[k]) k=j;
        if(k!=i)
        { t=a[k]; a[k]=a[i]; a[i]=t; }  /* 交换 a[i]与 a[k]的值 */
    }
}
void main()
{   int s[10],i;
    printf("input the array:");
    for(i=0;i<10;i++)                 /* 输入 10 个数 */
        scanf("%d",&s[i]);
    sort(s,10);                       /* 调用函数 sort 对数组 s 排序 */
    printf("output the array:");
    for(i=0;i<10;i++)                 /* 输出排序结果 */
        printf("%4d",s[i]);
}
```

程序运行结果如下:

```
input the array:
4  6  8  10  14  12  18  20  16  2↙
output the array:
2  4  6  8  10  12  14  16  18  20
```

在这个程序中有两个函数,一个是实现选择法排序的 sort 函数,另一个是主函数 main。在主函数中,定义了一个一维数组并输入 10 个数,然后调用 sort 函数对这个数组中的数进行排序。sort 函数中的第一个形参是数组,主函数中调用时的第一个实参是数组名。

用数组名作函数参数与用简单变量或下标变量作函数参数有几点不同:

(1)在简单变量或下标变量作函数参数时,形参变量和实参变量是由编译系统分配的两个不同的内存单元。在函数调用时发生的值传送是把实参变量的值赋予形参变量。而在用数组名作函数参数时,不是进行值的传送,即不是把实参数组的每一个元素的值都赋予形参数组的各个元素。因为实际上形参数组并不存在,C 编译系统不为形参数组分配内存。那么,数据的传送是如何实现的呢? 由于 C 语言规定数组名代表数组的首地址,因此在数组名作函数参数时所进行的传送只是地址的传送,也就是说把实参数组的首地址赋予形参数组名。形参数组名取得该首地址之后,也就等于有了实在的数组。实际上是形参数组和实参数组为同一数组，共同拥有一段内存空间。

例如在例 7-21 中，s 为实参数组，假设 s 占有以 2000 为首地址的一块内存区。a 为形参数组名。当发生函数调用时，进行地址传送，把实参数组 s 的首地址传送给形参数组名 a，于是 a 也取得该地址 2000。这样，s、a 两数组共同占有以 2000 为首地址的一段连续内存单元。s 和 a 数组中下标相同的元素实际上也占用相同的内存单元。即 s[0] 和 a[0] 都占用相同的内存单元。当然，s[0] 等于 a[0]，s[1] 等于 a[1]，依此类推，则有 s[i] 等于 a[i]。图 7-4 说明了这种情形。

	s[0]	s[1]	s[2]	s[3]	s[4]	s[5]	s[6]	s[7]	s[8]	s[9]
起始地址2000	2	4	6	8	10	12	14	16	18	20
	a[0]	a[1]	a[2]	a[3]	a[4]	a[5]	a[6]	a[7]	a[8]	a[9]

图 7-4　实参数组 s 和形参数组 a 的存储情况

（2）前面已经讨论过，在简单变量或下标变量作函数参数时，所进行的值传送是单向的。即只能从实参传向形参，不能从形参传回实参。而当用数组名作函数参数时，情况则不同。由于实际上形参和实参为同一数组，因此当形参数组中各元素的值发生变化时，实参数组元素的值也随之变化。当然，这种情况不能理解为发生了"双向"的值传递。但从实际情况来看，调用函数之后实参数组的值将由于形参数组值的变化而变化。在程序设计中可以有意识地利用这一特点改变实参数组元素的值。

例如，从例 7-21 的执行情况可以看到，在执行函数调用语句 sort(s,10); 之前和之后，s 数组中各元素的值是不同的。原来是无序的，执行 sort(s,10); 后，s 数组已经排序好了，这是由于形参数组 a 已用选择法进行了排序，形参数组改变也使实参数组随之改变。

用数组名作为函数参数时还应注意以下几点：

（1）形参数组和实参数组的数组名可以不同，但类型必须一致，否则将引起错误。

（2）形参数组和实参数组的长度可以不相同，因为在调用时只传送实参数组的首地址，而不检查形参数组的长度。

【例 7-22】　设有 C 程序如下：

```c
#include <stdio.h>
void nzp(int a[5])
{
    int i;
    printf("\nvalues of array are:\n");
    for(i=0;i<5;i++)
    {
        if(a[i]<0) a[i]=0;
        printf("%d ",a[i]);
    }
}
void main()
```

```
{
    int b[8],i;
    printf("\ninput 8 numbers:\n");
    for(i=0;i<8;i++)
        scanf("%d",&b[i]);
    printf("initial values of array b are:\n");
    for(i=0;i<8;i++)
        printf("%d ",b[i]);
    nzp(b);
    printf("\nlast values of array b are:\n");
    for(i=0;i<8;i++)
        printf("%d ",b[i]);
}
```

程序运行结果如下：

```
input 8 numbers:
2 5 6 0 - 3 - 7 12 9↙
initial values of array b are:
2 5 6 0 - 3 - 7 12 9
values of array are:
2 5 6 0 0
last values of array b are:
2 5 6 0 0 - 7 12 9
```

本程序中形参数组 a 和实参数组 b 的长度不一致。编译能够通过,但从结果看,实参数组 b 的元素 b[5]、b[6]、b[7]在函数 nzp 中并没有得到处理。

(3) 在函数形参表中,允许不给出形参数组的长度。为了在被调用函数中处理数组元素的需要,可以另设一个参数,传递数组元素的个数。

【例 7-23】　将例 7-22 的程序改写如下：

```
#include <stdio.h>
void nzp(int a[],int n)
{
    int i;
    printf("\nvalues of array a are:\n");
    for(i=0;i<n;i++)
    {   if(a[i]<0) a[i]=0;
        printf("%d ",a[i]);
    }
}
void main()
{
    int b[8],i;
    printf("\ninput 8 numbers:\n");
```

```
    for(i=0;i<8;i++)
        scanf("%d",&b[i]);
    printf("initial values of array b are:\n");
    for(i=0;i<8;i++)
        printf("%d ",b[i]);
    nzp(b,8);
    printf("\nlast values of array b are:\n");
    for(i=0;i<8;i++)
        printf("%d ",b[i]);
}
```

程序运行结果如下：

```
input 8 numbers:
2 5 6 0 -3 -7 12 9↙
initial values of array b are:
2 5 6 0 -3 -7 12 9
values of array are:
2 5 6 0 0 0 12 9
last values of array b are:
2 5 6 0 0 0 12 9
```

本程序 nzp 函数中，定义形参数组 a 时并未给出长度，数组长度是由另一形参变量 n 确定。在 main 函数中，函数调用语句为 nzp(b,8)，其中实参 8 将赋予形参 n 作为形参数组的长度。

【例 7-24】 把一个整数插入已按由大到小顺序排好序的数组中。要求插入后数组仍按原来的排序规律排列。

编程点拨：为了把一个数插入到已排好序的数组中，可把要插入的数与数组中各元素的值逐个比较，当找到第一个比插入数小的元素 a[i] 时，该元素之前即为插入位置。然后从数组最后一个元素开始到该元素为止，逐个后移一个单元。最后把插入数赋予元素 a[i] 即可。如果被插入数比所有的元素值都小，则插入到最后位置。

可定义一个函数 insert(int a[],int n,int x) 实现将数 x 插入到数组 a 中合适位置的功能。

用函数实现的程序如下：

```
#include <stdio.h>
void insert(int a[],int n,int x)
{   int s,i;
    for(i=0;i<n;i++)                    /* 对数组元素从前往后逐个与 x 比较 */
        if(x>a[i])                      /* 找到第一个比 x 小的数 a[i] */
        {   for(s=n-1;s>=i;s--)         /* 将 a[n-1]~a[i] 逐个后移一个单元 */
                a[s+1]=a[s];
            break;
        }
```

```
        a[i]=x;                          /* 将 x 插入到 a[i] 的位置 */
    }
    void main()
    {
        int i,j,s,x,a[11]={127,98,87,54,48,44,37,25,20,18};
        printf("\ninput number:");
        scanf("%d",&x);                     /* 输入要插入的数 x */
        insert(a,10,x);                     /* 调用函数 insert */
        printf("\n output array:");
        for(i=0;i<11;i++)                   /* 输出插入后的数组 */
            printf("%d  ",a[i]);
        printf("\n");
    }
```

程序运行结果如下：

input number:33✓

output array: 127 98 87 54 48 44 37 33 25 20 18

思考：若要求把一个数插入已按由小到大顺序排好序的数组中，程序该如何修改？

举一反三

（1）若将例 7-2 中的"求出最高分以及序号"编写成函数，程序如何改写？

提示：可定义一个函数 int find_max(float s[],int n)。

其中数组 s 表示学生成绩，n 表示学生人数，相应的值在主函数中输入，函数返回值代表要求的最高分的序号（即下标）。

（2）若将例 7-3 中的"对某门课成绩按分数从低到高进行排序"编写成函数，程序如何改写？

提示：可参看例 7-21。

（3）若将例 7-4 中的"判断输入的数是否是数组 a 中的数"编写成函数，程序如何改写？

提示：可定义一个函数 int find(int a[],int x)。

其中 a 表示已排好序的数组，x 表示要查找的数，相应的值在主函数中输入，函数返回值表示查找结果（若小于 0，表示"未找到"；否则，表示相应位置）。

（4）若将例 7-9 中的"将一个无符号整数转换成二进制字符串"编写成函数，程序如何改写？

提示：可定义一个函数 void fun(unsigned n,char str[])。

其中 n 表示输入的无符号整数，相应的值在主函数中输入，str 表示要求的二进制字符数组。

7.4.2 用多维数组名作为函数参数

多维数组名作为函数的参数与一维数组情况相似。

用多维数组名作为函数参数时，在被调函数中定义形参数组可以指定每一维的长

度,也可省去第一维的长度。例如,以下对于二维数组 a 的写法都是合法的:

```
int fun(int a[3][10])
```

或

```
int fun(int a[][10])
```

要注意,不能把第二维以及其他高维的大小说明省略。例如下面的写法是不合法的:

```
int fun(int a[3][])
```

下面举一个实例来说明二维数组名作为函数参数的情况。

【例 7-25】　在矩阵 a 中选出各行最大的元素组成一个一维数组 b。例如:

$$a = \begin{bmatrix} 3 & 16 & 87 & 65 \\ 4 & 32 & 11 & 108 \\ 10 & 25 & 12 & 37 \end{bmatrix} \quad b = \begin{bmatrix} 87 & 108 & 37 \end{bmatrix}$$

编程点拨:本题的编程思路是定义一个二维数组 a 存放矩阵值,在数组 a 的每一行中寻找最大的元素值,找到之后把该值赋予数组 b 相应的元素即可。如何找最大值呢?可仿照例 7-2 介绍的方法。

程序如下:

```
#include <stdio.h>
void fun(int a[][4],int b[])                   /*求矩阵 a 中各行的最大元素并保存到 b 中*/
{   int i,j;
    for(i=0;i<=2;i++)
    {   b[i]=a[i][0];                          /*先取第 i 行的第一个数给 b[i]*/
        for(j=1;j<=3;j++)                      /*b[i]依次与第 i 行的其他数比较*/
            if(a[i][j]>b[i]) b[i]=a[i][j];
    }
}
void main()
{   int a[][4]={3,16,87,65,4,32,11,108,10,25,12,37};
    int b[3],i,j;
    fun(a,b);                                 /*调用函数求 a 中各行的最大值给 b*/
    printf("\narray a:\n");
    for(i=0;i<=2;i++)                         /*输出 a 数组*/
    {   for(j=0;j<=3;j++)
            printf("%5d",a[i][j]);
        printf("\n");
    }
    printf("array b:\n");
    for(i=0;i<=2;i++)                         /*输出 b 数组*/
        printf("%5d",b[i]);
    printf("\n");
```

```
}
```

程序运行结果如下：

```
array a:
 3  16  87   65
 4  32  11  108
10  25  12   37
array b:
87  108  37
```

举一反三

(1) 若将例 7-6 中的"将一个二维数组行和列互换,存到另一个二维数组中"编写成函数,程序如何改写?

提示：可定义一个函数 void fun1(int a[2][3],int b[3][2])。

其中 a 表示已知的二维数组,相应的值在主函数中输入,b 表示将 a 行和列互换后的数组。

(2) 若将例 7-7 中的"求杨辉三角形"编写成函数,程序如何改写?

提示：可定义一个函数 void fun2(int a[][N],int n)。

其中 a 用来存放所求的 n×n 阶杨辉三角形。

(3) 若将例 7-8 中的"求魔方阵"编写成函数,程序如何改写?

提示：可定义一个函数 void fun3(int a[][N],int n)。

其中 a 用来存放所求的 n×n 阶魔方阵。

复习与思考

(1) 数组如何定义? 数组元素如何引用? 如何初始化数组? 数组在内存中的存储情况怎样?

(2) 数组的输入与输出可采用哪些方法?

(3) 对字符数组的操作有哪些常用函数? 各自的功能如何?

(4) 数组名作为函数参数时如何传递?

习 题 7

1. 选择题

(1) 若有以下数组说明,则数值最小和最大的元素下标分别是_____。

```
int a[12]={1,2,3,4,5,6,7,8,9,10,11,12};
```

A. 1,12   B. 0,11   C. 1,11   D. 0,12

(2) 以下合法的数组定义是_____。

A. int a[3][]={0,1,2,3,4,5}；　　　　B. int a[][3]={0,1,2,3,4}；

C. int a[2][3]={0,1,2,3,4,5,6}；　　D. int a[2][3]={0,1,2,3,4,5,}；

(3) 以下合法的数组定义是_____。

A. char a[]="string"；　　　　　　B. int a[5]={0,1,2,3,4,5}；

C. char a="string"；　　　　　　　D. char a[]={0,1,2,3,4,5}

(4) 以下不合法的数组定义是_____。

A. char a[3][10]={"China","American","Asia"}；

B. int x[2][2]={1,2,3,4}；

C. float x[2][]={1,2,4,6,8,10}；

D. int m[][3]={1,2,3,4,5,6}；

(5) 已知：

```
char a[][20]={"Beijing","shanghai","tianjin","chongqing"};
```

语句 printf("%c",a[3][1])；的输出是_____。

A. t　　　　　　B. n　　　　　　C. h　　　　　　D. 数组定义有误

(6) 对字符数组 str 赋初值，str 不能作为字符串使用的是_____。

A. char str[]="shanghai"；

B. char str[]={"shanghai"}；

C. char str[9]={'s','h','a','n','g','h','a','i'}；

D. char str[8]={ 's','h','a','n','g','h','a','i'}；

(7) 语句 printf("%d\n", strlen("ats\no12\1\\　"))；的输出结果是_____。

A. 11　　　　　　B. 10　　　　　　C. 9　　　　　　D. 8

(8) 函数调用语句 strcat(strcpy (str1,str2),str3)；的功能是_____。

A. 将字符串 str1 复制到字符串 str2 中后，再连接到字符串 str3 之后

B. 将字符串 str1 连接到字符串 str2 之后，再复制到字符串 str3 之后

C. 将字符串 str2 复制到字符串 str1 中后，再将字符串 str3 连接到字符串 str1 之后

D. 将字符串 str2 连接到字符串 str1 之后，再将字符串 str1 复制到字符串 str3 中

(9) 设有二维数组定义如下，则不正确的数组元素引用是_____。

```
int a[3][4]={1,2,3,4,5,6,7,8,9,10,11,12};
```

A. a[2][3]　　　　　　　　　　B. a[a[0][0]][1]

C. a[7]　　　　　　　　　　　 D. a[2]['c'—'a']

(10) 以下程序的输出结果是_____。

```
#include <stdio.h>
void main()
{   char cf[3][5]={"AAAA","BBB","CC"};
    printf("\"%s\"\n",ch[1]);
```

```
    }
```

　　　　A. "AAAA"　　　B. "BBB"　　　　C. "BBBCC"　　　　D. "CC"

(11) 设已定义 char c[8]="Tianjin";和 int j;,则下面的输出函数调用中错误的是_____。

　　　　A. printf("%s",c);

　　　　B. for(j=0;j<8;j++) printf("%c",c[j]);

　　　　C. puts(c);

　　　　D. for(j=0;j<8;j++) puts(c[j]);

(12) 设已定义 char a[10];和 int i;,则下面输入函数调用中错误的是_____。

　　　　A. scanf("%s",a);

　　　　B. for(j=0;j<9;j++) scanf("%c",a[j]);

　　　　C. gets(a);

　　　　D. for(j=0;j<9;j++) scanf("%c",&a[j]);

(13) 若用数组名作为函数调用时的实参,则实际上传递给形参的是_____。

　　　　A. 数组首地址　　　　　　　　　B. 数组的第一个元素值

　　　　C. 数组中全部元素的值　　　　　D. 数组元素的个数

2. 填空题

(1) 以下程序的输出结果是_____。

```
#include <stdio.h>
void main()
{   int i,a[10];
    for(i=9;i>=0;i--)
        a[i]=10-i;
    printf("%d%d%d",a[2],a[5],a[8]);
}
```

(2) 以下程序的输出结果是_____。

```
#include <stdio.h>
void main()
{   int a[4][4]={{1,3,5},{2,4,6},{3,5,7}};
    printf("%d%d%d%d\n",a[0][3],a[1][2],a[2][1],a[3][0]);
}
```

(3) 以下程序的输出结果是_____。

```
#include <stdio.h>
#include <string.h>
void main()
{   char st[20]="hello\0\t\\\";
```

```
    printf("%d %d \n",strlen(st),sizeof(st));
}
```

（4）以下程序的输出结果是_____。

```
#include <stdio.h>
void main()
{   int a[6]={12,4,17,25,27,16},b[6]={27,13,4,25,23,16},i,j;
    for(i=0;i<6;i++) {
        for(j=0;j<6;j++)
            if(a[i]==b[j])break;
            if(j<6) printf("%d ",a[i]);
    }
    printf("\n");
}
```

（5）以下程序的输出结果是_____。

```
#include <stdio.h>
void main()
{   int a[][3]={9,7,5,3,1,2,4,6,8};
    int i,j,s1=0,s2=0;
    for(i=0;i<3;i++)
        for(j=0;j<3;j++) {
            if(i==j) s1=s1+a[i][j];
            if(i+j==2) s2=s2+a[i][j];
        }
    printf("%d\n%d\n",s1,s2);
}
```

（6）以下程序的输出结果是_____。

```
#include <stdio.h>
#include <string.h>
void main()
{   char str1[]="*******";
    for(int i=0;i<4;i++) {
        printf("%s\n",str1);
        str1[i]=' ';
        str1[strlen(str1)-1]='\0';
    }
}
```

（7）以下程序的输出结果是_____。

```
#include <stdio.h>
int fun(int a[][4],int m)
{   int k,j s=0;
```

```
    for(k=0 k<3;k++)
        for(j=0;j<4;j++)
          if(a[k][j]<m) s+=a[k][j];
    return s;
}
void main()
{   int a[3][4]={1,3,2,5,7,12,11,9,8,10,0,4};
    int i,j,m=10;
    printf("%d\n",fun(a,m));
}
```

(8) 以下程序的输出结果是_____。

```
#include <stdio.h>
int f(int a[],int n)
{   if(n>1)
        return a[0]+f(&a[1],n-1);
    else return a[0];
}
void main()
{   int aa[3]={1,2,3},s;
    s=f(&aa[0],3);
    printf("%d\n",s);
}
```

(9) 以下程序的功能是_____。

```
#include <stdio.h>
#include <string.h>
void main()
{   char  str[10][80],c[80];
    int  i;
    for(i=0;i<10;i++)
        gets(str[i]);
    strcpy(c,str[0]);
    for(i=1;i<10;i++)
        if(strlen(c)<strlen(str[i]))
            strcpy(c,str[i]);
    printf("%s\n",c);
    printf("%d\n",strlen(c));
}
```

(10) 以下程序的功能是_____。

```
#include <stdio.h>
void main()
{   int  i,j;
```

```
    float a[3][3],b[3][3],x;
    for(i=0;i<3;i++)
        for(j=0;j<3;j++)
        {   scanf("%f",&x);
            a[i][j]=x;
        }
    for(i=0;i<3;i++)
        for(j=0;j<3;j++)
            b[j][i]=a[i][j];
    for(i=0;i<3;i++){
        printf("\n");
        for(j=0;j<3;j++)
            printf("%f",b[i][j]);
    }
}
```

（11）下面程序的功能是将字符串 s 中的每个字符按升序的规则插到数组 a 中，字符串 a 已排好序。请完善程序。

```
#include<stdio.h>
#include<string.h>
void main()
{   char a[20]="cehiknqtw";
    char s[]="fbla";
    int i,k,j;
    for(k=0;s[k]!='\0';k++)
    {   j=0;
        while(s[k]>=a[j]&&a[j]!='\0') j++;
        for(   (1)   )
            (2)   ;
        a[j]=s[k];
    }
    puts(a);
}
```

（12）下面程序的功能是将字符串 s 中所有的字符'c'删除。请完善程序。

```
#include<stdio.h>
void main()
{   char s[80];
    int i,j;
    gets(s);
    for(i=j=0;s[i]!='\0';i++)
        if(s[i]!='c')   (1)   ;
    s[j]=   (2)   ;
    puts(s);
```

```
}
```

（13）下面程序的功能是显示具有 n 个元素的数组 s 中的最大元素。请完善程序。

```
#define N 20
#include<stdio.h>
void main()
{   int i,a[N];
    for(i=0;i<N;i++)
        scanf("%d",&a[i]);
    printf("%d\n",__(1)__);
}
int fmax(int s[],int n)
{   int k,p;
    for(p=0,k=p;p<n;p++)
        if(s[p]>s[k])__(2)__;
    return k;
}
```

3. 编程题

（1）编写程序，输入 10 个实数，计算并输出这 10 个数的平均值。

（2）编写程序，输入 10 个整数存入一个一维数组中，再按逆序重新存放后输出。

（3）编写程序，求一个 n×n(n<10)矩阵对角线元素之和。

（4）编写程序，输入一个字符串，求该字符串的有效长度。要求不能使用系统函数。

（5）编写程序，输入两个字符串（小于 40 个字符），连接后输出。要求不能使用系统函数。

（6）编写程序，找出一个二维数组中的鞍点，即该位置上的元素在该行上最大，在该列上最小。也可能没有鞍点。

（7）编写程序，输入一个字符串，将其中所有的大写英文字母+3，小写英文字母-3，然后输出处理后的字符串。

（8）编写程序，输入 3 行字符串。要求分别统计出其中英文大写字母、小写字母、数字、空格以及其他字符的个数。

（9）编写程序，设有两个按由小到大顺序排列好的一维数组，要求将这两个数组合并存放到另一个一维数组中，并保证合并后的一维数组也是有序的。

（10）编写程序，从键盘输入 10 个整数，用插入法对输入的数据按照从小到大的顺序进行排序，将排序后的结果输出。

（11）编写程序，以字符形式输入一个十六进制数，将其变换为一个十进制整数后输出。

（12）对数组 A 中的 N(0<N<100)个整数从小到大进行连续编号，编写程序输出各个元素的编号。要求不能改变数组 A 中元素的顺序，且相同的整数要具有相同的编号。例如数组是 A=(5,3,4,7,3,5,6)，则输出为(3,1,2,5,1,3,4)。

第 8 章

指　针

冯·诺依曼式计算机的一个重要特征是存储程序的工作方法。也就是说,当需要运行一个程序时,计算机首先将这个程序装入内存。因此一个运行中的程序,其所有的元素都驻留在内存中的某个位置,常称之为内存的地址。常见的计算机系统使用连续的地址,从 0 开始,直到该计算机的内存上限。

考察下面的例 8-1 程序,函数 fun 用来求复数的乘积,复数通常由实部和虚部组成,即复数表示为 a=x+yi。C 语言不直接支持复数,所以需要使用两个实数来分别表达一个复数的实部和虚部。fun 函数接受 4 个实数作为形参,其中 x1、y1 表示复数 1,x2、y2 表示复数 2。由于函数通过 return 语句只能带回一个返回值,因此 fun 函数通过全局变量返回复数的乘积 x+yi。

【例 8-1】　求复数的乘积。

```c
#include <stdio.h>
float x,y;
void fun(float x1,float y1,float x2,float y2)
{
    x=x1 * x2-y1 * y2;
    y=x1 * y2+x2 * y1;
    printf("%-9s%9s%9s%9s%9s%9s%9s\n","name","x","y","x1","y1","x2","y2");
    printf("%-9s%9.1f%9.1f%9.1f%9.1f%9.1f%9.1f\n","value",x,y,x1,y1,x2,y2);
    printf("%-9s%9p%9p%9p%9p%9p%9p\n","addr",&x,&y,&x1,&y1,&x2,&y2);
}
void main()
{
    float x1,y1,x2,y2;
    scanf("%f%f,%f%f",&x1,&y1,&x2,&y2);
    fun(x1,y1,x2,y2);
    printf("result=%.1f+%.1fi\n",x,y);
    printf("%-9s%9s%9s%9s%9s%9s%9s\n","name","x","y","x1","y1","x2","y2");
    printf("%-9s%9.1f%9.1f%9.1f%9.1f%9.1f%9.1f\n","value",x,y,x1,y1,x2,y2);
    printf("%-9s%9p%9p%9p%9p%9p%9p\n","addr",&x,&y,&x1,&y1,&x2,&y2);
}
```

在 fun 函数和 main 函数中的 printf 函数里通过格式符输出这些元素的地址和值。其中%p 格式符用来输出地址。运行程序并输入"1.0 1.0,2.0 −2.0",其输出结果如图 8-1 所示。

```
1.0 1.0,2.0 -2.0
name            x         y        x1       y1       x2       y2
value          4.0       0.0       1.0      1.0      2.0     -2.0
addr      00429974 00429970 0012FF14 0012FF18 0012FF1C 0012FF20
result=4.0+0.0i
name            x         y        x1       y1       x2       y2
value          4.0       0.0       1.0      1.0      2.0     -2.0
addr      00429974 00429970 0012FF7C 0012FF78 0012FF74 0012FF70
```

图 8-1 例 8-1 的输入和运行结果

8.1 指针的概念

变量在内存中会占用一定的连续字节空间,每个字节具有的唯一编号称为地址。不同类型的变量,其大小不同,占据的字节数也各不相同。例如,在 Visual C++ 6.0 编译环境下,字符类型占据 1 字节,short 类型占据 2 字节,而 int 类型占据 4 个字节。从例 8-1 的运行结果可以看出,main 函数内,单精度浮点变量 x1、y1、x2、y2 占用 4 字节内存。对应的 fun 函数中,单精度浮点形参变量的地址也是连续分配的。C 语言可以使用 printf 函数的%p 格式符以十六进制输出这些地址。

变量的地址称为指针。可以定义一种特殊的变量保存另一个变量的地址,这种保存指针的变量称为指针变量。如果 p 是一个指针变量,保存了变量 v 的地址,则可以称为 p 指针指向 v,或者说 p 间接引用了 v。在对象图表中,可以使用箭头表示这种指向关系。由于指针变量可以在程序执行过程中先后指向不同的变量,因此可以给程序设计带来极大的灵活性。在不影响理解的前提下,后面把指针变量简称为指针。

Visual C++ 6.0 使用在 Windows 环境下,其内存地址使用 4 字节共 32 位表示,这样可以使用的内存达到 2^{32} 字节,即 4GB 内存大小。在这种情况下,一个指针变量占用内存的大小是 4 字节。

定义指针变量的一般形式为:

基本类型　　*指针变量名;

例如:

```
int  *pi;
int  *pj,*pk;
```

指针的基本类型表明了指针可以引用的变量的类型。尽管指针在程序执行过程中可以先后指向不同的对象,但是不能指向与基本类型不同的对象。因此在上例中,三个指针变量都只能指向整型变量,不能指向其他类型的变量。

当定义好一个指针变量后,C 语言编译器便为该指针变量分配一块内存,但该指针变量在初始化前所保存的值是一个随机值,可能是内存中任何一个地址,而该地址上的对象并无任何意义，也有可能是系统重要数据的地址，对该地址进行任何操作将导致无法预料的后果。这样不指向有效地址的指针变量称为无效指针。有些无效指针的引用会立即发生错误，而另外一些无效指针的引用则并不是立即有所表现，这种隐蔽的错误会给系统带来很大的危害。

为避免随机指针可能造成的混乱，C 语言将 0 地址单元作为一种特殊的地址单元，记为 NULL（空指针）。当指针所保存的值为 NULL 时，表示不指向任何有效对象。这样，当指针未使用时，可以将值设置为 NULL，在指针不再指向有效值时，也应该将之设置为 NULL，以避免指向随机内存位置。一种稳妥的方式是在指针定义时就初始化为 NULL。

例如：

```
int * p=NULL,i=3, * pi=&i, * pj;
```

在上例中，int * p＝NULL 表示定义指针 p 并将其初值赋为 NULL。其后定义了整型变量 i 和指针 pi，并将 pi 的初值指向 i 变量。最后指针 pj 没有被初始化，其指向地址是一个随机地址，属于无效指针。以上各指针的指向关系如图 8-2 所示。

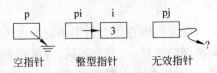

图 8-2　指向不同对象的指针

使用指针初始化需要注意，指针必须指向一个在此之前已经被定义的变量，未经定义的变量无法获得其地址。例如，int * pj＝&j，j＝5；这条定义将导致语法错误。因为在定义 pj 指针时 j 变量尚未被定义，因而无法给 pj 以有效地址。

8.2　指针的操作

8.2.1　取地址运算符"&"与指针运算符" * "

（1）取地址运算符"&"。在使用 scanf 函数进行输入时，需要使用"&"运算符指明输入对象的地址。显而易见，取地址运算符的运算对象必须是保存在内存中，具有内存地址单元的对象，因此无法对表达式做取地址运算。

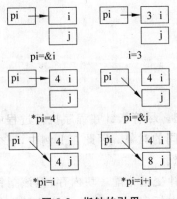

图 8-3　指针的引用

使用"&"运算符需要注意，只能取实际存在的变量的地址，而不能对表达式取地址。例如在一个简化的系统中，在定义 int i, * pi;后，若系统给 i 分配的地址是 2000，则执行 pi＝&i 后，pi 变量所存储的实际值为 2000。在实际程序运行时，情况可能复杂一些。观察例 8-2 的运行情况，指针和所指向对象的关系如图 8-3 所示。程序中变量的地址可能是一个 4 字节数，而且是地址较高的某个位置，是一个较大的值。

（2）指针运算符" * "。指针运算符是取地址运算符的逆运算。p＝&i 表示将 i 变量的地址赋值给 p， * p 则表示 p 指针保存地址所代表的对象。如前所述，若有定义 int i, * pi 以及赋值 pi = &i 后，* pi = 1 表示将 1 赋值给 pi 变量所保存的地址所在的变量，即 2000 开始的 4 字节整型变量，也就是 i 变量。所以 * pi = 1 等价于 i = 1。这种通过保存在指针变量 pi 中的值间接地指示存取变量 i 的方式可以叫做间接引用，或者间接寻址。

【例 8-2】 观察指针和所指向对象的关系。

```
void main()
{
    int  i,j, * pi;
    pi=&i;
    i=3;
     * pi=4;
    pi=&j;
     * pi=i;
     * pi=(i+j);
}
```

关于指针运算符"＊"的几个注意要点：

(1) 区分指针和乘法。

运算符"＊"出现在很多地方。在乘法运算"＊"和复合赋值运算符"＊＝"中，"＊"表示乘法；在指针相关运算中，"＊"表示指针运算符。一个简易区分的方法是乘法运算符是双目运算符，而指针运算符为单目运算符。

例如，若有下面代码片断：

```
int  * pi, * pj,i=2 * 2,j=4;
pi=&i,pj=&j;
 * pi=i * j;
j= * pi * 5;
i= * pi**pj;
```

第一行中 pi 和 pj 前面的"＊"两边只有一个运算元，因此为单目运算符，即表示指针；而给 i 变量赋初值用的 2 * 2 中，"＊"两边有两个运算元，因此作为乘法运算符。

第三行中，第一个"＊"为单目运算符，第 2 个"＊"为双目运算符，因此分别表示指针和乘法。

在第四行中，同样第一个 * 表示指针，而第 2 个"＊"表示乘法。由于指针运算的优先级高于乘法运算，因此这行可以解释为 j =（ * pi）* 5;。

在第五行中有多个"＊"。第一个"＊"显然是指针运算符，而第二个"＊"为乘法，第三个"＊"为指针。这行可以解释为 i =（ * pi）*（ * pj）;。

(2) 区分定义中的 * 和运算中的"＊"。

例如，观察下面两行代码片断：

```
int  i, * pi=&i;
pi=&i;
```

这个例子中，为什么第一行是 * pi = &i;，第二行是 pi = &i;，两者形式为何不一致？

初学者容易在这里被迷惑。这个要从定义的具体内容来理解。第一行是定义同时赋初值的语句，其定义的对象是 pi 而不是 ＊pi，因此可以理解为等价于下面的程序片断：

```
int  i,＊pi;   pi=&i;
```

既然定义的变量（或者说对象）是 pi，那么赋初值的对象当然也是 pi。

（3）通常当指针变量指向某一个确切变量的时候，可以将变量和指针从形式上进行替换。

例如在上例中，pi＝&i 以后，凡是出现 i 的地方，通常都可以用 ＊pi 来替换，而出现 pi 的地方也可以使用 &i 来替换。

8.2.2　指针作为函数参数

C 语言中函数的参数传递采用了值传递的方式。在函数调用过程中，将主调函数中实参的值复制到被调用函数的形参里。这种传递是单向传递，函数若修改形参变量，不会影响到主调函数中实参的值。

被调用函数向主调函数传值可以通过 return 语句。但是 return 语句受到限制，只能传回最多一个返回值。在某些场合，需要函数传回两个或者更多的值，此时可以采用类似地址传递的方式，将主调函数的变量地址传递给被调函数，被调用函数通过这些地址间接地修改变量的值，从而影响到主调函数中对应变量的值。

考虑设计函数 swap 来交换两个变量的值。例 8-3 和例 8-4 比较了值传递和地址传递的区别。

【例 8-3】　fail_swap 函数。

```
#include <stdio.h>
void fail_swap(int a,int b)
{
    int c;
    c=a;a=b;b=c;
}
void main()
{
    int x=4,y=3;
    fail_swap(x,y);
    printf("%d\t%d\n",x,y);
}
```

在例 8-3 中，主调函数 main 向被调用函数 fail_swap 传递参数 x,y。在被调函数 fail_swap 中通过形参 a,b 接收 main 传入的参数，相当于存在赋值语句 a＝x,b＝y。当 fail_swap 函数完成交换时，因为形参的改变不影响实参，所以尽管 a,b 是交换了，但是 x,y 的值却没有变化。程序的输出值仍然是 4,3。参数传递如图 8-4 所示。

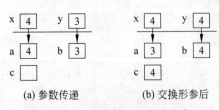

(a) 参数传递　　　　(b) 交换形参后

图 8-4　修改形参不能影响实参

【例 8-4】 well_swap 函数。

```c
#include <stdio.h>
void well_swap(int * pa,int * pb)
{
    int c;
    c= * pa; * pa= * pb; * pb=c;
}
void main()
{
    int x=4,y=3;
    well_swap(&x,&y);
    printf("%d\t%d\n",x,y);
}
```

例 8-4 中,well_swap 函数参数是两个整型指针,在主调函数 main 调用 well_swap 函数时,传递的实参是 x,y 的地址 &x,&y。因此传递完成后,pa 和 pb 分别指向主调函数中的 x,y。在发生交换时,采用了间接引用的方式,c= * pa 是将 pa 所指向的变量(x)的值赋值给 c, * pa= * pb 是将 pb 所指向的变量(y)的值赋值给 pa 所指向的变量(x),最后 * pb＝c 完成交换。参数传递如图 8-5 所示。

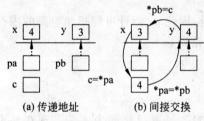

图 8-5 通过地址传递可以间接修改主调函数中的变量

从这个例子可以看出,C 语言的函数参数传递都是值传递,但是可以以指针形式传递变量的地址,在被调用函数中间接引用这些变量。这样为函数间双向传递数据增加了途径。

使用指针编程,需要清醒地区分是直接引用指针本身还是间接引用指向对象。例 8-5 是一个错误引用的例子。

【例 8-5】 fail_swap2 函数。

```c
#include <stdio.h>
void fail_swap2(int * pa,int * pb)
{
    int * pc;
    pc=pa;pa=pb;pb=pc;
}
void main()
{
    int x=4,y=3;
    fail_swap2(&x,&y);
    printf("%d\t%d\n",x,y);
}
```

该例在子函数内仅仅交换了 pa 和 pb 指针,使之指向不同的变量,并未交换原始变量的值,因此输出结果仍然是 4,3。参数传递如图 8-6 所示。

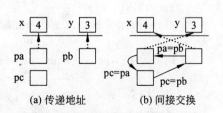

图 8-6 混淆指针与对象导致程序出错

使用指针编程，还需要注意间接引用指针时，指针必须已经指向有效的变量，否则将可能导致系统出错。

【例 8-6】 bad_swap 函数。

```c
#include <stdio.h>
void bad_swap(int * pa,int * pb)
{
    int * pc;
    * pc= * pa; * pa= * pb; * pb= * pc;
}
void main()
{
    int x= 4,y=3;
    bad_swap(&x,&y);
    printf("%d\t%d\n",x,y);
}
```

此例在执行 * pc= * pa 时，pc 尚未指向有效变量，因此 pc 指针可能指向重要的内存变量，向该内存变量保存值可能会导致系统产生严重错误。

8.2.3　使用指针的应用举例

【例 8-7】 在小学曾经学习过带分数的化简，例如 $2\frac{19}{8}$ 可以化简为 $4\frac{3}{8}$。现在要求设计一个函数来完成这个任务。

编程点拨：分数的原型是 $a\frac{b}{c}$，化简以后得到新的 a,b,c。假定 a,b 均为大于 0 的正整数，c 为大于 1 的正整数。显然函数将修改 a,b,c 三个变量的值，所以需要通过指针来向函数传递 a,b,c 的地址。

```c
#include <stdio.h>
void  fun(int * pa,int * pb,int * pc);
void main()
{
    int a,b,c;
    printf("input a,b,c>");
    scanf("%d,%d,%d",&a,&b,&c);
    fun(&a,&b,&c);
    printf("The result : %d,%d,%d\n",a,b,c);
}
void fun( int * pa,int * pb,int.* pc)
{
    int i=2;
    * pa+= * pb/ * pc;
    * pb= * pb% * pc;
```

```
    while(i<= * pb)
    {
        if( * pb%i==0&& * pc%i==0)
        {
            * pb/=i;
            * pc/=i;
        }
        else
            i++;
    }
}
```

在上面这个例子中,主调函数 main 调用了被调函数 fun,传递给 fun 函数的是主调函数中某个变量的地址。在 fun 函数中通过修改形参所指向的地址来修改主调函数中变量的值。

作为形参传递到 fun 函数的变量 pa,pb,pc 保存了主调函数 main 的变量的地址,因此可以通过修改这三个指针变量所指向的变量来间接修改主调函数中变量的值。

8.3　数组和指针

8.3.1　指向数组元素的指针

数组由多个同名同类型元素按序排列,可以使用指针指向其数组元素。在下面例 8-8 的程序片断中,通过指针 pi 按顺序间接引用 a 数组中每个元素,并给这些数组元素赋值。引用关系如图 8-7 所示。

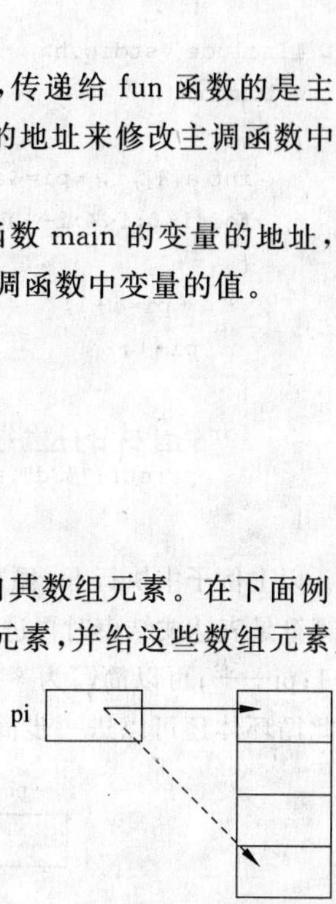

【例 8-8】　使用指针引用数组元素。

图 8-7　使用指针遍历数组元素

```
# include <stdio.h>
void main()
{
    int a[4],i, * pi;
    pi=&a[0];
    for(i=0;i<4;i++)
    {
        pi=&a[i];
        * pi=i+1;
    }
    for(i=0;i<4;i++)
        printf("%3d",a[i]);
}
```

输出结果为:

```
  1   2   3   4
```

在 C 语言中，数组名表示数组第一个元素的地址。也就是说，在上例中，数组名 a 表示 &a[0]。则上例中 pi＝&a[0]；可以写成 pi＝a；。

8.3.2　指针与整数的加减法

C 语言规定指针和整数相加表示指针向后移动整数个元素。若定义了数组 int a[4]；，并且有 int ＊ p＝&a[0]让指针 p 指向 a 数组的第 0 个元素，则 p＋1 指向 a[1]，p＋n 指向 a[n]，p＋＋表示 p 向后指一个元素。因此例 8-8 又可以改写为例 8-9 的指针形式。

【例 8-9】　使用指针自增引用数组元素。

```
# include <stdio.h>
void main()
{
    int a[4],i, * pi=&a[0];
    for(i=0;i<4;i++)
    {
        * pi=i+1;
        pi++;
    }
    for(i=0;i<4;i++)
        printf("%3d",a[i]);
}
```

以上例子中执行 for 循环前后，指针位置的改变情况如图 8-8 所示。由于后缀"＋＋"运算符是表达式结束时再进行加一运算，所以在例 8-9 中，第一个 for 循环的循环体 ＊ pi＝i+1；pi＋＋；可以简写为 ＊（pi＋＋）＝i+1；。由于＋＋运算符的运算次序是从右向左，因此循环体还可以进一步简化为 ＊ pi＋＋＝i+1；。

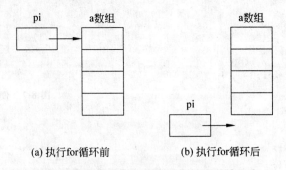

(a) 执行for循环前　　　　　　(b) 执行for循环后

图 8-8　注意指针循环结束时指针位置被改变

注意到，在这个循环里，pi 增加了 4 次，最后一次执行 pi＋＋的时候，pi 指针越过了数组的边界。因为有可能在数组 a 后面的内存是其他变量的内存空间，此处对 pi 的引用操作将变得非常危险，有可能导致其他变量的值未经任何操作而改变，使程序产生奇怪的结果。这种因为非法指针导致的错误非常难以查找，在书写程序时应该随时保持警惕，使用指针前一定要确信其在有效范围内。

类似指针的加法运算,指针减去整数 n 表示指针前的第 n 个元素地址。若有以下定义:

```
int a[4],*pi,*pj,*pk;
pi=&a[0];
pj=pi+3;
pk=pj-1;
```

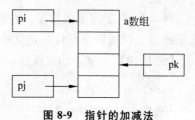

图 8-9　指针的加减法

将使 pj 指向 a[3],而 pk 指向 a[2]。如图 8-9 所示。

由于数组名表示数组首元素地址,因此 pi = &a[0]又可以写成 pi=a;,而 pj=pi+3 也可以直接写成 pj=a+3。

8.3.3　指针的类型与指针间的减法

现代的 C 语言规定,定义指针时需要声明指针所指向对象的类型,指针只能指向与其基本类型一致的变量。例如,定义为指向 int 变量的指针不可以保存 float 类型的地址,即使 int 和 float 变量占用内存的大小都是 4 字节。若存在定义 int i;float * p;,则 p=&i 将导致编译时语法错误。

在某些指针的应用中,允许通过强制类型转换将一种类型的地址转换为另外一种类型的地址。例如上述 int i;float * p;语句 p=(float *)&i 在语法上成立,表示将整型变量的地址强制转换为浮点类型赋值给 p 指针。

void 作为函数的返回值类型,表示函数不返回任何值。void 通常不作为变量的类型而定义,但是可以定义指向 void 的指针,C 语言允许使用这种指针保存任何类型的地址。

例如,若有定义:

```
int i,*pi;float f,*pf;char ch,*pch;void*pv;
```

则表达式 pv=&i、pv=&f、pch=&ch 在语法上都是正确的。注意,反之 pi=pv、pf=pv、pch=pv 都将产生语法错误。由 void 指针向普通指针的赋值则需要通过前述强制类型转换的过程:

```
pi=(int * )pv; pf=(float * )pv; pch=(char * )pv;
```

相同类型的指针可以做减法运算,表示两个指针间相差的元素个数。举例而言,在同一个数组中,允许有多个不同的指针指向数组中不同的元素,则可以使用指针间的减法来判断这些指针的指向元素的先后关系。在图 8-9 中,pk-pi 得到整型值 2,而 pk－pj 得到－1,表示 pk 指向 pi 后两个元素,且 pk 指向 pj 前一个元素。

不同类型的指针不允许做减法运算。void 指针也不允许进行指针减法,因为并不存在 void 类型的变量,编译器无法确定指针实际应该变化的数值。

8.3.4　指向字符串的指针

在第 7 章已经学习过使用数组表示字符串,利用字符数组的存储空间来保存字符串。对于字符串的操作，可以通过数组或者指针两种形式来进行。相比较数组，使用指针进行操作往往具有效率上的优势，在算法上也比较直观，但是在程序设计上要注意指针的特色。

例 8-10 求字符串的长度。在第 7 章学习过求串长可以使用系统提供的函数 strlen，这里通过字符指针来设计自定义的 my_strlen 函数。

【例 8-10】 my_strlen 函数。

```c
#include <stdio.h>
int my_strlen(char * pstr)
{
    int l=0;
    char * p;
    for(p=pstr; * p!='\0';p++)
        l++;
    return l;
}
void main()
{
    char s[256], * ps=s;
    gets(ps);
    printf("%d\n",my_strlen(ps));
}
```

在这个例子中，使用了局部变量 p 扫描了整个字符串，直到检索到字符串结束标识 '\0' 为止。注意到局部变量 pstr 保持了传入的值，在程序执行过程中未改变过。因为 pstr 参数是通过值传递传入的，若是在 my_strlen 函数中修改 pstr 的值不会改变主调函数中 ps 的值，所以在函数 my_strlen 中可以使用 pstr 作为遍历变量，这样可以节省一个变量的使用。例 8-11 为修改后的部分程序片段。

【例 8-11】 改进后的 my_strlen。

```c
int my_strlen(char * pstr)
{
    int l=0;
    while( * pstr!='\0')
        pstr++,l++;
    return l;
}
```

C 语言规定，字符指针不仅可以指向字符数组中的元素，还可以指向字符串常量。例如有如下定义：

```c
char s[10]="Hello";
char * ps;
ps="Hello";
```

　　第一行以数组形式保存了字符串,而第三行以指针形式保存了字符串。使用数组保存串和使用指针指向串有重要的区别。两者在实际存储中有所不同。字符数组可以对数组范围内所有的元素进行读写操作,而字符指针指向常量字符串时,仅能读取数据而不能写入。

　　如图 8-10 所示,程序执行时,系统为 s 数组在变量区分配了 10 个字节的内存单元,在变量区域保存了全部字符串。而由于 ps 为指针变量,因此系统为 ps 只分配了 4 个字节的可变内存。程序第三行让 ps 指针指向常量字符串,这些内存的内容是不可以修改的。

　　若有代码 s[4]='\0'将打断 s 数组中原有的串,之后使用 puts(s)将得到'Hell'。而类似代码 ps="Hello",*(ps+2)='\0'执行时将导致一个系统保护错误,企图对被保护的内存区域进行写操作。与此对比,代码 ps=&s[0],*(ps+2)='\0'将不产生执行错误,因为此时指针指向的是变量区域,允许对其执行读写操作。输出 ps 指向的串将得到'He'。

　　使用数组表达字符串和使用指针表达字符串在赋值处理时也有所不同。在第 7 章已经学习过,若想要改变 s 数组保存的串,不能使用 s="12345"这样的语句,必须使用strcpy 函数处理,并且同时要考虑数组空间是否足够存放新的串。对于 ps 指针,若需要改变指针所指向的串,有两种途径。可以使用直接引用 ps 指针,使用 ps="12345"这样的语句。如图 8-11 所示,该语句并未修改 ps 指针原先所指向的串,而是使 ps 指向新的常量字符串。当 ps 指向一个可以写入数据的数组时,也可以使用 strcpy 函数去覆盖原有所指向串的内容。例如下面的代码:

```
ps=s+4;  strcpy(ps,"ABCD");
```

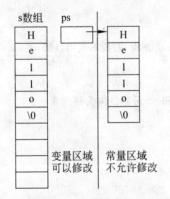

图 8-10　数组存储串与指针指向串的示意

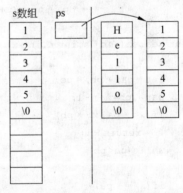

图 8-11　改变数组串与指针赋新串的区别

将原有 s 数组中的串修改为新的串值"HellABCD"。注意,ps=s+4 这行代码保证了 ps指针指向有效存储空间。若 ps 未经初始化或者未指向有效的空间,strcpy 函数将导致严重的系统错误。详细情况如图 8-12 所示。

8.3.5　使用指针处理一维数组的应用举例

　　【例 8-12】　利用指针对一维数组 a 按照从小到大次序排序,输入一个数 x,用二分法

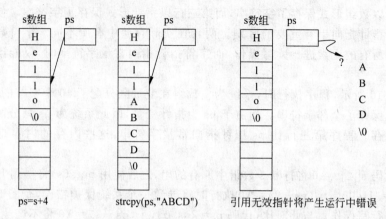

$$ps=s+4 \qquad strcpy(ps,"ABCD") \qquad 引用无效指针将产生运行中错误$$

图 8-12 引用指针需要确定其指向有效空间

查找数组中的位置。

编程点拨：对于以上问题，设置变量 n 表示数组的大小。按照题目描述，设计函数 sort 对 a 进行排序，设计函数 search 查找 x 的位置。

```c
#include <stdio.h>
void sort(int * a,int n)                  /*冒泡法排序*/
{
    int * p,i,j,t;
    for(i=0;i<n-1;i++)
        for(p=a,j=0;j<n-i-1;j++,p++)
            if(* p< * (p+1))
                t= * p, * p= * (p+1), * (p+1)=t;
}
int search(int * a,int n,int x)           /* 二分法查找,若找不到则返回-1 */
{
    int * pa, * pb, * pc;
    pa=a,pb=a+n-1;                         /* pa 和 pb 分别指向头尾元素 */
    if(x< * pa||x> * pb)
        return -1;
    while(pa<pb)
    {
    if(x== * pa)
        return pa-a;
    if(x== * pb)
        return pb-a;
    pc=pa+ (pb-pa)/2;
    if(* pc==x)
        return pc-a;
    else if(* pc<x)
        pa=pc+1;
    else
```

```
        pb=pc-1;
    }
    return -1;
}
void main()
{
    int a[10],n=10,i,x,r;
    for(i=0;i<n;i++)
        scanf("%d",&a[i]);
    sort(a,n);
    scanf("%d",&x);
    r=search(a,10,x);
    if(r<0)
        printf("no found\n");
    else
        printf("result=%d\n",r);
}
```

【例 8-13】 编写 rtrim 函数，其功能是删除字符串最右边的空格。

编程点拨：显然，rtrim 函数将接收一个字符串作为输入。在处理过程中，将有可能截断这个字符串。一个最直观的算法是首先寻找到字符串的结束位置，然后从后向前倒退删除空格。

```
void rtrim(char * ps)
{
    char * pe;
    for(pe=ps; * pe!=NULL;pe++);
    pe--;
    while(pe>=ps)
        if(* pe==' ')
            pe--;
        else
            break;
    * (pe+1)='\0';
}
```

【例 8-14】 设 n 的值为 4，输出如下二维数组形式的 Fibonacci 数列：

1	1	2	3
5	8	13	21
34	55	89	144
233	377	610	987

编程点拨：Fibonacci 数列本身是线性模式的，直接在二维数组里填入数字需要使用二重循环，在每一行开头处需要寻找并使用上一行行末的数，程序的书写比较复杂。由于二维数组的元素排列是按行顺序排列的，从内存地址上看，存放数 3 和存放数 5 的数组单元其

实是靠在一起的。程序借助指针以线性模式填充二维数组的每个元素，然后依次输出。

```c
#include <stdio.h>
#define  n  4
void main()
{
    int  i,j,a[n][n]={1,1}, * pi;  `
    for(pi=&a[0][2],i=2;i<n*n;i++,pi++)
        * pi= * (pi-1)+ * (pi-2);
    for(i=0;i<n;i++)
    {
        for(j=0;j<n;j++)
            printf("%d\t",a[i][j]);
        printf("\n");
    }
}
```

8.4 指针数组与多级指针

8.4.1 指针数组

因为指针型变量也是一种变量，可以把多个指针变量组织起来构成指针数组。指针数组的定义形式为：

类型标识符 * 数组名 [数组长度]；

如图 8-13(a)所示，int * p[3];定义了一个指针数组，其每一个元素（p[0]～p[3]）均为一个指向整型值的指针。注意到指针数组未经初始化，其每个元素均为无效指针。可以用列表法在定义指针数组的同时对其元素进行初始化，如图 8-13(b)所示。也可以在程序执行过程中通过循环方式将指针数组 p 中元素与整型数组 a 中元素一一配对：

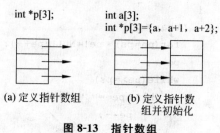

(a) 定义指针数组　　(b) 定义指针数组并初始化

图 8-13　指针数组

```c
int a[3],i, * p[3];
for(i= 0;i<3;i++)
    p[i]=&a[i];
```

【例 8-15】 不改变数组各个元素顺序，按照从小到大的次序输出数组值。

编程点拨：由于不能修改数组元素的值，因此需要借助指针数组来对数组进行排序。如图 8-14 所示，显然在排序过程中交换的是指针元素，而不是实际存储数据的元素。

```c
#include <stdio.h>
#define n 10
```

```
void main()
{
    int a[n],* p[n],i,j,* pt=a;
    for(i=0;i<n;i++)
    {
        scanf("%d",pt);
        p[i]=pt++;
    }
    for(i=0;i<n-1;i++)
        for(j=0;j<n-i-1;j++)
            if(* p[j]> * p[j+1])
                pt=p[j],p[j]=p[j+1],p[j+1]=pt;
    for(i=0;i<n;i++)
        printf("%d\t", * p[i]);
}
```

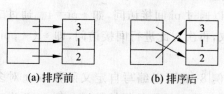

(a) 排序前   (b) 排序后

图 8-14 利用指针数组排序

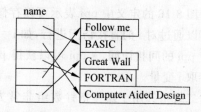

图 8-15 多字符串的排序

【**例 8-16**】 将多个字符串按照字典顺序排序。

编程点拨：对于长短不一的常量字符串，可以使用一组字符指针分别指向这些字符串。在下面例子中使用选择排序法排序。排序结果如图 8-15 所示。

```
# include <stdio.h>
# include <string.h>
# define n 5
void main()
{
    char * name[5]={"Follow me","BASIC","Great Wall","FORTRAN",
                    "Computer Aided Design"};
    char * ps;
    int i,j,m;
    for(i=0;i<n-1;i++)
    {
        m=i;
        for(j=i+1;j<n;j++)
            if(strcmp(name[m],name[j])>0)
                m=j;
        ps=name[i];
        name[i]=name[m];
        name[m]=ps;
```

```
    }
    for(i=0;i<n;i++)
        puts(name[i]);
}
```

程序中有两个地方需要注意：一是比较字符串的字典顺序不能使用 name[m]＞name[j]。这种直接比较串的语句在语法上并没有错误，实际上它判别了两个字符串常量在内存中的先后位置，而非程序算法所要求的比较字符串的字典顺序。二是在交换两个串指针时没有采用 strcpy 来交换串的实体。由于 strcpy 函数需要遍历并且复制整个字符串，显然仅仅交换 4 字节指针的效率要高很多。

8.4.2   二级指针及多级指针

由于指针变量本身也是一种变量，因此可以另外定义一个指针来保存这个变量的地址。

图 8-16 的定义中 ppi 表示可以存储一个整型指针（图中是 pi）的地址。对变量 i 的存取可以通过对 i 的直接访问进行，如 i＝4；也可以通过 pi 间接访问，如 * pi＝4。通过二级指针 ppi 的间接访问，* ppi 可以获得 pi 的存取，再次对此进行间接访问，即 * (* ppi)可以存取 i 变量。

二级指针用于操作指针数组非常方便，对例 8-16 可以编写自定义函数 sort 对多字符串排序，sort 函数可以通过二级指针来接收指向多字符串的指针数组。例 8-17 为改写后的程序。指针指向关系如图 8-17 所示。

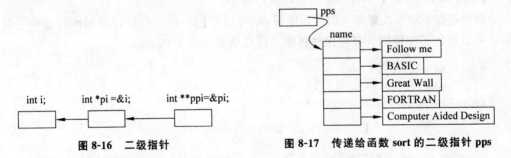

图 8-16   二级指针   图 8-17   传递给函数 sort 的二级指针 pps

【例 8-17】   通过二级指针来接收指向多字符串的指针数组。

```
#include <stdio.h>
#include <string.h>
void main()
{
    char * name[5]={"Follow me","BASIC","Great Wall","FORTRAN",
                "Computer Aided Design"};
    int i;
    sort(name,5);
    for(i=0;i<5;i++)
        puts(name[i]);
```

```
}
void sort(char **pps,int n)
{
    int i,j,m;
    char * pt;
    for(i=0;i<n-1;i++)
    {
        m=i;
        for(j=i+1;j<n;j++)
            if(strcmp(* (pps+m),* (pps+j))>0)
                m=j;
            if(m!=i)
            pt=* (pps+i),* (pps+i)=* (pps+m),* (pps+m)=pt;
    }
}
```

C 语言允许多重间接访问。在定义指针时,两个以上的"*"称为多级指针。例如,以下定义是合法的:

```
int i,* p1,**p2=&p1,***p3=&p2;
```

在这个定义里,p2 是二级指针,而 p3 是多级指针,p3 保存了 p2 的地址,可以通过二次间接访问来存取 p1 指针。另外要注意的是,在这个定义中,p2 和 p3 指针均为有效指针,但是 p1 指针未经初始化,凡是对 * p1 的访问,包括通过 p2 和 p3 的各种形式都是危险的。以下访问是无效的:

```
**p2=3
```

或

```
***p3= 3;
```

而以下访问是有效的:

```
* p2=&i
```

或

```
**p3=&i;
```

一般 C 程序设计中使用多级指针的算法比较复杂,应尽量使用更加直观的普通指针来实现相同的功能。

8.4.3 使用指针数组作为 main 函数的参数

通常情况下,main 函数的原型为:

```
void main();
```

实际上,在命令行模式下可以给 main 函数传递参数。main 函数原型的一般形式是:

```
int main(int argc,char * argv[])
```

其中 argc 表示 main 函数的参数个数。而 argv 依序指向 main 函数的每一个参数，这些参数以字符串形式给出。

以下实例演示了 main 函数参数的用法。main 函数的参数数组如图 8-18 所示。

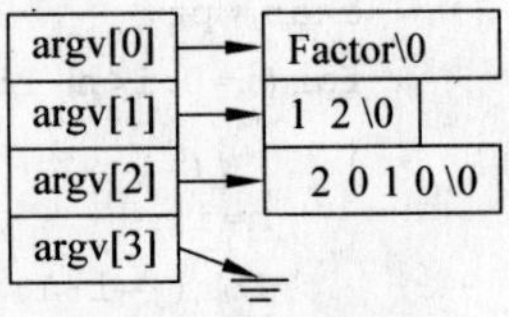

【例 8-18】 编程分解质因数。

```
#include <stdio.h>
#include <stdlib.h>
int Usage()
{
    printf("Usage   : Factor data1 data2...\n");
    printf("Ex :\n");
    printf("       Factor 20\n");
    printf("       Factor 20 56\n");
    printf("-------Usage End ------\n");
    return -1;
}
int main(int argc,char * argv[])
{
    int n,i,j,d;
    if(argc<2)
        return Usage();
    n=1;
    while(n<argc)
    {
        d=atoi(argv[n]);                /* 将字符串转化为整数 d */
        printf("%d=",d);
        j=0;i=2;
        while(i<=d)                     /* 求 d 的质因数 */
            if(d%i==0)
            {
                if(j==0)
                    printf("%d",i);
                else
                    printf(" * %d",i);
                j++;
                d/=i;
            }
            else
                i++;
        printf("\n");
        n++;
    }
    return n;
}
```

图 8-18　main 函数的参数数组

　　将编译后的可执行文件复制到 C 盘根目录下并重命名为 factor. exe,在命令提示符里运行,其测试结果如下:

```
C:\>factor 12 2010
12=2*2*3
2010=2*3*5*67
C:\>
```

8.5　数组的指针与函数的指针

8.5.1　指向数组的指针

　　在前面的叙述中,把指针定义为变量的地址。指针变量只是保存了一片内存区域的首地址,而通过指针运算符"*"来引用指针时,其相关的内存单元的个数依据指针的基类型不同而不同。例如指向 int 类型的指针,在使用指针运算符"*"的时候,相关单元的个数是 4 个;而指向 double 类型的指针,在使用指针运算符 * 的时候,相关的存取单元是 8 个。C 语言允许定义指向整个数组的指针,当指针指向数组对象时,引用该指针将获得整个数组。例如:

```
int a[5];
int *pi=&a[0];
int (*pa)[5];                    /*定义指向数组的指针*/
pa=&a;
```

　　在这个例子中,程序首先定义了一个具有 5 个元素的整型数组和指向 int 型数据的指针 pi,然后定义一个指向 5 元素整型数组的指针 pa,如图 8-19 所示。注意,数组指针 pa 存取的范围是整个数组范围,因此给数组指针 pa 赋值时应该取整个数组对象的地址,而不是数组首元素地址。若写成 pa=&a[0]是错误的。在这里标识符 a 表示整个数组对象,而 a[0]仅表示数组中一个元素,因此不能将一个元素的地址赋值给整个数组的指针。同

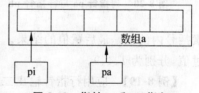

**图 8-19　指针 pa 和 pi 指向
数组 a 示意图**

时,在对数组指针使用指针运算符"*"的时候,由于该指针不是指向一个简单类型的变量,而是数组变量,因此取出的对象也是整个数组,使用时需要依据数组的形式进行操作。

　　在上例中,若需要将 a 数组中第 4 个元素设置为 10,则以下的形式都是允许并等价的:

```
a[3]=10;   *(pi+3)=10;  pi[3]=10;  (*pa)[3]=10;
```

　　这里的(*pa)[3]表示先使用 *pa 取出整个数组,然后使用下标运算符取出第 4 个元素。

8.5.2　行指针与列指针

使用指针分别指向二维数组中的一个元素和二维数组中一个子数组时，可以形象地称指向单个元素的指针为列指针，而指向子数组的指针为行指针。

例如，在下面的程序片段里分别定义二维数组 a，列指针 pa 和行指针 pb：

```c
int   a[3][4],*pa;
int   (*pb)[4],i;
pa=&a[0][0];
pb=&a[0];
for(i=0;i<12;i++)                /*使用列指针 pa 访问数组 a 中的每个元素*/
    *pa++=i;
for(i=0;i<3;i++)                 /*使用行指针 pb 访问数组 a 中的部分元素*/
    (*pb++)[i]=(i+1)*(i+1);
```

在以上程序片断中，第一行和第二行有三个定义：a[3][4]为整型数组，pa 为指向整型变量的指针，而 pb 为指向具有 4 个元素的整型数组的指针。第三行将数组元素 a[0][0]的地址赋给了 pa 指针。从图 8-20 可以看出，a[0]本身是一个数组，其数组首元素为 a[0][0]，因此程序的第三行也可以等价表达为 pa=a[0]。类似地，第四行将 a[0]的首地址赋给了 pb 变量，注意到 a[0]是 a 数组的首元素，因此第四行也可以等价表达为 pb=a；。

图 8-20　列指针 pa 与行指针 pb

在后边的运算中，列指针 pa 每次加 1 均会指向下一个数组元素，当 pa 指向到 a[0][3]以后继续进行加 1 操作将指向 a[1][0]元素，如此继续直到指完 12 个元素。而行指针 pb 指向了包含 4 个元素的整型数组，因此若执行 pb++以后，pb 将指向 a[1]数组。在图 8-20 中，每个元素括号内的值是最后赋值的结果。其中 a[0][0]，a[1][1]，a[2][2]通过 pb 指针重新赋过值，分别为 1、4、9。

【例 8-19】　应用行指针输出二维数组中的元素。

程序如下：

```c
#include<stdio.h>
void main()
{
    int a[3][4]={0,1,2,3,4,5,6,7,8,9,10,11};
    int(*p)[4];
    int i,j;
    p=a;
    for(i=0;i<3;i++)
    {
        for(j=0;j<4;j++)
            printf("%2d  ",*(*(p+i)+j));
```

```
        printf("\n");
    }
}
```

以上程序的功能是应用行指针 p 依次访问并输出二维数组 a 中的每个元素值。注意,程序中第十一行的表示形式 * (* (p+i)+j)与以下几种表示形式等价,均表示数组元素 a[i][j]。

```
a[i][j]   * (* (a+i)+j)   * (a[i]+j)   * (p[i]+j)   p[i][j]
```

8.5.3 函数指针

由于函数代码是加载在内存中再执行的,因此可以定义函数指针指向函数的入口。函数指针定义的一般形式是:

函数类型 (* 函数指针名)(形参列表);

类似于数组名表示数组的首地址,函数名也表示函数的首地址。有些编译系统要求使用求地址运算符"&"明确表示求函数的入口地址。Visual C++ 6.0 可同时支持这两种表达方式。下面是一组函数的声明和对应的函数指针定义的对比。

第一组:

```
int  max(int a,int b);
int  (* pf1)(int a,int b);
pf1=max;
pf1=&max;                              /* 两种表达方式均成立 */
```

第二组:

```
void Sort(int * ,int);
void (* pf2)(int * ,int);              /* 省略形参名称 */
pf2=Sort;
```

第三组:

```
int main(int argc,char * argv[]);
int  (* pf3)(int ,char * [])=main;     /* 定义函数指针的同时初始化 */
```

第四组:

```
float ave(float * pdata,int n);
float min(float * pdata,int n);
float (* pf4[2])(float * , int)={ave,min};   /* 这里是函数指针数组 */
```

上面的几组例子中,第一组首先声明一个普通函数 max,然后定义一个指向函数的指针。然后采用了两种形式通过赋值将该函数的入口地址赋给 pf1;第二组示意了在声明函数的时候可以省去形参的名称,同样在定义函数指针时,对于形参的名称可以不给出。另外第三组的指针 pf3 可以直接指向 main 函数。这里在定义指针的同时给指针初始化。第四组则定义了一个两元素指针数组。该数组中每个元素都是一个指向函数的指针。注意到第四组中首先声明了两个原型完全相同的函数。由于 pf4 的定义已经规定了指针所指向函数的类型，因此 pf4 中两个元素不能指向其他类型的函数。pf4[0]＝max 是错误的。因为根据上面第一组的定义，max 函数的类型和 pf4 所要求的类型不一致。

可以通过函数指针间接调用函数。只需要用(＊指针名)来替换原有的函数名就可以了。

【例 8-20】 写一个通用函数,利用矩形法求多个函数定积分的近似值。

编程点拨：矩形法求定积分需要几个条件：积分起点，积分终点，积分步长，当然还需要积分函数。因此设计该通用函数的原型为：

```
float fun(float Start,float End,float Step, float (*pf)(float));
```

注意,第四个形参表示接收一个函数指针作为形参。

```
#include <stdio.h>
#include <math.h>
/*part1.公用求定积分函数*/
float fun(float Start,float End,float Step,float (*pf)(float))
{
    float f;
    float sum=0;
    for(f=Start;f<End;f+=Step)            /*矩形法求定积分*/
        sum+=(*pf)(f)*Step;
    return sum;
}
/*part2.几个待积分的函数*/
float f1(float x)
{
    return x*x+sin(x);                    /*普通函数*/
}
float f2(float x)
{
    return (int)x;                        /*取自变量的整数部分作为函数的返回值*/
    /*注意,在返回前还有一个隐含的类型转换*/
}
float f3(float x)
{
    return fabs(x)+exp(x);
}
/*part3.主调函数,演示函数指针的用法*/
void main()
{
    float Start,End,Step,Result;
```

```
    float (* pf)(float x);
    Start=1.0;                                    /* 积分起点 */
    End=4.0;                                      /* 积分终点 */
    Step=0.0005;                                  /* 积分精度 */
    pf=f1;
    Result=fun(Start,End,Step,pf);
    printf("fun1 result =%f\n",Result);
    Result=fun(Start,End,Step,f2);               /* 直接使用函数指针 */
    printf("fun2 result =%f\n",Result);
    Result=fun(Start,End,Step,f3);
    printf("fun3 result =%f\n",Result);
}
```

8.5.4 指针函数

所谓指针函数就是函数的返回类型为指针,常见于各类字符串处理函数。其定义形式为:

函数类型 * 函数名(形参表);

【例 8-21】 不使用系统提供的任何字符串函数,设计 Mystrstr 函数,求一个长字符串中某子串第一次出现的位置。若不存在该子串,则返回空。

编程点拨:根据题目要求,该函数接收两个参数,分别是长字符串和待查子串,然后应该返回该子串在长串中的位置(指针)。

程序如下:

```
#include <stdio.h>
#include <stdlib.h>
#include <string.h>
char * MyStrstr(char * pSrc, char * pSubs)
{
    char * p1, * p2, * p3;
    for(p1=pSrc; * p1!=NULL;p1++)
    {
        for(p2=p1,p3=pSubs; * p2&& * p3;p2++,p3++)
                                              /* 此处 * p2 等价于 * p2!=NULL */
            if(* p2!= * p3)
                break;
        if(* p3==NULL)
            return p1;
    }
    return NULL;
}
void main()
```

```
{
    char s[]="12323234123412335221";
    char d[]="23234";
    char * pr;
    pr=MyStrstr(s,d);
    if(* pr!=NULL)
        printf("Finded at %d,rest is %s\n",pr-s,pr);
    else
        printf("No find\n");
}
```

复习与思考

(1) 什么是指针？什么是指针变量？

(2) 如何通过使用指针运算符对指针所指向的对象进行引用？

(3) 什么是指针数组？如何引用？

(4) 什么是数组指针？如何引用？

(5) 什么是多级指针？如何用多级指针来存取最终的变量？

(6) 什么是函数指针？如何引用？

(7) 什么是指针函数？如何引用？

习　题　8

1. 选择题

(1) 以下对指针变量进行操作的语句,正确的选项是_____。

    A. int * p, * q; q=p;

    B. int a, * p, * q; q=&a; p= * q;

    C. int a=b=0, * p; p=&a; b= * p;

    D. int a=20, * p, * q=&a; p=q;

(2) 若有说明 int * p1, * p2, m=5, n=9;,以下均是正确赋值语句的选项是_____。

    A. p1=&m; p2=&p1;　　　　　　B. p1=&m; p2=&n; p1= * p2;

    C. p1=&m; p2=p1;　　　　　　　D. p1=&m; * p2= * p1;

(3) 下面判断正确的是_____。

    A. char * a="china"; 等价于 char * a; * a="china"

    B. char str[10]={"china"}; 等价于 char str[10]; str[]={"china"};

    C. char * s="china"; 等价于 char * s; s="china";

    D. char c[4]="abc", d[4]="abc"; 等价于 char c[4]=d[4]="abc"

(4) 若有以下定义和语句:

```
int s[4][5],(*ps)[5];
ps=s;
```

则对 s 数组元素的正确引用形式是_____。

　　A. ps+1　　　　B. *(ps+3)　　　C. ps[0][2]　　　D. *(ps+1)+3

(5) 若有以下说明和定义：

```
int fun(int*c) {  }
void main()
{   int (*a)(int*)=fun,*b(),w[10],c;
    ...
}
```

在必要的赋值之后，对 fun 函数的正确调用语句是 _____。

　　A. a=a(w);　　B. (*a)(&c);　　　C. b=*b(w);　　D. fun(b);

(6) 有以下定义和语句：

```
int a[3][2]={1,2,3,4,5,6,},*p[3];
p[0]=a[1];
```

则 *(p[0]+1) 所代表的数组元素是_____。

　　A. a[0][1]　　B. a[1][0]　　　C. a[1][1]　　　D. a[1][2]

(7) 若有定义 int a[3][4];，则对 a 数组的第 i 行第 j 列（假设 i,j 已正确说明并赋值）元素值的不正确引用为_____。

　　A. *(*(a+i)+j)　　　　　B. (*(a+i))[j]

　　C. *(a+i+j)　　　　　　D. *(a[i]+j)

(8) 若有定义 int **p;，则变量 p 是_____。

　　A. 指向 int 型变量的指针　　　B. 指向指针的指针

　　C. int 型变量　　　　　　　　D. 以上三种说法均不正确

(9) 已有定义 int k=2,*ptr1,*ptr2;，且 ptr1 和 ptr2 均已指向变量 k，下面能正确执行的赋值语句是 _____。

　　A. k=*ptr1+*ptr2;　　　　B. ptr2=k

　　C. *ptr1=ptr2;　　　　　　D. ptr1=*ptr2;

(10) 若有语句 int *p,a=4; 和 p=&a;，下面均代表变量值的一组选项是_____。

　　A. a,p,*&a　　　　　　　B. &*a,&a,*p

　　C. *&p,*p,&a　　　　　　D. *&a,*p,a

(11) 下面程序段的运行结果是_____。

```
char *s="abcde";
s+=2;  printf("%c",*s);
```

　　A. cde　　　　　　　　B. c

　　C. 字符 c 的地址　　　　D. 无确定的输出结果

（12）有如下说明：

```
int a[10]= {1,2,3,4,5,6,7,8,9,10}, * p= a;
```

则数值为 9 的表达式是_____。

　　A. * p+9　　　B. * (p+8)　　　　C. * p+=9　　　　D. p+8

（13）设已有定义 char * st="how are you";,下列程序段中不正确的是_____。

　　A. char a[11], * p; strcpy(p=a+1,&st[4]);

　　B. char a[11]; strcpy(++a, st);

　　C. char a[11]; strcpy(a, st);

　　D. char a[11], * p; strcpy(p=&a[1],st+2);

（14）下面程序段的运行结果是_____。

```
char s[6];  s="abcd"; printf("%s\n", s);
```

　　A. abcd　　　　B. "abcd"　　　　　C. abc　　　　　　D. 编译出错

（15）若有以下函数首部：

```
int fun(double x[10],int * n)
```

则下面针对此函数的函数声明语句中正确的是_____。

　　A. int fun(double x,int * n);　　　　B. int fun(double,int);

　　C. int fun(double * x,int n);　　　　D. int fun(double * ,int *);

2. 填空题

（1）以下程序运行后的输出结果是_____。

```
#include<stdio.h>
void fun(char * c,int d)
{   * c= * c+1; d=d+1;
    printf("%c,%c,", * c,d);
}
void main()
{   char a='A',b='a';
    fun(&b,a); printf("%c,%c\n",a,b);
}
```

（2）以下程序编译连接后生成的可执行文件是 ex1.exe,若运行时输入带参数的命令行是 ex1 abcd efg 10<回车>,则运行的结果是_____。

```
#include <string.h>
#include<stdio.h>
void main(int argc, char * argv[])
{   int i,len=0;
    for(i=1;i<argc;i++) len+=strlen(argv[i]);
    printf("%d\n",len);
```

```
}
```

（3）以下程序运行后的输出结果是_____。

```
#include<stdio.h>
void ss(char * s,char t)
{   while(* s)
    {   if(* s==t) * s=t-'a'+'A';
        s++;
    }
}
void main()
{   char str1[100]="abcddfefdbd",c='d';
    ss(str1,c);
    printf("%s\n",str1);
}
```

（4）以下程序的输出结果是_____。

```
#include<stdio.h>
void main ()
{   int arr[]={30,25,20,15,10,5}, * p=arr;
    p++;
    printf("%d\n", * (p+3));
}
```

（5）若有以下输入，则下面程序的运行结果是_____。

```
#include<stdio.h>
void main()
{   int  a[3][3]={1,3,5,7,9,11,13,15,17};
    int  (* p)[3],i,j;
    p=a;
    scanf("%d,%d",&i,&j);
    printf ("%d\n", * (* (p+i)+j));
}
```

（6）以下程序的运行结果是_____。

```
#include<stdio.h>
void sub(int x, int y, int * z)
{   * z=y-x; }
void main ()
{   int  a, b, c;
    sub(10,5,&a);
    sub(7,a,&b);
    sub(a,b,&c);
    printf("%4d,%4d,%4d\n",a,b,c);
```

```
}
```

（7）下面程序的运行结果是_____。

```c
#include <stdio.h>
int a[10]={1,2,3,4,5,6,7};
void rev(int * m, int n)
{   int t;
    if (n>1)
    {   t= * m; * m= * (m+n-1); * (m+n-1)=t;
        rev(m+1,n-2);
    }
}
void main()
{   int i;
    rev(a,6);
    for(i=0;i<10;i++)
        printf("%d",a[i]);
    printf("\n");
}
```

（8）函数 sstrcmp() 的功能是对两个字符串进行比较。当 s 所指字符串和 t 所指字符串相等时，返回值为 0；当 s 所指字符串大于 t 所指字符串时，返回值大于 0；当 s 所指字符串小于 t 所指字符串时，返回值小于 0（功能等同于库函数 strcmp()）。请填空。

```c
#include <stdio.h>
int sstrcmp(char * s,char * t)
{   while(* s&& * t&& * s==   (1)   )
  { s++;t++; }
    return   (2)  ;
}
```

（9）以下函数把 b 字符串连接到 a 字符串的后面，并返回 a 中新字符串的长度。请填空。

```c
int Strcen(char a[], char b[])
{   int num=0, n=0;
    while(* (a+num)!=   (1)   ) num++;
    while(b[n])
    {   * (a+num)=b[n];  num++;   (2)   ; }
    return(num);
}
```

（10）下面程序的功能是用递归法将一个整数存放到一个字符数组中。存放时按逆序存放，如 483 存放成 "384"。请填空。

```c
#include <stdio.h>
```

```
void convert (char * a, int n)
{   int  i;
    if((i=n/10)!=0)  convert (a+1,  (1)  );
    * a=  (2)  ;
}
void main ()
{   int number;
    char str[10]="   ";
    scanf("%d",&number);
    convert(str, nurnher);
    puts(str);
}
```

(11) 以下程序的功能是将无符号八进制数字构成的字符串转换为十进制整数。例如,输入的字符串为 556,则输出十进制整数 366。请填空。

```
#include<stdio.h>
void main()
{   char * p,s[6];
    int n;
      (1)  ;
    gets(p);
    n= * p-'0';
    while(* (p+1)!='\0')
        n=  (2)  ;
    printf("%d\n",n);
}
```

(12) 下面程序的功能是利用插入排序法将 10 个字符从小到大进行排序。所谓插入排序法是将无序序列中的各元素依次插入到已经有序的序列中。请填空。

```
#include <stdio.h>
    (1)
{
    int a,b;
    char t;
    for(a=1;a<=9;a++)
    {
        t=aa[a];
        b=a-1;
        while((b>=0)&&(t<aa[b]))
        {  (2)  ;b--;}
          (3)  ;
    }
}
void main()
```

```
{
    char a[11];
    int i;
    printf("\nEnter 10 char:");
    for(i=0;i<=9;i++)
        a[i]=getchar();
    a[i]='\0';
    insert(a);
    printf("\nThe is 10 char:");
    printf("%s",a);
}
```

3. 编程题

（1）编写一个函数 fun，该函数的功能是求出 100 以内能整除 x(0＜x＜100)且不是偶数的各整数，并将求出的整数按从小到大的顺序放在 pp 数组中。

（2）编写一个函数 fun，该函数的功能是求出数组的最大元素在数组中的下标并存放在 k 中。

（3）编写一个函数 fun，该函数的功能是判断输入的字符串是否是回文？若是，则函数返回 1，否则返回 0。

（4）假定输入的字符串中只包含字母和"＊"号。请编写一个函数 fun，该函数的功能是将字符串中的前导"＊"号全部移到字符串的尾部。

（5）编写一个函数 fun，该函数的功能是移动字符串中的内容。移动的规则如下：把第一个到第 m 个字符平移到字符串的最后，把第 m＋1 个到最后的字符平移到字符串的前部。

（6）编写一个函数 fun，该函数的功能是将 M 行 N 列的二维数组中的字符数据按列的顺序依次放到一个字符串中。

（7）编写一个函数 fun，该函数的功能是将两个两位数的正整数 a、b 合并形成一个整数放在 c 中。合并的方式是将 a 数的十位和个位依次放在 c 数的百位和个位上，b 数的十位和个位依次放在 c 数的千位和十位上。

（8）编一程序，将字符串 computer 赋给一个字符数组，然后从第一个字母开始间隔地输出该串。要求利用指针编写程序。

（9）输入一行字符，将其中的每个字符从小到大排列后输出。要求利用指针编写程序。

（10）设有一数列，包含 10 个数，已按升序排好。现要求编一程序，它能够把从指定位置开始的 n 个数按逆序重新排列并输出新的完整数列。进行逆序处理时要求使用指针方法。试编程。

例如，原数列为 2、4、6、8、10、12、14、16、18、20，若要求把从第 4 个数开始的 5 个按逆序重排列，则得到新数列为 2、4、6、16、14、12、10、8、18、20。

(11) 有一篇文章,共有 5 行文字,每行有 60 个字符。要求分别统计出其中英文大写字母、小写字母、数字、空格以及其他字符的个数。要求利用指针编写程序。

(12) 编程实现:输入一个英文句子,将句子中每个单词的首字母大写后输出。要求利用指针编写程序。

例如:输入 "this is a test program",输出 "This Is A Test Program"。

(13) 从键盘输入 10 名学生的成绩,显示其中的最低分、最高分及平均成绩。要求利用指针编写程序。

(14) 在 main 函数中输入一个字符串,在 strcopy 函数中将此字符中从第 n 个字符开始到第 m 个字符为止的所有字符全部显示出来。要求利用指针编写程序。

(15) 编写函数 insert(s1,s2,pos),实现在字符串 s1 中的指定位置 pos 处插入字符串 s2。要求利用指针编写程序。

(16) 通过指针数组 p 和一维数组 a 构成一个 3×2 的二维数组,并为 a 数组赋初值 2,4,6,8,…。要求先按行的顺序输出此"二维数组";然后再按列的顺序输出它。试编程。

(17) 使用指针数组编写一个通用的英文月份名显示函数 void display(int month)。

第 9 章

结构体与共用体

在实际问题中，一组数据往往具有不同的数据类型。例如表 9-1 所示某学校的学生情况登记表。

表 9-1　学生情况登记表

学号	姓名	年龄	性别	成绩	学号	姓名	年龄	性别	成绩
20101	王芳	19	W	89	20103	吴宇	18	M	76
20102	任盈盈	19	W	92	…	…	…	…	…

一般情况下，表中的字段姓名应为字符型，学号可为整型或字符型，年龄应为整型，性别为字符型，成绩可为整型或实型。如何编程实现对上述表格数据的管理？显然不能用一个数组来存放所有的数据，因为 C 语言规定数组中各元素的类型和长度都必须一致，以便于编译系统处理。而如果用多个数组来处理这批数据，又会增加程序的复杂度。为了解决这个问题，C 语言中给出了另一种构造数据类型——结构体（structure），它相当于其他高级语言中的记录。使用结构体可以把表 9-1 中的所有数据作为一个整体来进行处理，从而可大大提高对这些数据的处理效率。

9.1　结构体类型与结构体变量

9.1.1　结构体类型的声明

结构体是一种构造类型，它是由若干成员组成的。每一个成员可以是一个基本数据类型，或者又是一个构造类型。结构体既然是一种"构造"而成的数据类型，那么在说明和使用之前必须先定义它，也就是要构造它，就如同在说明和调用函数之前要先定义函数一样。声明一个结构体类型的一般形式为：

struct 结构体名
{ 成员表列 };

其中，结构体名作为结构体类型的标志，用于区分此结构体而非其他结构体。成员表列由若干个成员组成，每个成员都是该结构体的一个组成部分。对每个成员也必须作

类型说明,其形式为:

类型说明符 成员名;

成员的数据类型可以是一个基本数据类型,或者又是一个构造类型。结构体名和成员名的命名应符合标识符的书写规定。例如,表 9-1 中的学生信息可以声明为如下形式的结构体:

```
struct stu
{
    int num;                    /* 每个学生学号,以整型表示 */
    char name[20];              /* 每个学生姓名,以字符型表示 */
    int age;                    /* 每个学生年龄,以整型表示 */
    char sex;                   /* 每个学生学号,以字符型表示 */
    float score;                /* 每个学生学号,以实型表示 */
};
```

在这个结构体声明中,结构体名为 stu,该结构体由 5 个成员组成。第一个成员为 num,整型变量;第二个成员为 name,字符数组;第三个成员为 age,整型变量;第四个成员为 sex,字符变量;第五个成员为 score,实型变量。应注意,在花括号"}"后的分号是不可少的。

对结构体声明之后,意味着告知编译系统用户已设计了一个自定义的数据类型,编译系统将 struct stu 作为一个新的数据类型进行理解,但并不为 struct stu 分配内存空间,就像编译系统并不为 int 数据类型分配内存空间一样。应用数据类型编程必须定义该数据类型变量,由此,结构体类型必须定义此数据类型变量才能使用。

9.1.2 结构体类型变量的定义

定义结构体类型变量有以下三种方法。

(1) 先声名结构体类型,再定义结构体变量。

例如,在 9.1.1 节已声明了结构体类型 struct stu,可以用它来定义结构体变量:

struct stu boy1,boy2;

说明了两个变量 boy1 和 boy2 为 struct stu 结构体类型。

(2) 在声名结构体类型的同时定义结构体变量。

例如,对表 9-1 的学生信息可按以下形式定义结构体类型和变量。

```
struct stu
{
    int num;                    /* 每个学生学号,以整型表示 */
    char name[20];              /* 每个学生姓名,以字符型表示 */
    int age;                    /* 每个学生年龄,以整型表示 */
    char sex;                   /* 每个学生学号,以字符型表示 */
    float score;                /* 每个学生学号,以实型表示 */
```

```
}boy1,boy2;
```

这种形式的作用与第一种形式相同。这种形式的说明的一般形式为：

```
struct 结构名
{
    成员表列
} 变量名表列;
```

（3）直接定义结构体变量。

例如，对表 9-1 的学生信息可按以下形式定义结构体类型变量。

```
struct
{
    int num;                    /* 每个学生学号,以整型表示 */
    char name[20];              /* 每个学生姓名,以字符型表示 */
    int age;                    /* 每个学生年龄,以整型表示 */
    char sex;                   /* 每个学生学号,以字符型表示 */
    float score;                /* 每个学生学号,以实型表示 */
}boy1,boy2;
```

这种形式的说明的一般形式为：

```
struct
{
 成员表列
}变量名表列;
```

对于以上介绍的定义结构体类型变量的三种方法，第三种方法与第二种方法的区别在于第三种方法中省去了结构体名，而直接给出结构体变量。

一旦定义了结构体类型的变量 boy1、boy2，这两个变量就有了 struct stu 类型的结构。编译系统为每个变量分配相应的内存单元，内存单元的大小由声明的结构体决定。例如，在 Visual C++ 6.0 环境中，boy1 和 boy2 在内存中所需分配的存储空间大小是其所有成员所需内存单元的总和。

用以上三种方法定义的结构体变量 boy1 和 boy2 都具有图 9-1 所示的结构。

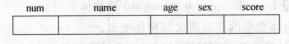

图 9-1 结构体变量 boy1 和 boy2 的数据结构

需要特别说明的是，结构体中的成员可以是任意类型，因此，成员也可以又是一个结构体，即构成了嵌套的结构体。例如，若在学生信息的结构中还要包含学生的入学时间，即要用图 9-2 所示的数据结构来表示一个学生信息，则只要在 struct stu 结构体中再增加一个表示日期的结构体成员来代表学生的入学时间。

按图 9-2 可给出以下结构体定义：

num	name	timeofenter			age	sex	score
		date					
		year	month	day			

图 9-2 嵌套的结构体的数据结构

```
struct date {
    int year;                          /*表示年*/
    int month;                         /*表示月*/
    int day;                           /*表示日*/
};
struct stu {
    int num;
    char name[20];
    struct date timeofenter;           /*每个学生的入学时间*/
    int age;
    char sex;
    float score;
}boy1,boy2;
```

首先定义一个结构体类型 date,由 year(年)、month(月)、day(日)三个成员组成。在定义并说明 stu 结构体类型变量 boy1 和 boy2 时,其中的成员 timeofenter 被说明为 date 结构体类型。

结构体类型中的成员名可与程序中其他变量同名,互不干扰。

9.1.3 结构体类型变量的引用

定义了一个结构体变量之后,就可以引用该结构体变量。

C 语言规定,在程序中使用结构体变量时,不能把它作为一个整体来进行输入和输出,而只能对结构体变量中的各个成员进行输入和输出操作。引用结构体变量成员的一般形式是:

结构变量名.成员名

其中“.”为结构体成员运算符,它的优先级为第 1 级,即最高级。

例如:

```
boy1.num                表示引用 boy1 中的学号成员
boy2.sex                表示引用 boy1 中的性别成员
```

如果成员本身又是一个结构体,则必须逐级找到最低级的成员才能使用。

例如:

```
boy1.timeofenter.month        表示引用 boy1 中的入学时间的月份成员
```

在 C 语言中,允许具有相同类型的结构体变量相互赋值。例如,在 9.1.2 节定义了两个结构体变量 boy1 和 boy2，如果 boy1 已经被赋值，则下面操作完全正确。执行时是按成员逐一赋值，结果是两变量的内容相同。

boy2=boy1;   表示把 boy1 的值整体赋给 boy2

结构体变量中的每个成员与普通变量一样，可以进行各种运算。

【例 9-1】 给结构体变量赋值并输出。

```
#include <stdio.h>
void main()
{
    struct {
        int num;
        char name[20];
        int age;
        char sex;
        float score;
    }boy1,boy2;                          /*定义结构体变量 boy1 和 boy2*/
    boy1.num=20101;                      /*给 boy1 中的成员 num 赋值*/
    scanf("%s %d %c %f",boy1.name,&boy1.age,&boy1.sex,&boy1.score);
                                         /*输入 boy1 的其余成员的值*/
    boy2=boy1;                           /*把 boy1 的值整体赋给 boy2*/
    printf("Number=%d\tName=%s\t",boy2.num,boy2.name);    /*输出 boy2*/
    printf("Age=%d\tSex=%c\tScore=%.2f\n",boy2.age,boy2.sex,boy2.score);
}
```

运行时若输入：

王芳 19 W 89↙

程序的运行结果为：

Number=20101   Name=王芳   Age=19   Sex=W   Score=89.00

boy1 和 boy2 在内存中的状态如下所示：

20101	王芳	19	W	89

9.1.4 结构体类型变量的初始化

和其他类型变量一样，对结构体变量也可以在定义时进行初始化。由于结构体变量的成员类型千差万别，初始化时要注意数据类型的匹配。

【例 9-2】 对结构体变量初始化。

```
#include <stdio.h>
void main()
```

```
{
    struct stu{                                    /* 定义结构体 */
        int num;
        char name[20];
        int age;
        char sex;
        float score;
    }boy2,boy1={20101,"王芳",19,'W',89};            /* 对结构体变量 boy1 初始化 */
    boy2=boy1;                                     /* 把 boy1 的值整体赋给 boy2 */
    printf("Number=%d\tName=%s\t",boy2.num,boy2.name);
    printf("Age=%d\tSex=%c\tScore=%.2f\n",boy2.age,
        boy2.sex,boy2.score);
}
```

由上面程序可以看出，由于一个结构体变量往往包含多个成员，因此在为结构体变量初始化时，只需用花括号{}将所有成员数据括起来。

在 C 语言中，结构体声明可以放在函数体的内部，也可以放在所有函数体的外部。在函数体外部声明的结构体可以被所有函数使用，称为全局声明；在函数体内部声明的结构体只能在本函数体内使用，离开该函数则声明失效，称为局部声明。

【例 9-3】 将例 9-2 的程序改写如下：

```
#include <stdio.h>
struct stu {                                       /* 在函数体外声明结构体 */
    int num;
    char name[20];
    int age;
    char sex;
    float score;
};
void  main()
{   struct stu boy2,boy1={102,"Zhang ping",19,'M',78.5};
                                                   /* 对变量 boy1 初始化 */
    boy2=boy1;                                      /* 把 boy1 的值整体赋给 boy2 */
    printf("Number=%d\tName=%s\t",boy2.num,boy2.name);   /* 输出 boy2 的值 */
    printf("Age=%d\tSex=%c\tScore=%.2f\n",boy2.age,boy2.sex,boy2.score);
}
```

9.2　结构体数组

对于前面介绍的结构体变量，只能表示一个结构体内存空间，也就是说只能代表某个表格中的一个记录（即一行）。那么在 C 语言中如何真正实现一个表格呢？答案是定义一个结构体数组。数组是相同数据类型的数据集合，结构体类型一旦声明完成，一个新的数据类型产生，它在许多方面与其他数据类型相同，因此可以构成结构体数组。结构体数组的每一个元素都是具有相同结构类型的下标结构体变量。在实际应用中，经常用结构体数组来表示具有相同数据结构的一个群体。例如一个学校的学生情况登记表，一个单位职工的工资情况表等。

9.2.1　结构体数组的定义与引用

结构体数组的定义与引用方法和结构体变量相似，只需说明它为数组类型即可。下面以表 9-1 为例，介绍完整地实现一个结构体数组的操作过程。

1. 声明结构体

例如，定义以下表示学生信息的结构体：

```
struct stu{
    int num;
    char name[20];
    int age;
    char sex;
    float score;
};
```

2. 定义结构体数组

与前面介绍的结构体变量的定义方法相同。
例如：

```
struct stu boy[3];
```

以上定义了一个结构体数组 boy，共有三个元素：boy[0]～boy[2]。每个数组元素都具有 struct stu 的结构形式。实际上，定义了该数组后，相当于开辟了一个如表 9-2 所示的表格空间。

表 9-2　struct stu 型数组表格空间

学号 num	姓名 name	年龄 age	性别 sex	成绩 score

数组一旦定义，数组元素在内存中是连续存放的。由于结构体数组 boy 中的每一个元素是结构体，因此该数组在内存中的状态如图 9-3 所示。

3. 初始化结构体数组

与其他类型的数组一样,对结构数组可以做初始化。

例如:

```
struct stu boy[3] ={{20101, "王芳", 19,'W',89},{20102, "任盈盈", 19,'W',92},
                    {20103, "吴宇", 18,'M',76}};
```

当对全部元素初始化赋值时,也可以不给出数组长度。按照以上方法对结构体数组 boy 初始化后,该数组在内存中的状态如图 9-4 所示。

图 9-3　定义结构体数组 boy 时的内存状态　　　图 9-4　初始化结构体数组 boy 时的内存状态

9.2.2　结构体数组应用举例

【例 9-4】　编写程序,计算表 9-1 所示的学生情况登记表中所有学生的平均成绩和不及格的人数。

编程点拨:先定义包含 5 项成员的结构体数组 boy,然后用循环逐个累加各元素的 score 成员值并存于 ave 之中,判断若 score 的值小于 60(不及格),则计数器 c 加 1,循环完毕后计算平均分 ave,并输出所有学生的平均分 ave 及不及格人数 c。

相应的程序如下:

```
#include <stdio.h>
struct stu {                    /*定义结构体数组并初始化*/
    int num;
    char name[20];
    int age;
```

```
    char sex;
    float score;
}boy[5]={{20101, "王芳",19,'W',89},{20102, "任盈盈",19,'W',92},
        {20103, "吴宇",18,'M',76}, {20104,"李平",19,'M',87},
        {20105,"王明",19,'M',58}};
void main()
{
    int i,c=0;
    float ave=0;
    for(i=0;i<5;i++)
    {
        ave+=boy[i].score;                  /*求总分*/
        if(boy[i].score<60) c+=1;           /*统计不及格人数*/
    }
    ave=ave/5;                              /*求平均分*/
    printf("average=%.1f\ncount=%d\n",ave,c);
}
```

程序运行结果如下：

```
average=80.4
count=1
```

【例 9-5】 编写程序，建立表 9-3 所示的同学通讯录并输出。

表 9-3　通讯录表

姓名	电话	住址	姓名	电话	住址
Ling yun	6330323	4—302	Sun ling	6330344	5—201
Wu ping	6330324	4—303			

编程点拨：先定义一个结构体 mem，它有三个成员 name、phone 和 address，分别用来表示姓名、电话号码和住址。然后定义一个 mem 类型的结构体数组 man。再用循环结构分别输入并输出各个元素中成员的值。

相应的程序如下：

```
#include"stdio.h"
#define NUM 3
struct mem {                                /*定义结构体类型*/
    char   name[20];
    char   phone[10];
    char   address[30];
};
void main()
{
    struct mem man[NUM];                    /*定义结构体数组*/
    int i;
```

```
    for(i=0;i<NUM;i++)                        /*输入数组中元素的成员值*/
    {
        printf("input name:");
        gets(man[i].name);
        printf("input phone:");
        gets(man[i].phone);
        printf("input address:");
        gets(man[i].address);
    }
    printf("name\t\tphone\t\taddress\n\n");
    for(i=0;i<NUM;i++)                        /*输出数组中元素的成员值*/
        printf("%s\t\t%s\t\t%s\n",man[i].name,
                            man[i].phone,man[i].address);
}
```

程序运行情况如下：

```
input name: Ling yun ✓
input phone:6330323 ✓
input address:4—302 ✓
input name: Wu ping ✓
input phone:6330324 ✓
input address:4—303 ✓
input name:Sun ling ✓
input phone:6330344 ✓
input address:5—201 ✓
name       phone     address
Ling yun   6330323   4—302
Wu ping    6330324   4—303
Sun ling   6330344   5—201
```

9.3　结构体与指针

9.3.1　指向结构体变量的指针

当一个指针变量用来指向一个结构体变量时，称为结构体指针变量。结构体指针变量的值是所指向的结构体变量的首地址。通过结构体指针即可访问该结构体变量，这与数组指针和函数指针的情况是相同的。

定义指向结构体变量的指针变量的方法与定义结构体变量的方法相同。例如，在例 9-4 中定义了 stu 这个结构体，如要说明一个指向 stu 的指针变量 ps，可写为：

```
struct stu * ps;
```

当然，也可在定义 stu 结构体时同时说明 ps。

与前面讨论的各类指针变量相同,结构体指针变量在定义之后并没有指向一个固定的内存单元,而是被分配了一个随机值,所以此时的 ps 是无效指针。为了使 ps 指向一个内存区域,需要完成以下操作:

```
struct stu boy;
ps=&boy1;
```

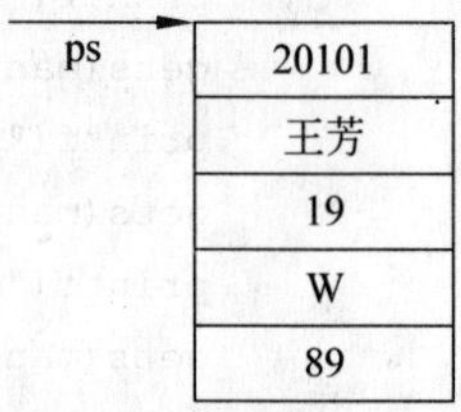

赋值语句 ps＝&boy1;是把结构体变量 boy1 的首地址赋予指针变量 ps,即 ps 指向该内存区域的首地址,如图 9-5 所示。

有了上述的定义和赋值,就能更方便地访问结构体变量的各个成员。C 语言规定,当结构体指针变量指向了一个同类型的结构体变量后,有以下三种访问结构体成员的方法。主要用两种运算符:一种是前面已介绍过的成员运算符".";另一种是指向运算符"-＞"。

图 9-5 指向结构体的指针

(1) 结构体变量名.成员名

(2) (＊结构体指针变量名).成员名

(3) 结构体指针变量名-＞成员名

例如,要访问结构体变量 boy1 中的成员 num,以下三种表示是完全等价的:

```
boy1.num
(＊ps).num
ps->num
```

应该注意,(＊ps)两侧的括号不可少,因为成员符"."的优先级高于"＊"。如去掉括号写作＊ps.num,则等效于＊(ps.num),这样意义就完全不对了。

【例 9-6】 指向结构体指针变量的应用。

```
#include <stdio.h>
struct stu{                                    /＊定义结构体变量和指针＊/
    int num;
    char name[20];
    int age;
    char sex;
    float score;
}＊ps,boy1={20101,"王芳",19,'W',89};
void main()
{
    ps=&boy1;                                  /＊使 ps 指向 boy1＊/
    printf("Number=%d\tName=%s\t",boy1.num,boy1.name);
    printf("Age=%d\tSex=%c\tScore=%f\n\n",boy1.age,
            boy1.sex,boy1.score);
    printf("Number=%d\tName=%s\t",(＊ps).num,(＊ps).name);
    printf("Age=%d\tSex=%c\tScore=%f\n\n",(＊ps).age,
            (＊ps).sex,(＊ps).score);
    printf("Number=%d\tName=%s\t",ps->num,ps->name);
```

```
        printf("Age=%d\tSex=%c\tScore=%.2f\n\n",ps->age
            ,ps->sex,ps->score);
    }
```

本程序定义了一个 stu 类型结构体变量 boy1 并作了初始化赋值,还定义了一个指向 stu 类型的指针变量 ps。在程序中,ps 被赋予 boy1 的地址,因此 ps 指向 boy1。然后在 printf 语句内用三种形式输出 boy1 的各个成员值。

9.3.2 指向结构体数组的指针

前面已介绍,访问数组可以使用指向数组或数组元素的指针和指针变量。同样,对结构体数组及其元素也可以用指针或指针变量访问。

若结构体指针变量指向一个结构体数组,这时结构体指针变量的值是整个结构体数组的首地址。若结构体指针变量指向结构体数组的一个元素,这时结构体指针变量的值是该结构体数组元素的地址。

【**例 9-7**】 指向结构体数组的指针的应用。

```
#include <stdio.h>
struct stu {                    /*定义结构体指针和数组,并初始化*/
    int num;
    char name[20];
    int age;
    char sex;
    float score;
} * p,boy[5]={{20101,"王芳",19,'W',89},
            {20102,"任盈盈",19,'W',92},
            {20103,"吴宇",18,'M',76},
            {20104,"李平",19,'M',87},
            {20105,"王明",19,'M',58}};
void main()
{   p=boy;
    /*指针变量 p 指向数组 boy 的首地址*/
    printf("No\tName\tAge\tSex\tScore\n");
    for(;p<boy+5;p++)
    /*用 p 访问 boy 中的每个元素*/
        printf("%d\t%s\t%d\t%c\t%.2f\n",p->num,
            p->name,p->age,p->sex,p->score);
}
```

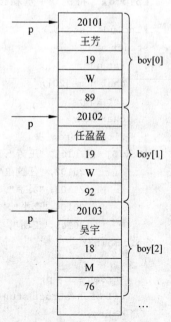

在程序中,由于指针 p 被赋予数组 boy 的首地址,循环执行 5 次 p++操作,实际上每次都使指针 p 指向下一个数组元素的地址,因此就可以通过 p 访问并输出 boy 数组各元素中的成员值。内存状态如图 9-6 所示。

应该注意的是,一个结构体指针变量虽然可以用来访

图 9-6 指向结构体数组的指针

问结构体变量或结构体数组元素的成员，但是不能使它指向一个成员。也就是说，不允许取一个成员的地址来赋予它。

例如，下面的赋值是错误的：

```
p=&boy[0].sex;
```

而只能是：

```
p=boy;              赋予数组首地址
```

或者是：

```
p= &boy[0];         赋予 boy[0]元素首地址
```

9.3.3　用结构体类型指针作为函数参数

将一个结构体变量的值传递给另一个函数有三种方式：传递单个成员、传递整个结构、传递指向结构体的指针。

用结构体的单个成员作为函数参数，用法和用简单变量作为函数参数是一样的，属于单向值传递方式。

用结构体变量作函数参数进行整体传送，采取的也是单向值传递方式。由于这种传送要将全部成员值逐个传送，特别是成员为数组时将会使传送的时间和空间开销很大，严重地降低了程序的效率。因此最好的办法就是使用指针，即用指向结构体的指针变量作函数参数进行传送。这时由实参传向形参的只是一个地址，从而减少了时间和空间的开销。

【例 9-8】 将例 9-4 重新按函数的形式编写程序如下：

```
#include <stdio.h>
struct stu {                          /*定义结构体数组并初始化*/
    int num;
    char name[20];
    int age;
    char sex;
    float score;
}boy[5]={{20101, "王芳", 19,'W',89},
         {20102, "任盈盈", 19,'W',92},
         {20103, "吴宇", 18,'M',76},
         {20104,"李平", 19,'M',87},
         {20105,"王明", 19,'M',58}};
void main()
{
    struct stu * p;                   /*定义指向结构体的指针变量*/
    void fun(struct stu * p);         /*声明 fun 函数*/
    p=boy;                            /*令指针 p 指向数组 boy 首地址*/
    fun(p);                           /*调用 fun 函数*/
```

```
}
void fun(struct stu * p)
{
    int c=0,i;
    float ave=0;
    for(i=0;i<5;i++,p++) {
        ave+=p->score;                    /* 求总分 */
        if(p->score<60) c+=1;             /* 统计不及格人数 */
    }
    ave=ave/5;                            /* 求平均分 */
    printf("average=%.1f\ncount=%d\n",ave,c);
}
```

本程序中定义了函数 fun,其形参为结构体指针变量 p,fun 函数的功能是统计所有学生的平均成绩和不及格的人数。数组 boy 被定义为外部结构体数组,因此在整个程序中有效。在 main 函数中定义说明了结构体指针变量 p,并把 boy 的首地址赋予它,使 p 指向 boy 数组。然后以 p 作实参调用函数 fun。在函数 fun 中完成计算平均成绩和统计不及格人数的工作并输出结果。

【例 9-9】 从键盘输入一个班(全班 30 个人)学生的学号、姓名、三门课的成绩,编程实现下列功能:

(1) 统计每个学生的总分和平均分。

(2) 输出平均分在全班平均分以上的学生名单。

(3) 按总分由高到低输出。

编程点拨:

(1) 设计一个表示学生成绩管理的结构体,主要包括学号、姓名、三门功课的成绩、每个学生的总分、每个学生的平均分。并定义一个包含 30 个元素的此类型数组,每个元素代表一个学生的全部信息。

(2) 设计 fun1 函数计算出每个学生的总分和平均分。

(3) 设计 fun2 函数输出平均分在全班平均分以上的学生名单。

(4) 设计 fun3 函数实现按总分由高到低排序并输出的功能。排序方法可按以前介绍的冒泡法或选择法。本例采用选择法。

(5) 设计 main 函数,先输入一个班的学生信息,然后依次调用以上三个函数完成设计要求。

相应的程序如下:

```
#include <stdio.h>
#define N 30
struct student{                         /* 定义学生成绩管理的结构体 */
    char   num[10];
    char   name[20];
    float  score[3];
    float  sum;
```

```
        float  average;
    };
    void fun1(struct student * ps)                    /* 计算出每个学生的总分和平均分 */
    {   int i,j;
        for(i=0;i<N;i++){
            (ps+i)->sum=0;                            /* 给表示每个学生总分的数据成员赋 0 */
            for(j=0;j<3;j++)
                (ps+i)->sum+=(ps+i)->score[j];    /* 统计每个学生的总分 */
            (ps+i)->average=(ps+i)->sum/3;            /* 统计每个学生的平均分 */
            printf("output %s:",(ps+i)->num);
            printf("sum=%f  average=%f\n",(ps+i)->sum,(ps+i)->average);
        }
    }
    void fun2(struct student * ps)                    /* 输出平均分在全班平均分以上的学生名单 */
    {   int i;
        float ave=0;                                  /* 变量 ave 表示全班平均分 */
        for(i=0;i<N;i++)
            ave+=(ps+i)->average;
        ave/=N;                                       /* 计算全班平均分 */
        for(i=0;i<N;i++)
            if((ps+i)->average>ave)                   /* 输出高于平均分的学生名单 */
                printf("%s\t%s\n",(ps+i)->num,(ps+i)->name);
    }
    void fun3(struct student * ps)                    /* 按总分由高到低排序并输出 */
    {   int i,j,k;
        struct student temp;
        for(i=0;i<N-1;i++){                           /* 用选择法按总分由高到低排序 */
        k=i;
        for(j=i+1;j<N;j++)
            if((ps+k)->sum< (ps+j)->sum) k=j;
        if(i!=k)
        { temp= * (ps+i); * (ps+i)= * (ps+k); * (ps+k)=temp; }
    }
    printf("output the sorted:\n");
    for(i=0;i<N;i++)                                  /* 输出排序结果 */
        printf("%s\t%s\t%f\t%f\t%f\t%f\t%f\n",(ps+i)->num,
            (ps+i)->name,(ps+i)->score[0],(ps+i)->score[1],
            (ps+i)->score[2],(ps+i)->sum, (ps+i)->average);
    }
    void main()
    {   int i;
        struct student stu[N], * ps=stu;
        for(i=0;i<N;i++)                              /* 输入学生信息 */
            scanf("%s%s%f%f%f",(ps+i)->num,(ps+i)->name,&(ps+i)->score[0],
```

```
            &(ps+i)->score[1],&(ps+i)->score[2]);
    fun1(ps);                        /* 调用 fun1 函数 */
    fun2(ps);                        /* 调用 fun2 函数 */
    fun3(ps);                        /* 调用 fun3 函数 */
}
```

用指针变量作函数参数较好,能提高运行效率。

举一反三

(1) 重新编写例 9-5 的程序,将"建立同学通讯录"和"输出同学通讯录"两部分功能分别用函数 input 和 output 实现。

提示:在 main 函数中先定义一个表示学生通讯录信息的结构体数组和指针,并使指针指向该结构体数组,然后将该指针作为实参,分别调用 input 函数和 output 函数实现数据的输入和输出。

input 函数原型可为: void input(struct mem * p)

output 函数原型可为: void output(struct mem * p)

(2) 设学生的记录由学号和成绩构成。要求编写一个程序,由 main 函数输入 N 名学生的数据,然后调用 fun 函数把分数最高的学生记录存放到另一数组中(注意:分数最高的学生可能不止一个),函数返回分数最高的学生的人数。最后在 main 函数中输出分数最高的学生数据。

提示:

① 定义表示学生记录的结构体数组,例如:

```
#define N 40
struct data{
    char num[10];
    float score;
}stu[N],t[N];
```

其中结构体数组 stu 存放 N 名学生的记录,结构体数组 t 存放分数最高的学生记录。

② 定义 fun 函数,函数原型可为 int fun(struct data * ps,struct data * pt)。

其中 ps 指向结构体数组 stu,pt 指向结构体数组 t,函数返回值表示分数最高的学生的人数。

③ 在 main 函数中先输入学生的记录并保存到数组 stu 中,然后调用 fun 函数找出分数最高的学生记录并存放到数组 t 中,最后回到 main 函数输出数组 t 的值。

9.4　共　用　体

在程序设计中,有时需要将各种不同类型的数据存放到同一段存储单元中,即在内存中它们具有相同的首地址。C 语言中的共用体可以解决这个问题。

共用体(又称联合体)是将不同类型的数据组合在一起,共同存放于同一段内存单元的一种构造数据类型。

与结构体类似，为了定义共用体变量，首先要定义共用体类型，说明该共用体类型中包含哪些成员，它们为何种类型，然后再定义该类型的变量。

定义共用体类型的一般形式为：

```
union   共用体名
{成员表};
```

例如：

```
union data
{   char c;
    float a;
};
```

以上定义了一个共用体类型 data，包括两个成员，分别是字符型量 c 和单精度型量 a。这些成员的数据可以存放在具有相同首地址的内存单元中。

声明了共用体类型后，就可以定义共用体变量。共用体类型变量的定义方法与结构体变量的定义类似，可采用三种方式：先定义共用体类型，再定义该类型的变量；也可以在定义共用体类型的同时定义该类型的变量；或直接定义共用体类型变量。

例如：

```
union data x,y,z;
```

以上定义了共用体类型 data 的三个变量 x、y、z，它们既可以存放字符型数据，也可以存放单精度型数据，具体存放何种数据视程序设计的需要而定。

虽然共用体和结构体在定义形式上相似，但在存储空间的分配上是有本质区别的。C 编译系统在处理结构体类型变量时，按照定义中各成员所需要的存储空间的总和来分配存储单元，其中各成员的存储位置是不同的；而 C 编译系统在处理共用体类型变量时，由于各成员占用相同的存储单元，必须有足够大的存储空间将占据最大存储空间的成员存储在内，故是按定义中需要存储空间最大的成员来分配存储单元，其他成员也使用该空间，它们的首地址是相同的。例如，在上面的定义中，为共用体类型 data 的变量 x 所分配的字节数与单精度型成员 a 相同，这样大的存储空间既能存放得下单精度数据，也能存放得下字符型数据。共用体变量 x 的内存状态如图 9-7 所示。

图 9-7　共用体变量 x 的内存状态

与结构体变量一样，在程序中不能直接引用共用体变量本身，而只能引用共用体变量的各个成员。引用共用体变量的成员形式为：

共用体变量名.成员名

例如，在上面的定义下，有赋值语句：

x.a=23.5;　　　　　　　　表示将 23.5 赋给共用体变量 x 的成员 a

使用共用体类型数据时应注意以下几点：

(1) 由于共用体变量中的各成员共用同一段内存空间,因此在任一时刻,只有一个成员的数据有意义,其他成员的数据是没有意义的。

例如,当对以上定义的共用体变量 x 的成员 c 进行赋值操作时,成员 a 的内容将被改变,a 失去其自身的意义;对成员 a 进行赋值操作时,成员 c 的内容将被改变,c 失去其自身的意义。

(2) 共用体变量中有意义的成员是最后一次存放的成员。

例如,在上面的定义下,有下列赋值语句:

```
x.a=1.5; x.c='H';
```

当前只有 x.c 有意义,x.a 已经没有实际意义。

(3) 共用体变量的地址和它的成员地址都是同一地址。

例如:

```
&x.a=&x.c=&x
```

(4) 不能对共用体变量名进行赋值,也不能企图引用共用体变量名来得到成员的值。不能在定义共用体变量时进行初始化。ANSI C 标准允许同类型的共用体变量互相赋值。

(5) 共用体与结构体可以相互嵌套。即共用体类型可以作为结构体类型的成员,结构体也可以作为共用体类型的成员。数组也可以作为共用体的成员。

在什么情况下会用到共用体数据呢?在数据处理中,有时需要对同一段空间安排不同的用途,这时用共用体类型比较方便,能增加程序处理的灵活性。

【例 9-10】 学校的人员数据管理。

设某校有若干人员的数据,其中有教师和学生。教师的数据包括编号、姓名、性别、工作、职务。学生的数据包括编号、姓名、性别、工作、班号。

如果将两种数据放在同一个表格中(如表 9-4 所示),那么有一栏,对于教师登记教师的"职务";对于学生,则登记学生的"班号"。

要求编写一个程序,输入人员的数据并输出。

表 9-4 学校人员数据信息表

编号 num	姓名 name	性别 sex	工作 job	职务 title/班号 class
2010	Wang	W	s	710
1072	Li	M	t	prof
...	...	...	...	...

编程点拨:要存储以上表格,可以定义一个包含 5 个成员的结构体数组。从表的结构还可以看出,前 4 个成员 num、name、sex、job 对学生和教师都是相同的,而最后一项成员因学生和教师不同,因而 title 和 class 不需要同时存储,故可以共用同一个存储单元,即最后一项成员可以用一个包含两项成员(title 和 calss)的共用体表示。

相应的程序为:

```
#include <stdio.h>
struct {                      /*定义表示人员数据的结构体数组 per*/
```

```
        int num;
        char name[20];
        char sex;
        char job;
    union{                              /* 定义能表示教师职务和学生班号的共用体 */
        int class;                      /* 成员 class 表示学生班号 */
        char title[20];                 /* 成员 title 表示教师职务 */
        }rank;
    }per[10];
    void main()
    {   int i;
        for(i=0;i<10;i++){
            scanf("%d %s %c %c",&per[i].num,per[i].name,
                &per[i].sex,&per[i].job);
            if(per[i].job=='t')
                scanf("%s",per[i].rank.title);          /* 输入教师的职务 */
            else if(per[i].job=='s')
                scanf("%d",&per[i].rank.class);          /* 输入学生的班号 */
        }
    printf("\nNo    Name    Sex Job  Title/Class\n");
    for(i=0;i<10;i++){
        if(per[i].job=='t')                              /* 输出教师数据 */
            printf("%-6d%-10s%-5c%-5c%-15s\n",per[i].num,per[i].name,
                per[i].sex,per[i].job,per[i].rank.title);
        else if(per[i].job=='s')                         /* 输出学生数据 */
            printf("%-6d%-10s%-5c%-5c%-15d\n",per[i].num,per[i].name,
                per[i].sex,per[i].job,per[i].rank.class);
    }
}
```

9.5　枚　举　类　型

在实际问题中，有些变量的取值被限定在一个有限的范围内。例如，一个星期只有 7 天，一年只有 12 个月，一个班每周有 6 门课程等。如果把这些变量说明为整型、字符型或其他类型显然是不妥当的。为此，C 语言提供了一种称为"枚举"的类型。所谓"枚举"是指将变量的值一一列举出来，变量的取值只限于列举出来的值的范围内。

应该说明的是，枚举类型是一种基本数据类型，而不是一种构造类型，因为它不能再分解为任何基本类型。

定义枚举类型的一般形式为：

enum 枚举名{ 枚举值表 };

其中枚举名是用户为该枚举类型所取的名字，在枚举值表中应罗列出所有可用值。

这些值也称为枚举元素。枚举名和枚举值都必须是 C 语言的合法标识符。

例如：

```
enum weekday{sun,mon,tue,wed,thu,fri,sat};
```

该枚举名为 weekday，枚举值共有 7 个，即一周中的 7 天。凡被定义为 weekday 类型的变量取值只能是 7 天中的某一天。

定义了一个枚举类型后，就可以定义枚举类型变量。和结构体与共用体一样，枚举变量也可用三种方式定义：先定义类型后定义变量，同时定义或直接定义。

例如，设有变量 a,b,c 被说明为上述的枚举类型 weekday，可采用下列任一种方式。

方式一：先定义枚举类型，后定义枚举类型变量。

```
enum weekday{sun,mon,tue,wed,thu,fri,sat};
enum weekday a,b,c;
```

方式二：在定义枚举类型的同时定义枚举类型变量。

```
enum weekday{sun,mon,tue,wed,thu,fri,sat}a,b,c;
```

方式三：直接定义枚举类型变量。

```
enum{sun,mon,tue,wed,thu,fri,sat}a,b,c;
```

由于枚举类型变量的取值只限于类型定义时所列举出来的值的范围内，因此在对枚举类型变量赋值时，就可以直接把这些元素赋给枚举类型变量。

例如，在上面的定义下，下列赋值语句是合法的：

```
a=sun; b=tue; c=sat;
```

在使用枚举类型数据时，要注意以下几个方面：

(1) 枚举元素是常量，不是变量，不能在程序中用赋值语句再对它赋值。

例如，对枚举类型 weekday 的元素再作以下赋值都是错误的：

```
sun=5; mon=2; sun=mon;
```

(2) 枚举元素本身由 C 语言编译系统定义了一个表示序号的数值，从 0 开始顺序定义为 0,1,2,…。

例如，在枚举类型 weekday 中，sun 值为 0，mon 值为 1，…，sat 值为 6。

但 C 语言还允许在对枚举类型定义时显式给出各枚举元素的值。

例如：

```
enum weekday{sun=7,mon=1,tue,wed,thu,fri,sat}a,b,c;
```

以上 sun 值为 7，mon 值为 1，tue 值为 2，…，sat 值为 6。

【例 9-11】 阅读下列 C 程序：

```
#include <stdio.h>
void main()
```

```
{
    enum weekday{sun,mon,tue,wed,thu,fri,sat}a,b,c;
    a=sun;
    b=mon;
    c=tue;
    printf("%d,%d,%d",a,b,c);
}
```

程序运行结果为：

```
0,1,2
```

（3）一个整数不能直接赋给枚举类型变量。但 C 语言允许将一个整数值经强制类型转换后赋给枚举类型变量。

例如，下列赋值语句是不合法的：

```
a=0; b=1;
```

如果一定要把数值赋予枚举变量，则必须用强制类型转换。

例如：

```
a=(enum weekday)2;
```

其意义是将顺序号为 2 的枚举元素赋给枚举变量 a，相当于：

```
a=tue;
```

下面举例说明枚举类型数据的使用。

【例 9-12】　编写程序，由键盘输入一个整数值（代表星期几），输出其对应的英文名称。

编程点拨：要表示星期几这样的数据，可定义一个枚举类型，然后输入一个整数（取值范围为 0～6），由此可找出对应的枚举元素值。

相应的 C 程序为：

```
#include <stdio.h>
void main()
{   int day;
    enum weekday{sun,mon,tue,wed,thu,fri,sat}week;
    printf("input day:");
    scanf("%d",&day);
    if(day>=0&&day<=6)
    {   week=(enum weekday)day;         /*将整数强制转换为枚举元素赋给枚举变量*/
        switch(week)                     /*输出星期几对应的英文名称*/
        {
            case sun: printf(" Sunday\n"); break;
            case mon: printf(" Monday\n"); break;
            case tue: printf(" Tuesday\n"); break;
```

```
        case wed: printf(" Wednesday\n"); break;
        case thu: printf(" Thuusday\n"); break;
        case fri: printf(" Friday\n"); break;
        case sat: printf(" Saturday\n"); break;
    }
}
else printf("ERROR\n");
}
```

程序运行情况如下：

```
input day:2↙
Tuesday
```

9.6　自定义类型名

在一个 C 程序中，可以使用 C 语言提供的基本数据类型名（如 int、char 和 double 等），也可以使用用户自己定义的数据类型名（如结构体类型、共用体类型等）。除此之外，C 语言还允许用户用 typedef 为已有的类型名定义一个新的类型名，也就是说允许由用户为已有数据类型取"别名"。

用 typedef 自定义类型名的一般形式为：

typedef　原类型名　新类型名；

表示可用新类型名代替原类型名。其中原类型名中含有定义部分，新类型名一般用大写表示，以便于和系统提供的标准类型标识符相区别。

用户定义自己的数据类型名的目的主要是为了提高程序的可读性。

例如，有整型量 a，b，其说明如下：

int a,b;

其中 int 是整型变量的类型说明符。int 的完整写法为 integer。为了增加程序的可读性，可把整型说明符用 typedef 定义为：

typedef int INTEGER

这以后程序中就可用 INTEGER 来代替 int 作整型变量的类型说明了。

例如：

INTEGER a,b;

它等效于：

int a,b;

用 typedef 定义数组、指针、结构体等类型将带来很大的方便，不仅使程序书写简单，而且使意义更为明确，从而增强了可读性。

例如：

```
typedef struct stu{
    int num;
    char name[20];
    int  age;
    char sex;
    float score;
}STU;
```

定义 STU 表示 stu 的结构体类型，然后可用 STU 来说明结构体变量：

```
STU boy1,boy2;
```

特别要注意，利用 typedef 声明只是对已经存在的类型增加了一个类型名，而没有定义新的类型。

复习与思考

(1) 结构体类型变量、数组和指针有哪些定义方法？结构体变量的内存状态如何？

(2) 结构体变量成员如何引用？如何初始化结构体变量？

(3) 共用体变量有哪些定义方法？如何引用共用体变量成员？

(4) 枚举类型变量有哪些定义方法？如何使用枚举类型变量？

(5) 如何用 typedef 自定义类型名？

习 题　9

1. 选择题

(1) 当说明一个结构体变量时，系统分配给它的存储容量是＿＿＿＿＿＿。

  A. 结构体中最后一个成员所需的存储容量

  B. 结构体中第一个成员所需的存储容量

  C. 成员中占存储量最大者所需的存储容量

  D. 各成员所需存储容量的总和

(2) 当说明一个共用体变量时，系统分配给它的存储容量是＿＿＿＿＿＿。

  A. 共用体中最后一个成员所需的存储容量

  B. 共用体中第一个成员所需的存储容量

  C. 成员中占存储量最大者所需的存储容量

  D. 各成员所需存储容量的总和

(3) 有定义如下：

```
struct student
```

```
{   int age;
    char num[8];
}stu[3]={{20,"200401"},{21,"200402"},{10,"200403"}};
struct student * p=stu;
```

以下选项中引用结构体变量成员的表达式错误的是_____。

A. (p++)->num　　　　　　　　B. p->num

C. (*p).num　　　　　　　　　　D. stu[3].age

(4) 有定义如下：

```
struct sk
{   int a;
    float b;
}data , * p;
```

如果有 p=&data;,则对于结构体变量 data 的成员 a 的正确引用是_____。

A. (*p).data.a　　B. (*p).a　　　　C. p->data.a　　　D. p.data.a

(5) 以下对结构体变量 stul 中成员 age 的非法引用是_____。

```
struct student
{   int age;
    int num;
}stu1, * p;
p=&stu1;
```

A. stu1.age　　　　　B. student.age　　　C. p->age　　　D. (*p).age

(6) 有定义如下：

```
union data
{   int i;
    char c;
    float f;
}a;
int n;
```

则以下语句正确的是_____。

A. a.i=5;　　　　　　　　　　B. a={2,'a',1.2};

C. printf("%d\n",a);　　　　　　D. n=a;

(7) 有定义如下：

```
union u_type
{   int i;
    char ch;
    float a;
}temp;
```

现在执行"temp.i=266; printf("%d",temp.ch);"的结果是_____。

　　A. 266　　　　　　B. 256　　　　　C. 10　　　　　D. 1

（8）有定义如下：

```
enum week{sun,mon,tue,wed,thu,fri,sat}day;
```

则正确的赋值语句是_____。

　　A. sun＝0;　　　　B. san＝day;　　　C. sun＝mon;　　D. day＝sun;

（9）有定义如下：

```
enum color {red,yellow=2,blue,white,black}ren;
```

执行下述语句的输出结果是_____。

```
printf("%d",ren= white);
```

　　A. 0　　　　　　B. 1　　　　　　C. 3　　　　　　D. 4

（10）有定义如下：

```
typedef  struct
{   int n;
    char ch[8];
}PER;
```

则下面叙述中正确的是_____。

　　A. PER 是结构体变量名　　　　　　B. PER 是结构体类型名
　　C. typedef struct 是结构体类型　　　D. struct 是结构体类型名

2. 填空题

（1）下面程序的运行结果是_____。

```
#include "stdio.h"
struct  STU
{   char num[10];
    float score[3];
};
void main()
{   struct STU s[3]={{"20021",90,95,85},{"20022",95,80,75},
                     {"20023",100,95,90}}, * p=s;
    int i;
    float sum=0;
    for(i=0;i<3;i++)
        sum=sum+p->score[i];
    printf("%6.2f\n",sum);
}
```

（2）下面程序的运行结果是_____。

```
#include "stdio.h"
struct abc
{int a b,c;};
void main()
{   struct abc s[2]={{1,2,3},{4,5,6}};
    int t;
    t=s[0].a+s[1].b;
    printf("%d \n",t);
}
```

(3) 下面程序的运行结果是_____。

```
#include "stdio.h"
struct str1
{char c[5], * s;};
void main()
{   struct str1 s1[2]={"ABCD", "DEGH", "IJK", "LMN"};
    struct str2
    {   struct str1 sr;
        int d;
    }s2={"OPQ", "RST",32767};
    printf("%s %s %d\n",s1[0].s,s2.sr.c,s2.d);
}
```

(4) 下面程序的运行结果是_____。

```
#include "stdio.h"
void main()
{   union
    {   int a[2];
        long k;
        char c[4];
    }t, * s=&t;
    s->a[0]=0x39;
    s->a[1]=0x38;
    printf("%lx", s->k);
}
```

(5) 下面程序的运行结果是_____。

```
#include <stdio.h>
struct stu
{   int num;
    char name[10];
    int age;
};
void fun(struct stu * p)
```

```
{
    printf("%s\n",(*p).name);
}
void main()
{   struct stu s[3]={{9801,"zhang",20},{9802,"wang",19},
                     {9803,"zhao",18}};
    fun(s+2);
}
```

（6）下面程序的运行结果是_____。

```
#include <stdio.h>
void main()
{   union EXAMPLE
    {   struct{ int x,y;}in;
        int a,b;
    }e;
    e.a=1;  e.b=2;
    e.in.x=e.a*e.b;
    e.in.y=e.a+e.b;
    printf("%d,%d\n",e.in.x,e.in.y);
}
```

（7）下面程序的功能是输入学生的姓名和成绩，然后输出。请完善程序。

```
#include <stdio.h>
struct stuinf
{   char name[20];
    int score;
}stu,*p;
void main()
{   p=&stu;
    printf("Enter name:");
    gets(   (1)   );
    printf("Enter score: ");
    scanf("%d",   (2)   );
    printf("Output: %s, %d\n",   (3)   ,   (4)   );
}
```

（8）下面程序的功能是按学生的姓名查询其成绩排名和平均成绩。查询时可连续进行，直到输入 0 时才结束。请完善程序。

```
#include <stdio.h>
#include <string.h>
#define NUM 4
struct student
{   int rank;
```

```
    char * name;
    float score;
};
    __(1)__ stu[]={3,"liming",89.3,4,"zhanghua",78.2,1,"anli",95.1,
                2,"wangqi",90.6};
void main()
{   char str[10];
    int i;
    do{
        printf("Enter a name");
        scanf("%s",str);
        for(i=0;i<NUM;i++)
            if(__(2)__)
            {   printf("Name :%8s\n",stu[i].name);
                printf("Rank :%3d\n",stu[i].rank);
                printf("Average :%5.1f\n",stu[i].score);
                __(3)__;
            }
        if(i>=NUM) printf("Not found\n");
    }while(  strcmp(str,"0")!=0);
}
```

（9）以下程序按"选择法"对结构体数组 a 按成员 num 进行降序排列。请完善程序。

```
#include <string.h>
#define N 8
struct c
{ int num;
  char name[20];
}a[N];
void main()
{   int i,j,k;
    struct c ,t
    for(i=0;i<N;i++)
        scanf("%d%s",&a[i].num,a[i].name);
    for(i=0;i<N-1;i++) {
    __(1)__ ;
        for(j=i+1;j<N;j++)
            if(a[j].num>a[k].num)__(2)__ ;
        if(i!=k)
        { t=a[i];a[i]=a[k]; __(3)__ ;}
    }
    for(i=0;i<N;i++)
        printf("%d,%s\n",a[i].num,a[i].name);
}
```

（10）输入 N 个整数,存储输入的数及对应的序号,并将输入的数按从小到大的顺序进行排列。要求：当两个整数相等时，整数的排列顺序由输入的先后次序决定。例如，输入的第 3 个整数为 5，第 7 个整数也为 5，则将先输入的整数 5 排在后输入的整数 5 的前面。请完善程序。

```c
#include "stdio.h"
#define N 10
struct
{   int no;
    int num;
}array[N];
void main()
{   int i,j,num;
    for(i=0;i<N;i++){
        printf("enter No. %d:",i);
        scanf("%d",&num);
        for(  (1)  ;j>=0&&array[j].num  (2)  num;  (3)  )
            array[j+1]=array[j];
        array[  (4)  ].num=num;
        array[  (5)  ].no=i;;
    }
    for(i=0;i<N;i++)
        printf("%d=%d,%d\n",i,array[i].num,array[i].no);
}
```

3. 编程题

(1) 编写一个程序，定义表示一周的枚举类型变量，根据键盘输入的一周中的星期几（整数值），输出其对应英文名称。

(2) 编写一个程序，定义一个表示日期结构类型的变量（由年、月、日三个整型数据组成），然后输入该变量的值并计算该变量表示的日期是本年度的第几日。

(3) 某学习小组有 5 个人，每个人的信息包括学号、姓名和成绩。编写一个程序，要求从键盘上输入他们的信息，并求出小组的平均成绩以及最高成绩者的信息。

(4) 某班学生的记录由学号和成绩组成。编写一个程序，将指定分数范围内的学生数据放在另一个数组中。

(5) 建立一个学生情况登记表，包括学号、姓名、5 门课成绩与总分。在主函数中调用以下函数实现指定的功能：

① 输入 n(n≤40)个学生的数据（不包括总分）。

② 计算每个学生的总分。

③ 按每个学生总分由高到低排序。

④ 由键盘输入一个学号，输出给定学号的学生的所有信息。

第 10 章

chapter **10**

动态数组与链表

在 C 程序设计中,数组具有静态性,也就是说数组的大小必须在编译时是确定的,不能在程序的运行过程中来决定数组的大小。而在实际应用中,数组有时在程序运行中需要数量可变的内存空间,即可能在运行时才能确定要用多少存储单元来存储数据。例如,编程求某个班学生某门课程的最高分和平均成绩。对于本问题,由于班级的人数是不固定的,因此实际的班级人数在编写程序时是未知的。对于这样的情况,程序中该如何定义用来存储学生成绩的数组的大小呢?

一般方法是将该数组定义得足够大,但这样会占用过多的内存空间,造成内存空间的浪费。更好的方法是,如果数组的大小可以在程序运行过程中确定(即动态定义数据结构),则会大大提高程序的空间效率,而且在程序运行过程中根据需要来分配内存和释放内存也非常方便。这也是本章要介绍的主要内容。

10.1 动态内存分配与动态数组

10.1.1 常用动态内存分配函数

如上所述,在某些情况下,当程序中需要动态定义数据结构(例如动态数组、链表等)时,要求程序能根据需要动态分配和释放内存,这就需要用动态内存分配函数来实现。

ANSI C 标准提供了以下几个库函数来实现内存的动态分配。ANSI C 规定使用这些动态分配函数时要用 ♯include 命令将 stdlib.h 或 malloc.h 文件包含进来。

1. malloc 函数

函数原型:

void * malloc(unsigned int size)

调用形式:

malloc(size)

函数功能:malloc 函数用于分配 size 个字节的内存空间。函数返回值是一个指向该存储区起始地址的指针。若函数调用不成功，则返回空指针（NULL）。

2. calloc 函数

函数原型：

```
void * calloc(unsigned int num, unsigned int size)
```

调用形式：

```
calloc(num,size)
```

函数功能：calloc 函数用于分配 num 个大小为 size 个字节的内存空间。函数返回值是一个指向该存储区起始地址的指针。若函数调用不成功，则返回空指针（NULL）。

3. free 函数

函数原型：

```
void free(void * p)
```

调用形式：

```
free(p)
```

函数功能：free 函数用于释放动态开辟的由 p 指向的内存空间。函数没有返回值。函数参数给出的地址只能是由 malloc 函数和 calloc 函数申请空间时返回的地址，该函数执行后，将以前分配的由 p 指向的内存单元交还给系统，可由系统重新分配。

4. realloc 函数

函数原型：

```
void * realloc(void * p, unsigned int size)
```

调用形式：

```
realloc(p,size)
```

函数功能：realloc 函数用于改变原来通过 malloc 函数或 calloc 函数分配的存储空间大小，即将 p 所指向的存储空间大小改为 size 个字节。函数返回值是重分配的存储空间的首地址，如果重分配不成功，返回 NULL。

下面通过一个实例来介绍这些函数的应用情况。

【例 10-1】 分析以下程序：

```
# include <stdio.h>
# include <stdlib.h>
void main()
{   struct stu {
    int num;
```

```
    char * name;
    char sex;
    float score;
    } * ps;
    ps= (struct stu * )malloc(sizeof(struct stu));          /*动态申请一块区域*/
    ps->num=102;
    ps->name="Zhang ping";
    ps->sex='M';
    ps->score=62.5;
    printf("Number=%d\nName=%s\n",ps->num,ps->name);
    printf("Sex=%c\nScore=%f\n",ps->sex,ps->score);
    free(ps);                                               /*释放动态分配的区域*/
}
```

以上程序的功能是先调用 malloc 函数动态申请分配一块内存区域,用来存放一个学生的信息,然后给这块区域赋相应的值并输出,最后调用 free 函数释放该区域。由于调用 malloc 函数返回的是一个指向 void 类型的指针,因此在程序中用强制类型转换(struct stu *)把它转换成指向结构体类型 struct stu 的指针并赋给同类型的指针变量 ps。

10.1.2　动态数组

在本章一开始曾提到要编程求某个班学生某门课程的最高分和平均成绩的问题,由于班级的人数是不固定的,实际的班级人数在编写程序时是未知的。因此,一种好的解决办法是动态申请单开辟一段内存区域,作为动态数组使用。

【例 10-2】编程求某个班学生某门课程的最高分和平均成绩。

编程点拨:由于班级的人数是不固定的,因此可在运行时先输入班级人数,并据输入的人数建立一动态数组以保存学生成绩。然后用求最大值的方法找出最高分,以及用累加的方法求出总分,将求得的总分除以学生人数即得平均分。

程序如下:

```
# include <stdio.h>
# include <stdlib.h>
float average(float * p,int n)                 /*求班级平均分*/
{   float ave=0;
    int i;
    for(i=0;i<n;i++)                           /*求总分*/
        ave+= * (p+i);
    ave=ave/n;                                 /*求平均分*/
    return ave;
}
float max_score(float * p,int n)               /*求最高分*/
{   float max= * p;
```

```
        int i;
        for(i=1;i<n;i++)                          /*找出最高分*/
            if(*(p+i)>max) max=*(p+i);
        return max;
}
void main()
{   float * p,max,ave;
    int i,n;
    printf("Please input array size:");
    scanf("%d",&n);
    p=(float * )malloc(n * sizeof(float));
                            /*动态申请 n 个 sizeof(float)字节的连续内存空间*/
    printf("Please input score:");
    for(i=0;i<n;i++)
        scanf("%f",p+i);                        /*输入每个学生的成绩*/
    ave=average(p,n);                            /*调用函数求平均分*/
    max=max_score(p,n);                          /*调用函数求最高分*/
    printf("ave=%.2f, max=%.2f\n",ave,max);
    free(p);                                      /*释放动态申请的空间*/
}
```

程序运行情况：

```
Please input array size:5↙
Please input score:80  70  95  85  90↙
ave=84.00, max=95.00
```

【例 10-3】 从键盘输入 m(1≤m≤10)和 n(1≤n≤5)的值，求 1～m 的 1～n 次幂。

编程点拨：先输入 m 和 n 的值，然后创建一个动态数组用来保存 1～m 的 1～n 次幂，最后输出结果。

程序如下：

```
#include <stdio.h>
#include <stdlib.h>
int mypow(int,int);                              /*声明求幂函数 mypow*/
void main()
{   int * p,i,j,m,n;
    printf("Please input m,n:");
    scanf("%d%d",&m,&n);                          /*输入 m 和 n 值*/
    p=(int * )calloc(m,n * sizeof(int));
                            /*动态申请 m 个 n * sizeof(int)字节的连续内存空间*/
    for(i=0;i<m;i++)
        for(j=0;j<n;j++){
            p[i * n+j]=mypow(i+1,j+1);
                        /*调用 mypow 函数计算 i+1 的 j+1 次幂并保存在动态数组中*/
```

```
            printf("%5d",p[i*n+j]);
        }
        free(p);                           /*释放动态申请的空间*/
    }
    int mypow(int x,int n)                 /*计算 x 的 n 次幂*/
    {   int t=1,i;
        for(i=1;i<=n;i++)
            t=t*x;
        return t;
    }
```

程序运行情况：

```
Please input m,n:6  3↙
11  1   2   4   8   3   9   27
 4  16  64  5   25  125 6   36  216
```

10.2　链　　表

10.2.1　链表的基本概念

链表是一种常见的重要的数据结构,它也是动态地进行内存分配的一种结构。在本章一开始曾提到求某个班学生某门课程的最高分和平均成绩的问题,除了可用动态数组来处理外,也可以使用链表来处理。但要注意,动态数组的元素在内存中是连续存储的,即是一种顺序存储结构;而链表中的元素却不是连续存储的,即是一种链式存储结构。

链表可分为单向链表、双向链表和循环链表等多种形式,本章只讨论最简单的一种链表——单向链表。单向链表的逻辑结构如图 10-1 所示。

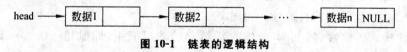

图 10-1　链表的逻辑结构

链表是由一个一个的结点构成,每个结点包含两部分:一部分用于存储数据元素的值,称为数据域;另一部分用于存储下一个结点的存储地址,称为指针域。

在链表的开头是指向第一个结点的指针变量 head,称为链表的头。链表是一个结点链着一个结点,每个结点都可能存储在内存中的不同位置,因此只有找到第一个结点才能通过第一个结点找到第二个结点,再由第二个结点找到第三个结点⋯⋯直到最后一个结点。最后一个结点不再链着其他结点,称为表尾,它的指针域为空(用 NULL 或 0 表示),表示链表到此结束。

为了在程序中能够实现上述的链表结构,必须用指针变量,即一个结点中应包含一个指针变量,用它来存储下一个结点的地址,故采用第 9 章介绍的结构体变量来表示链表中的每一个结点是最合适的。例如,在下面定义的结构体中,成员 data 用于存放结点中的有用数据，是结点的数据域部分；next 是指针类型的成员，它指向 struct node 类型数据，是结点的指针域部分。

```
struct node{
int data;                           /*数据域*/
struct node * next;                 /*指针域*/
};
```

10.2.2   创建动态链表

创建动态链表是指在程序运行过程中从无到有一个结点一个结点地建立起一个完整的链表。为了简单方便，在以下的实例中设计一个最简单的结构，即以 10.2.1 节定义的结构体 struct node 作为要创建链表的结点结构。若要创建其他结构的链表结点可与此类似。

假设要求输入若干个正整数构成一个链表，并以 −1 作为结束标志。创建此动态链表的主要步骤为：

(1) 定义表示链表结点的结构体类型，此类型一经构造，则具有这种类型的数据所要占用的存储空间大小就确定了，可使用运算符 sizeof 计算出链表结点所要的存储空间大小。

例如：

```
#define LEN sizeof(struct node)
struct node{
    int data;
    struct node * next;
};
```

(2) 定义三个指向 struct node 类型的指针变量 head、p1 和 p2，其中 head 用于表示链表的头。令 head=NULL，调用函数 malloc 动态申请分配一块给新结点内存空间，并由 p1 和 p2 指向新结点的首地址。如图 10-2 所示。

(3) 将输入的整数（假如为 3）放入新结点的数据域中，即赋给 p1−>data。如果 p1−>data≠−1，则表示输入的值是第一个结点的数据，令 head=p1。如图 10-3 所示。

图 10-2   动态申请一块新结点内存空间情况   **图 10-3   输入值保存到新结点数据域情况**

(4) 令 p2=p1，即使 p2 指向刚才建立的结点，调用函数 malloc 重新动态申请分配一块给新结点的内存空间，并令 p1 指向其首地址，给 p1−>data 输入数据（假如为 5）。如图 10-4 所示。

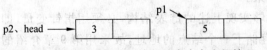

图 10-4   重新动态申请一块新结点内存空间情况

（5）如果输入的 p1－＞data≠－1，执行 p2－＞next＝p1 操作，即将原链表中最后一个结点和新建立的结点链接起来。如图 10-5 所示。

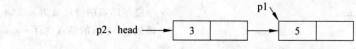

图 10-5　建立新结点和链表的链接关系

（6）重复步骤（4）、（5），直到 p1－＞num＝－1 时退出循环。令 p2－＞next＝NULL，即 p2 指向的结点为链表尾。至此，链表创建完成。如图 10-6(a)、图 10-6(b)和图 10-6(c)所示。

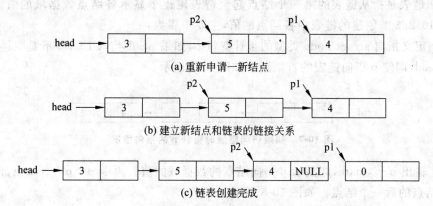

(a) 重新申请一新结点

(b) 建立新结点和链表的链接关系

(c) 链表创建完成

图 10-6　创建链表过程

按以上步骤创建链表的函数如下：

```c
#include <stdio.h>
#include <malloc.h>
#define LEN sizeof(struct node)
struct node{
    int data;
    struct node * next;
};
int n;
struct node * create()
{   struct node * head, * p1, * p2;
    n=0;                                    /* 全局变量 n 表示链表结点个数,初值为 0 */
    head=NULL;                              /* head 表示链表的头,初值为 NULL */
    p1=p2=(struct node * )malloc(LEN);      /* 动态申请一个新结点 */
    scanf("%d",&p1->data);                  /* 将输入的数据放入新结点的数据域中 */
    while(p1->data!=-1)
    {   n=n+1;                              /* 链表结点个数加 1 */
        if(n==1) head=p1;                   /* 令 head 指向链表的第一个结点 */
        else  p2->next=p1;       /* 将原链表中最后一个结点和新建立的结点链接起来 */
        p2=p1;
```

```
        p1=(struct node * )malloc(LEN);        /*重新动态申请一个新结点*/
        scanf("%d",&p1->data);
    }
    p2->next=NULL;                             /*令链尾结点的指针域为 NULL*/
    free(p1);                                  /*释放 p1 指向的结点内存*/
    return(head);
}
```

10.2.3 输出动态链表

输出链表是指从链表的第一个结点起至链表尾逐个显示各结点数据域的值。假设要输出 10.2.2 节创建的链表中各结点的值,主要步骤为:

(1) 定义指向 struct node 类型的指针变量 p,如果 head≠NULL,即不是空链表时,令 p=head,即使 p 指向链表的首结点。如图 10-7 所示。

图 10-7 初始访问链表时指针 p 的指向情况

(2) 输出 p->data,即显示 p 指向结点的数据域的值。再令 p=p->next,使 p 指向当前结点的后一个结点。如图 10-8 所示。

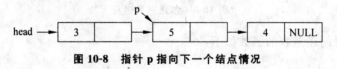

图 10-8 指针 p 指向下一个结点情况

(3) 若 p->next≠NULL,重复步骤(2),直到 p->next=NULL,即访问到链表尾结束。

按以上步骤输出链表的函数如下:

```
void print(struct node * head)
{   struct node * p;
    if(head!=NULL)                            /*链表不是空链表*/
    {   p=head;                               /*令 p 指向首结点*/
        do{
            printf("%d\n",p->data);           /*输出数据域的值*/
            p=p->next;                        /*令 p 指向下一个结点*/
        }while(p!=NULL);
    }
}
```

10.2.4 动态链表的删除操作

对链表的删除操作是指删除链表中某个结点,即将该结点从链表中分离出来,不再和链表中的其他结点有任何联系。假设要删除 10.2.2 节创建的链表中数据为 5 的结点，主要步骤为：

（1）找到要删除的结点，并令 p1 指向该结点，p2 指向该结点的前一个结点。如图 10-9 所示。

图 10-9　指针 p1 和 p2 的指向情况

（2）令 p2－＞next＝p1－＞next，即将要删除结点的前一个结点和后一个结点链接起来，从而达到删除该结点的目的。如图 10-10 所示。

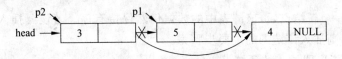

图 10-10　删除 p1 指向的结点情况

（3）释放被删除的结点。至此，删除操作完成。

从链表的删除操作可以看出，在链表中删除一个结点后，不需要移动链表的结点，只需改变被删除结点的前一个结点的指针域即可。另外，当链表中删除一个结点后，该结点所占的存储空间就变为空闲，应将该空闲结点释放。

按照以上步骤删除结点的函数为：

```c
struct node * delete(struct node * head,int x)
{   struct node * p1, * p2;
    if(head==NULL)                      /* 链表为空链表 */
    {   printf("\nlist null!\n");
        goto end;
    }
    p1=head;
    while(x!=p1->data&&p1->next!=NULL)  /* 查找要删除的结点 */
    {   p2=p1;p1=p1->next;}
    if(x==p1->data)                     /* 找到了要删除的结点,准备删除 */
    {   if(p1==head)                    /* 要删除的结点是头结点 */
            head=p1->next;              /* 将第二个结点的地址赋给 head */
        else                            /* 要删除的结点是中间结点 */
            p2->next=p1->next;
                        /* 将要删除结点的前一个结点和后一个结点链接起来 */
        printf("delete the node\n");
        n=n-1;                          /* 链表结点个数减 1 */
        free(p1);                       /* 释放被删除的结点内存 */
    }
    else                                /* 找不到要删除的结点 */
        printf("%d not been found!\n",x);
```

```
end: return(head);
}
```

10.2.5　动态链表的插入操作

对链表的插入操作即是将一个新的结点插入到已经按某种顺序建立好的链表中的适当位置。假设已建立好一个按成员 data 值由小到大顺序排列的链表，如图 10-11 所示。

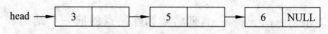

图 10-11　按成员 data 值由小到大顺序排列的链表

要求插入一个新结点后，该链表中的数据仍然保持有序。若设要插入的新结点的成员 data 值为 4，则插入该结点的主要步骤为：

（1）令 p0 指向要插入的新结点。

（2）在链表中找到要插入结点的合适位置。本例应插入到第一个和第二个结点之间，令 p1 指向第二个结点，p2 指向第一个结点。如图 10-12 所示。

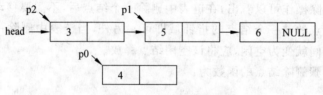

图 10-12　新结点插入链表前

（3）令 p2->next=p0 和 p0->next=p1，即将新结点链接到链表中。至此，插入操作完成。如图 10-13 所示。

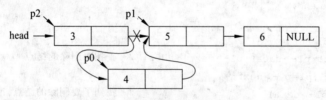

图 10-13　新结点插入链表后

由链表的插入过程可以看出，链表在插入过程中不发生结点移动的现象，只需改变结点的指针即可，从而提高了插入的效率。

按以上步骤插入结点的函数为：

```
struct node * insert(struct node * head,struct node * d)
{    struct node * p0, * p1, * p2;
     p1=head;
     p0=d;                                /* p0 指向要插入的结点 */
     if(head==NULL){                       /* 如果链表为空,新结点作为头结点 */
```

```
        head=p0;p0->next=NULL;
    }
    else{
        while((p0->data>p1->data)&&(p1->next!=NULL))    /*查找要插入的位置*/
        { p2=p1; p1=p1->next; }
        if(p0->data<=p1->data)
        {
            if(head==p1)                    /*新结点插入到第一个结点前*/
                head=p0;
            else
                p2->next=p0;                /*新结点插入到 p2 和 p1 指向的结点之间*/
            p0->next=p1;
        }
        else                                /*新结点插入到链尾*/
        { p1->next=p0;p0->next=NULL; }
    }
    n=n+1;                                  /*结点个数加 1*/
    return(head);
}
```

10.2.6　动态链表的应用举例

【例 10-4】　建立一个链表,其结点元素值为 0~99 之间的 n(n<20)个随机整数,然后依次输出链表中各元素值。

编程点拨:本题先定义以下结构类型作为链表的结点结构,然后分别编写三个函数来实现要求解的问题。

```
typedef struct node {
    int num;
    struct node * next;
}Listnode;
```

(1) 编写 creat 函数创建包含 n 个结点的链表,创建链表方法可参见 10.2.2 节的介绍。如何产生值为 0~99 之间的随机整数呢? 可以通过计算式"rand()%100"得到,其中函数 rand 为系统提供的用于产生一个随机整数的标准函数。

(2) 编写 print 函数输出所创建的链表中各元素值,具体方法可参见 10.2.3 节的介绍。

(3) 编写 main 函数,先输入链表的结点个数 n,然后调用 creat 函数创建链表,再调用 print 函数输出链表中各元素值。

相应的程序为:

```
# include <stdio.h>
# include <stdlib.h>
# include <time.h>
```

```
typedef   struct node {
    int num;
    struct node * next;
}Listnode;
Listnode * creat(int);
void print(Listnode * );
void main()
{   Listnode * head;
    int i,n;
    printf("please input the numner:");
    scanf("%d",&n);                      /* 输入结点个数 */
    head=creat(n);
    print(head);
}
Listnode * creat(int n)                  /* 创建包含 n 个结点的链表 */
{   int i;
    Listnode * head, * p1, * p2;
    head=NULL;
    srand(time(NULL));                   /* 调用函数 srand 为 rand 设置随机数种子 */
    if(n>0){
        for(i=1;i<=n;i++){
            p1=(Listnode * )malloc(sizeof(Listnode));
            p1->num=rand()%100;          /* 调用函数 rand 产生 0~99 的随机整数 */
            if(i==1) head=p1;            /* 令 head 指向链表的第一个结点 */
            else p2->next=p1;
            p2=p1;
        }
        p2->next=NULL;                   /* 置链表的尾结点 */
    }
    return(head);
}
void print(Listnode * head)              /* 输出链表中各元素值 */
{   Listnode * p;
    p=head;
    if(head!=NULL){
        do{   printf("%5d",p->num);
            p=p->next;
        }while(p!=NULL);
    }
}
```

程序运行情况：

```
please input the numner:5 ↙
78   99   41   56   48
```

【例 10-5】 设有一学生成绩表，表中信息包括学号、姓名和三门课的成绩。编写程序,先建立学生成绩链表(以输入学号"＊"作结束标志),然后统计并输出每个学生的平均分。

编程点拨:本题先定义以下结构类型作为链表的结点结构,然后分别编写三个函数来实现要求解的问题。

```
typedef  struct student{
char num[10];                       /＊学号＊/
char name[20];                      /＊姓名＊/
float score[3];                     /＊3门课成绩＊/
float ave;                          /＊平均分＊/
struct student＊next;
}STU;
```

(1) 编写 creat 函数创建学生成绩链表,创建链表方法可参见 10.2.2 节的介绍。

(2) 编写 average 函数,通过遍历学生成绩链表(可参见 10.2.3 节)计算并输出每个学生的平均分。

(3) 编写 main 函数,先调用 creat 函数创建链表,再调用 average 函数求出每个学生的平均分。

相应的程序为:

```
#include <stdio.h>
#include <stdlib.h>
#include <string.h>
typedef  struct student{
    char num[10];                       /＊学号＊/
    char name[20];                      /＊姓名＊/
    float score[3];                     /＊三门课成绩＊/
    float ave;                          /＊平均分＊/
    struct student＊next;
}STU;
STU＊creat();
void average(STU＊);
int n;                              /＊全局变量 n 用于统计链表的结点数＊/
void main()
{   STU＊head;
    head=creat();
    average(head);
}
STU＊creat()
{   STU＊head,＊p1,＊p2;
    int i;
    n=0;
    head=NULL;                          /＊head 表示链表的头,初值为 NULL＊/
```

```
        p1=p2=(STU*)malloc(sizeof(STU));      /*动态申请一个新结点*/
        scanf("%s%s",p1->num,p1->name);
        for(i=0;i<3;i++)
            scanf("%f",&p1->score[i]);
        while(strcmp(p1->num,"*")!=0)         /*如果学号不为"*"时*/
        {   n=n+1;                            /*链表结点个数加1*/
            if(n==1) head=p1;                 /*令 head 指向链表的第一个结点*/
            else   p2->next=p1;        /*将原链表中最后一个结点和新建立的结点链接起来*/
            p2=p1;
            p1=(STU*)malloc(sizeof(STU));     /*重新动态申请一个新结点*/
            scanf("%s%s",p1->num,p1->name);
            for(i=0;i<3;i++)
                scanf("%f",&p1->score[i]);
        }
        p2->next=NULL;                        /*令链尾结点的指针域为 NULL*/
        free(p1);                             /*释放 p1 指向的结点内存*/
        return(head);
    }
void average(STU*head)                        /*统计每个学生的平均分*/
{   STU*p;
    int i;
    p=head;
    if(head!=NULL){
        do{
            p->ave=0;
            for(i=0;i<3;i++)
                p->ave+=p->score[i];          /*计算每个学生的总分*/
            p->ave/=3;                        /*计算每个学生的平均分*/
            printf("%.1f\n",p->ave);          /*输出每个学生的平均分*/
            p=p->next;
            }while(p!=NULL);
        }
}
```

程序运行情况：

101 Li 78 89 76↙↙
102 Wang 76 65 98↙↙
103 Jiang 87 89 97↙↙
* kk 0 0 0↙↙
81.0
79.7
91.0

复习与思考

（1）在程序中为什么要采用动态数据结构？采用这样的结构有何优点？

（2）ANSI C 标准提供了哪几个库函数来实现内存的动态分配？每个函数的调用形式和功能如何？

（3）如何建立和使用一个动态数组？

（4）如何实现动态链表的创建、输出以及插入和删除操作？

习　题　10

1. 填空题

（1）假定建立了以下链表结构，指针 p、q 分别指向下图所示的结点，将 q 所指结点插入到链表末尾的语句组是＿＿＿＿＿。

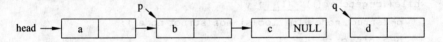

（2）有以下结构体说明和变量的定义，且如下图所示，指针 p 指向变量 a，指针 q 指向变量 b。将结点 b 连接到结点 a 之后的语句是＿＿＿＿＿。

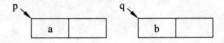

```
struct node {
    char data;
    struct node * next;
} a,b, * p=&a, * q=&b;
```

（3）以下程序运行后的输出结果是＿＿＿＿＿。

```c
# include < stdlib.h>
# include < stdio.h>
struct NODE{
    int num;
    struct NODE * next;
};
void main ()
{   struct NODE * p, * q, * r;
    p=(struct NODE * )malloc(sizeof(struct NODE));
    q=(struct NODE * )malloc(sizeof(struct NODE));
    r=(struct NODE * )malloc(sizeof(struct NODE));
```

```
p->num=10; q->num=20; r->num=30;
p->next=q; q->next=r;
printf("%d\n",p->num+q->next->num);
}
```

（4）以下程序的功能是读入一行字符（如 a、…y、z），按输入时的逆序建立一个链接式的结点序列，即先输入的位于链表尾，然后再按输入的相反顺序输出，并释放全部结点。请完善程序。

```
#include <stdio.h>
#include <stdlib.h>
void main()
{   struct node {
char info;
struct node * link;
} * top, * p;
char c;
top=NULL;
while((c=getchar())   (1)   )
{   p=(struct node * )malloc(sizeof(struct node));
    p->info=c;
    p->link=top;
    top=p;
}
while(top)
{   (2)   ;
    top=top->link;
    putchar(p->info);
    free(p);
}
}
```

（5）下面函数将指针 p2 所指向的线性链表链接到 p1 所指向的链表的末端。假定 p1 所指向的链表非空。请完善程序。

```
#define NULL 0
struct link{
    float a;
    struct link * next;
};
void concatenate (struct list * p1, struct list * p2)
{
    if(p1->next==NULL)
        p1->next=p2;
    else
```

```
        concatenate( (1) ,p2);
}
```

(6) 下面函数的功能是创建一个带有头结点的链表,将头结点返回给主调函数。链表用于储存学生的学号和成绩。新产生的结点总是位于链表的尾部。请完善程序。

```
#define LEN struct student
struct student{
    int num;
    int score;
    struct student * next;
};
struct student * creat()
{   struct student * head=NULL, * tail;
    int num;  int a;
    tail=  (1)  malloc(LEN);
    do
    {   scanf("%ld,%d",&num,&a);
        if(num!=0)
        {   if(head==NULL) head=tail;
            else   (2)  ;
            tail->num=num;
            tail->score=a;
            tail->next=(struct student * )malloc(LEN);
        }
        else
            tail->next=NULL;
    }while(num!=0);
    return(  (3)  );
}
```

2. 编程题

(1) 编写程序,计算两个长度为 n 的向量的和。要求用动态数组实现。

(2) 编程输入 m 个班级学生(每班有 n 个学生)的某门课的成绩,计算最高分,并指出具有最高分成绩的学生是第几个班的第几个学生。要求用动态数组实现。

(3) 编写程序,从键盘输入一行字符,创建一个链表,将输入的每个字符各存入一个结点中,然后输出并释放全部结点。

(4) 假设有以下结点结构的单链表:

```
struct node{
    char ch;
    struct node * link;
};
```

编写一个函数,删除 ch 成员值与 x 值相等(x 由键盘输入)的所有结点。

(5) 某学习小组有 n 个成员,每个成员的信息包括学号、姓名和 4 门课成绩。编写程序,从键盘上输入他们的信息并建立一个链表,然后求出每个成员的平均成绩以及找出平均成绩最高的成员信息。

(6) 编写程序,使用单链表作数据结构,解决 Josephus 问题。

Josephus 问题描述如下:设有 n 个人围坐一圈,现从第 1 个人开始报数,顺时针方向数到 m 的人出列,然后从出列的下一个人重新开始报数,数到 m 的人出列……如此反复,直至最后剩下一个人便是胜利者。Josephus 问题是对于任意给定的 n 和 m(m<n),究竟第几个是胜利者?

第11章

文 件

　　所谓"文件"是指一组相关数据的有序集合。实际上在前面的应用中已经多次使用了文件,如源程序文件、目标文件、可执行文件和头文件等。文件通常是驻留在外部介质(如磁盘等)上的数据集合,一般来说,不同的文件有不同的文件名,计算机操作系统就是根据文件名对各种文件进行存取和处理的。在 C 语言中,文件操作都是由库函数来完成的。在本章将介绍主要的文件操作函数。

11.1 文件的基本概念

11.1.1 字节流

　　输入输出操作中的字节序列称为字节流,根据对字节内容的解释方式,字节流分为字符流(也称文本流)和二进制流。

　　字符流将字节流的每个字节按 ASCII 字符解释,它在数据传输时需要作转换,效率较低。例如,源程序文件和文本文件都是字符流。由于 ASCII 字符是标准的,因此字符流可直接编辑、显示或打印。

　　二进制流将字节流的每个字节以二进制方式解释,它在数据传输时不作任何转换,效率高。但各台计算机对数据的二进制存放格式各有差异,且无法人工阅读,故二进制流产生的文件可移植性差。

　　若每个字节按 ASCII 字符解释,则该文件就是文本文件;若每个字节按二进制数据解释,则该文件就是二进制文件。

11.1.2 缓冲文件系统

　　Visual C++ 6.0 编译系统处理文件的输入和输出有两种方式,即缓冲文件系统和非缓冲文件系统。通常使用缓冲文件系统,非缓冲文件系统仅在特殊场合才使用,本章不做介绍。

　　所谓缓冲文件系统是指系统在内存区为每一个正在使用的文件开辟一个缓冲区。不论是输入还是输出,数据必须都先存放到缓冲区中,然后再输入或输出,如图 11-1 所示。

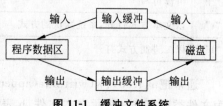

图 11-1　缓冲文件系统

11.1.3　文件类型指针

Visual C++ 6.0 编译系统为每个被使用的文件都在内存中开辟一个区域,用来存放文件的有关信息,这些信息用一个结构体类型 FILE 来表示。FILE 结构体类型的各成员已由系统定义,并在 stdio.h 头文件中作了说明,用户不必了解其中的细节,只需在程序开头加上包含该头文件的预处理命令即可。

在 C 语言中用一个指针变量指向一个文件,这个指针称为文件类型指针。通过文件类型指针就可对它所指的文件进行各种操作。定义文件指针的一般形式为:

FILE * 文件指针名;

例如:

FILE * fp;

需要注意的是,若要对多个文件进行操作,则需要定义相同个数的文件类型指针,一个文件类型指针只能指向一个文件。

例如:

FILE * fp1, * fp2, * fp3;

11.1.4　文件位置指针及文件打开方式

文件位置指针用于指示文件当前要读写的位置,以字节为单位,从 0 开始连续编号(0 代表文件的开头)。每读一个字节,文件位置指针就向后移动一个字节。

如果文件位置指针是按照字节位置顺序移动的,就称为顺序读写;如果文件位置指针是按照读写需要任意移动的,就称为随机读写。

通常,文件位置指针的值与打开该文件时采用的打开方式有关。文件的打开方式及其含义如表 11-1 所示。

表 11-1　文件的打开方式及其含义

方式	具　体　含　义	文件读写位置
"r"	只读方式打开一个已存在的文件	文件开头
"w"	只写方式打开一个文件。若该文件不存在,则以该文件名创建一个新文件;若已存在,则将该文件内容全部删除	文件开头
"a"	追加方式打开一个文件,仅仅在文件末尾写数据	文件末尾
"+"	可读可写	
"t"	以文本方式打开,系统默认的方式	
"b"	以二进制方式打开	

通常把 r(read)、w(write)、a(append)、＋称为操作类型字符,t(text)和 b(binary)称为文件类型字符,t 表示文本文件,b 表示二进制文件,在打开文件时所采用的打开方式

是由操作类型和文件类型组合而成,操作类型字符在前,文件类型字符在后。当没有指定文件类型时,系统默认是文本文件,即 t 方式。＋是与 r、w 和 a 搭配使用。

例如:

"r"与"rt"等价,都表示以只读方式打开一个文本文件。

"wb"表示以只写方式打开一个二进制文件。

"r＋"表示以读写方式打开一个已存在的文件。

"w＋"表示以读写方式创建一个新文件,若已存在,则将该文件内容全部删除。

"a＋"表示在文件末尾追加数据,而且可以从文件中读取数据。

11.2　文件的打开与关闭

对文件操作的一般过程是:

打开文件→读/写文件→关闭文件

即对一个文件进行读写之前首先应该打开该文件,在使用完文件之后应关闭该文件,以避免丢失数据。所有的这些操作都通过调用库函数实现,在这一节将介绍与打开文件和关闭文件相关的函数,读/写文件的函数将在下一节介绍。

11.2.1　文件的打开

文件打开用 fopen 函数来实现,该函数的原型为:

FILE * fopen (char * filename, char * mode)

调用形式:

fopen(filename, mode)

该函数的功能是以 mode 方式打开由 filename 指向的文件,其中,打开方式 mode 的取值可见 11.1.4 节中表 11-1 所示。若打开成功,该函数就返回一个指向该文件的文件指针,这样对文件的操作就可以通过该文件指针进行;如果失败(磁盘故障;磁盘满以致无法创建文件;表 11-1 列出的错误等),则返回 NULL。

filename 如果仅仅是文件名,则表示在当前目录下操作。如果想在指定目录下操作,则 filename 要包含路径。例如:

FILE * fp;
fp=fopen("f.txt", "r");

其功能是在当前目录下打开文件 f.txt,只允许进行"读"操作,并使文件指针 fp 指向该文件。

又如:

FILE * fp

```
fp=fopen("c:\\f.txt","rb")
```

其功能是打开 C 盘根目录下的文件 f.txt。两个反斜线"\\"中的第一个表示转义字符的标志，第二个表示根目录。注意，此处必须有两个反斜线"\\"，缺一不可。

对文件的读/写操作之前，必须要保证文件能够被正确打开，所以通常在打开文件时，要根据 fopen 函数的返回值来判读该文件是否被正确打开，通常采用如下语句：

```
if((fp=fopen("c:\\f.txt","rb"))==NULL)
{
    printf("\nCan not open this file!");
    exit(1);                /* 退出程序 */
}
```

11.2.2　文件的关闭

在使用完一个文件后应该关闭它，以解除文件指针与其所指向文件的关系，释放它所占用的系统资源，以防止文件的数据丢失或被误用。fclose 函数就实现了文件关闭功能，该函数的原型是：

```
int fclose(FILE * fp)
```

调用形式：

```
fclose(fp)
```

正常完成关闭文件操作时，fclose 函数返回值为 0。如果返回 EOF，则表示有错误发生。EOF 是在 stdio.h 文件中定义的符号常量，值为 −1。

例如：

```
FILE * fp;
fp=fopen("f.txt", "r");
…
fclose(fp);                        /* 文件不再使用,关闭该文件 */
```

一旦使用 fclose 函数，就不能通过该文件指针对原来与其关联的文件进行读写操作，除非再次通过 fopen 函数打开该文件。

11.3　文件的读写

在文件打开之后，就可以对它进行读写操作了。ANSI C 标准提供了多种文件读写的库函数，在本节将介绍如下常用的文件操作函数，使用这些函数时都要包含头文件 stdio.h。

（1）字符读写函数：fgetc 和 fputc。

（2）字符串读写函数：fgets 和 fputs。

（3）格式化读写函数：fscanf 和 fprinf。

（4）数据块读写函数：fread 和 fwrite。

11.3.1　字符读写函数

1. fgetc 函数

fgetc 函数的原型为：

```
int fgetc(FILE * fp)
```

调用形式：

```
fgetc(fp)
```

该函数的功能是从 fp 所指向的文件中读取一个字符。

例如：

```
ch=fgetc(fp);
```

其作用是从已打开的文件（由 fp 指向）中读取一个字符并送入字符变量 ch 中。如果在执行 fgetc 函数读字符时遇到文件结束符，函数返回一个文件结束标志 EOF（即 −1）。

例如，从一个磁盘文件顺序读入一个个字符并在屏幕上显示，可以编写以下主要代码：

```
char ch;
ch=fgetc(fp);
while(ch!=EOF){
    putchar(ch);
    ch=fgetc(fp);
}
```

每调用一次 fgetc 函数后，该文件位置指针将向后移动一个字节。因此可连续多次使用 fgetc 函数从文件中读取多个字符。

对于一个文本文件，上述代码是能够正确读写文件所有内容的。因为在文本文件中，数据是以字符的 ASCII 代码值的形式存放，ASCII 代码的范围是 0～255，不可能出现 −1，因此可以用 EOF 作为文件结束标志。

但是，如果一个二进制文件字节流中某个字节是 FF（即 −1 在计算机中的表示），那么当通过 ch=fgetc(fp)函数读取到该字节时，ch 的值就为 −1，此时循环条件不成立，退出循环，即显示器上不输出该字节及后续内容，但是该字节及后续内容是文件中的有效信息。那么如何判断某个字节内容为 FF 的文件是否结束呢？在 C 语言中通过判断函数 feof(fp)的返回值来解决，如果遇到文件结束，函数 feof(fp)的值为 1，否则为 0。

所以上述代码段可以修改为如下：

```
char ch;
ch=fgetc(fp);
```

```
    while(!feof(fp))                          /*文件没有结束*/
    {
        putchar(ch);
        ch=fgetc(fp);                         /*读取文件内容*/
    }
```

从上面的分析可以看出，feof(fp)函数既可用来判断二进制文件是否结束，又可用来判断文本文件是否结束。但 EOF 只能作为文本文件的结束标志，不能作为二进制文件的结束标志。

2. fputc 函数

fputc 函数的原型为：

```
int fputc(char ch,FILE * fp)
```

调用形式：

```
fputc(ch,fp)
```

该函数的功能是把 ch 字符写入 fp 所指向的文件中。

fputc 函数有一个返回值，如写入成功，则返回写入的字符，否则返回一个 EOF。可用此来判断写入是否成功。

例如：

```
fputc('b',fp);              其作用是把字符 b 写入 fp 所指向的文件中
```

每调用一次 fputc 函数，就向文件中写入一个字符，文件位置指针向后移动一个字节。

【例 11-1】　从键盘输入一些字符，逐个把它们保存到磁盘中，直到遇到"＃"号为止。

编程点拨：从键盘输入字符可用 getchar 函数，将字符写入文件中可用 fputc 函数。

相应的程序如下：

```
#include <stdio.h>
#include <stdlib.h>
void main()
{   FILE * fp;                               /*定义文件指针*/
    char ch,filename[15];
    scanf("%s",filename);                    /*输入需要操作的文件名*/
    if((fp=fopen(filename,"w"))==NULL)       /*打开文件判断*/
    {   printf("cannot open file");
        exit(1);
    }
    getchar();                               /*用来接受 scanf 函数的回车字符*/
    ch=getchar();                            /*用来接受输入的第一个字符*/
    while(ch!='#') {                         /*循环读取文件中的字符*/
        fputc(ch,fp);
```

```
        ch=getchar();
    }
    fclose(fp);                          /*关闭文件*/
}
```

【例 11-2】 将读取磁盘文件中的字符,逐个显示到屏幕上,直到遇到文件结束符为止。

编程点拨:从文件中读字符可用 fgetc 函数,将字符写到屏幕上可用 putchar 函数。

相应的程序如下:

```
#include <stdlib.h>
#include< stdio.h>
void main()
{   FILE * fp;
    char ch,filename[15];
    scanf("%s",filename);                /*输入磁盘上的文件名*/
    if((fp=fopen(filename,"r"))==NULL)
    {   printf("cannot open file");
        exit(1);
    }
    ch=fgetc(fp);                        /*从 fp 所指向的文件中读取字符*/
    while(!feof(fp))                     /*利用循环读取并显示字符*/
    {   putchar(ch);
        ch=fgetc(fp);
    }
    fclose(fp);
}
```

值得提及的是,例 11-1 和例 11-2 中出现的 getchar 函数和 putchar 函数可以分别改为 fgetc(stdin)和 fputc(ch,stdout)。当程序开始运行时,系统自动打开标准的输入文件和标准的输出文件,这两个文件的文件指针分别为 stdin 和 stdout,通常 stdin 指的是键盘,stdout 指的是显示器。

11.3.2 格式读写函数

fprintf 函数和 fscanf 函数与 printf 函数和 scanf 函数相仿,都是格式读写函数,不同的是 fprintf 和 fscanf 读写的对象不是终端而是文件。

fprintf 函数的原型为:

```
int fprintf(FILE * fp,char * format,…)
```

调用形式:

```
fprintf(fp,format,…)
```

该函数的功能为将格式化数据写入 fp 所指向的文件中。

fscanf 函数的原型为：

```
int fscanf(FILE * fp,char * format,…)
```

调用形式：

```
fscanf(fp,format,…)
```

该函数的功能为按照指定格式从文件中读出数据，并赋值到参数列表中。
例如：

```
fprintf(fp,"%d,%f",i,t);
```

它的作用是将整型变量 i 和实型变量 t 的值按%d 和%f 的格式输出到 fp 指向的文件中。
又如：

```
fscanf(fp,"%d,%f",&i,&t);
```

它的作用是从 fp 指向的文件中按指定格式读入数据，赋给变量 i 和变量 t。

很明显，fprintf（stdout，"％d，％f"，i，t）与 printf（"％d，％f"，i，t）等价；fscanf（stdin，"%d，%f"，&i，&t）与 scanf（"%d，%f"，&i，&t）等价。

【例 11-3】　从键盘输入两个学生的数据（包括姓名、学号、年龄、住址），写入一个文件中，再读出这两个学生的数据显示在屏幕上。

编程点拨：两个学生数据可用一个结构体数组表示，将数据写入磁盘文件中可用函数 fprintf 实现，将数据从文件中读出可用函数 fscanf 实现。

相应的程序如下：

```
#include <stdlib.h>
#include<stdio.h>
#include<conio.h>
struct stu {
    char name[10];
    int num;
    int age;
    char addr[15];
}boya[2],boyb[2], * pp, * qq;
void main()
{   FILE * fp;
    int i;
    pp=boya;
    qq=boyb;
    if((fp=fopen("stu_list","w"))==NULL)    /* 以写的方式打开文件 stu_list * /
    {   printf("Cannot open file strike any key exit!");
        getch();
        exit(1);
```

```
    }
    printf("\ninput data\n");
    for(i=0; i<2; i++,pp++)                        /* 输入学生数据 */
      scanf("%s%d%d%s",pp->name,&pp->num,&pp->age,pp->addr);
    pp=boya;
    for(i=0;i<2;i++,pp++)                          /* 将数据写入文件中 */
        fprintf(fp,"%s %d %d %s\n",pp->name,pp->num,pp->age,pp->addr);
    fclose(fp);                                    /* 关闭文件 */
      if((fp=fopen("stu_list","r"))==NULL)     /* 重新以读的方式打开文件 stu_list */
      {   printf("Cannot open file strike any key exit!");
          getch();
          exit(1);
      }
    for(i=0;i<2;i++,qq++)                           /* 从文件中读取数据 */
    fscanf(fp,"%s %d %d %s\n",qq->name,&qq->num,&qq->age,qq->addr);
    printf("\n\nname\tnumber      age        addr\n");
    qq=boyb;
    for(i=0;i<2;i++,qq++)                           /* 输出结果 */
      printf("%s\t%5d  %7d        %s\n",qq->name,qq->num,qq->age,qq->addr);
    fclose(fp);
}
```

使用 fprintf 函数和 fscanf 函数对磁盘进行文件读写简洁明了,但输入时要将 ASCII 码转换成二进制形式,在输出时将二进制转换成字符形式,较费时间。在内存与磁盘频繁交换数据时,一般不使用。

【例 11-4】 从键盘上以字符形式输入 1234,并将它们存储到磁盘文件上去,直到遇到"#"号为止,然后将文件内容读入到一个整型变量中去,使得该整型变量的值为 1234。

编程点拨:从键盘输入字符并写入到文件可用 getchar 函数和 fputc 函数。

相应的程序如下:

```
#include <stdio.h>
#include <stdlib.h>
void main()
{   FILE * fp;                                /* 定义文件指针 */
    int  d;
    char ch;
    if((fp=fopen("test","w"))==NULL)          /* 打开文件判断 */
    {   printf("cannot open file");
        exit(1);
    }
    ch=getchar();
    while(ch!='#') {
        fputc(ch,fp);
        ch=getchar();
```

```
    }
    fclose(fp);                        /*关闭文件*/
    if((fp=fopen("test","r"))==NULL)   /*打开文件判断*/
    {   printf("cannot open file");
        exit(1);
    }
    fscanf(fp,"%d",&d);
    fclose(fp);
}
```

当输入 1234♯时，test 文件的字节流的十六进制形式为 31 32 33 34(即'1','2','3','4'这4 个字符对应的 ASCII 码)，当从 test 文件读取信息到整型变量 d 中，d 的值为十进制整数 1234，这种转换是编译器内部自动完成的。

11.3.3　数据块读写函数

C 语言还提供了用于整块数据的读写函数 fread 和 fwrite，可用来读写一组数据，如一个数组元素，一个结构变量的值等。

fread 函数的原型为：

```
int fread(void* pt,unsigned size,unsigned count,FILE* fp)
```

调用形式：

```
fread(pt,size,count,fp)
```

fwrite 函数的原型为：

```
int fwrite(void* pt,unsigned size,unsigned count,FILE* fp)
```

调用形式：

```
fwrite(pt,size,count,fp)
```

其中，pt 是一个指针，对 fread 来说，它是存放所读入数据的地址；对 fwrite 来说，是要输出数据的地址。size 是每次要读写的字节数。count 是要重复读写多少次 size 字节的次数。

所以它们的功能很明显，分别是：

fread 函数是从 fp 所指向的文件中读取 count 个字节数为 size 大小的数据块存放到 pt 所指向的存储空间。

fwrite 函数是从 pt 所指向的存储空间中取出 count 个字节数为 size 大小的数据块写入 fp 所指向的文件。

如果 fread 或 fwrite 函数调用成功，则函数返回值为 count 的值。

例如：

```
float f=3.14;
```

```
fwrite(&f,4,1,fp);
```

表示向 fp 所指向的文件写入 1 次 4 个字节(一个实数)的值。

又如,如果有以下结构体定义:

```
#define  N  3
struct test {
char name[20];
int score;
}stu[N];
```

结构体数组 stu 有三个元素,每个元素用来存放一个学生的数据(包括姓名、成绩)。假设该数据都已事先存放在磁盘文件中,可以用以下语句读入数据:

```
fread(stu,sizeof(struct test),N,fp);
```

也可以用 for 语句实现:

```
for(i=0;i<N;i++)
    fread(&stu[i],sizeof(struct test),1,fp);
```

fread 和 fwrite 函数一般用于二进制文件的输入输出。因为它们是按数据块的长度来处理输入输出的,按数据在存储空间存放的实际情况原封不动地在磁盘文件和内存之间传送,一般不会出错。

【例 11-5】 从键盘输入 10 个学生的数据(包括姓名、学号、年龄、住址),然后写入一个磁盘文件中。

编程点拨:10 个学生数据可用一个结构体数组 stu 表示,将数据写入磁盘文件中可用函数 fwrite 实现。

相应的程序如下:

```
#include <stdlib.h>
#include<stdio.h>
struct student{
    char name[10];
    int num;
    int age;
    char addr[15];
}stu[10];                        /*定义结构体数组*/
void save()
{   FILE * fp;
    int i;
    if((fp=fopen("stu.dat","wb"))==NULL)
    {   printf("Can not open this file\n");
        exit(1);
    }
    for(i=0;i<10;i++)            /*将学生数据一项一项地写入文件中*/
```

```
        if(fwrite(&stu[i],sizeof(struct student),1,fp)!=1)
            printf("file write error\n");
    fclose(fp);
}
void main()
{   int i;
    for(i=0;i<10;i++)
        scanf("%s%d%d%s",stu[i].name,&stu[i].num,&stu[i].age,stu[i].addr);
    save();                      /* 调用 save 函数,用来保存到磁盘 * /
}
```

11.3.4　其他读写函数

1. fgets 函数和 fputs 函数

fgets 函数的原型是：

```
char * fgets(char * s, int n, FILE * fp)
```

调用形式：

```
fgets(s,n,fp)
```

该函数的功能是从 fp 所指向的文件读取 n−1 个字符或读完一行,参数 s 用来接收读取的字符,并在末尾自动加上字符串结束符'\0'。

例如：

```
fgets(str,n,fp);
```

其作用是从 fp 所指的文件中读出 n−1 个字符送入字符数组 str 中。

对 fgets 函数有两点说明：

(1) 在读出 n−1 个字符之前,如遇到了换行符或 EOF,则读出结束。

(2) fgets 函数也有返回值,其返回值是字符数组的首地址。

fputs 函数的原型是：

```
int fputs(char * s, FILE * fp)
```

调用形式：

```
fputs(s,fp)
```

该函数的功能是将 s 所指向的字符串写入 fp 所指向的文件。

例如：

```
fputs("efg",fp);
```

其功能是把字符串"efg"写入 fp 所指的文件之中。

2. putw 函数和 getw 函数

多数 C 编译系统还提供另外两个函数：putw 和 getw。它们的原型分别是：

```
int getw(FILE * fp)
int putw(int i, FILE * fp)
```

调用形式分别为：

```
getw(fp)
putw(i,fp)
```

其功能是用来对文件读/写一个 int 型数据。

例如：

```
putw(20,fp);
```

它的作用是将整数 20 输出到 fp 指向的文件。

又如：

```
a=getw(fp);
```

它的作用是从磁盘文件读一个整数到内存,赋值给整型变量 a。

11.4 文件的定位

在对文件的读写操作中有两个指针：一个是文件指针,该指针在整个文件操作过程中始终保持不变,除非使用 fclose 函数关闭文件。另外一个是文件位置指针,该指针在文件操作过程中自动移动,例如顺序读写一个文件,每次读写完一个字符后,该指针自动移动指向下一个字符位置。如果想人为改变这样的规律,可以使用一些定位函数。

1. rewind 函数

该函数的原型为：

```
void rewind(FILE * fp)
```

调用形式为：

```
rewind(fp)
```

该函数的功能是使文件位置指针重新返回到文件的开头。

2. ftell 函数

该函数原型为：

```
int ftell(FILE * fp)
```

调用形式为：

```
ftell(fp)
```

该函数的功能是用来取得 fp 所指向文件的当前读写位置，也就是当前的文件位置指针。

该函数的返回值为 int 型，如果返回值为 -1，表示出错。

例如：

```
int a;
a=ftell(fp);
if(a==-1) printf("ERROR\n");
```

以上程序段的功能是变量 a 用来存放当前位置，如果调用函数出错（文件未打开或不存在），则输出 error。

3. fseek 函数

对流式文件可以进行顺序读写，也可以进行随机读写，fseek 函数用来移动文件流的读写位置。该函数的原型为：

```
int fseek(FILE * fp,long offset,int base)
```

调用形式为：

```
fseek(fp,offset,base)
```

该函数的功能是将 fp 所指向的文件中的文件位置指针移动到由参数 offset 和 base 共同确定的位置。其中 base 是基准位置，该参数可以取 SEEK_SET、SEEK_CUR 或 SEEK_END，它们实质上是在 stdio.h 文件中定义的符号常量，其值分别是 0,1,2,各个值的含义如表 11-2 所示。offset 是位移量，指以基准位置为基点，向前或后移动的字节数。

表 11-2　文件起始点的表示

起始点	表示符号	用数字表示	起始点	表示符号	用数字表示
文件开始	SEEK_SET	0	文件末尾	SEEK_END	2
文件当前位置	SEEK_CUR	1			

"位移量"是指以"起始点"为基点，向前或后移动的字节数。"位移量"数据类型是 long 型数据。

下面是 fseek 函数调用的几个例子：

```
fseek(fp,20,0)      表示将位置指针向后移到离文件头 20 个字节处
fseek(fp,20,1)      表示将位置指针向后移动到离当前位置 20 个字节处
fseek(fp,-20,2)     表示将位置指针从文件末尾后退 20 个字节
```

下面通过一个实例进一步理解该函数的用法。

【例 11-6】 文件定位函数应用示例。

```
#include<stdio.h>
void main()
{    FILE * stream;                          /*定义文件类型指针*/
     int offset;                             /* offset 用来存放当前位置指针*/
     stream=fopen("file","r");
     fseek(stream,5,SEEK_SET);               /*移动位置指针到指定位置*/
     offset=ftell(stream);
     printf("offset=%ld\n",offset);
     rewind(stream);                         /*使位置指针回到文件头*/
     offset=ftell(stream);
     printf("offset =%ld\n",offset);/* 输出文件位置指针的当前位置*/
     fclose(stream);
}
```

复习与思考

(1) 文本文件和二进制文件有何区别?

(2) 什么是缓冲文件系统? 什么是非缓冲文件系统?

(3) C 语言中,如何打开一个文件? 有哪些打开方式?

(4) 文件操作结束后如何关闭一个文件?

(5) C 语言中,文件可采用哪些方式读写? 具体的函数有哪些?

(6) C 语言中,有哪些文件定位操作函数?

习　题　11

1. 选择题

(1) 当已经存在一个 file1.txt 文件,执行函数 fopen("file1.txt","r+") 的功能是 _____。

  A. 打开 file1.txt 文件,清除原有的内容

  B. 打开 file1.txt 文件,只能写入新的内容

  C. 打开 file1.txt 文件,只能读取原有内容

  D. 打开 file1.txt 文件,可以读取和写入新的内容

(2) fread(buf,64,2,fp) 的功能是 _____。

  A. 从 fp 所指向的文件中读出整数 64,并存放在 buf 中

  B. 从 fp 所指向的文件中读出整数 64 和 2,并存放在 buf 中

  C. 从 fp 所指向的文件中读出 64 个字节的字符,读两次,并存放在 buf 地址中

  D. 从 fp 所指向的文件中读出 64 个字节的字符,并存放在 buf 中

（3）以下程序的功能是_____。

```
#include <stdio.h>
void main()
{
    FILE * fp;
    char str[]="Beijing 2008";
    fp=fopen("file2","w");
    fputs(str,fp);
    fclose(fp);
}
```

A. 在屏幕上显示"Beijing 2008"

B. 把"Beijing 2008"存入 file2 文件中

C. 在打印机上打印出"Beijing 2008"

D. 以上都不对

（4）若有以下定义和说明：

```
#iinclude<stdio.h>
struct std
{   char num[6];
    char name[8];
    float mark[4];
}a[30];
FILE * fp;
```

设文件中以二进制形式存有许多学生的数据，且已经正确打开，文件指针定位在文件开头，若要从文件中读出 30 个学生的数据放到 a 数组中，以下正确的语句是_____。

A. fread(a,sizeof(struct std),30,fp)

B. fread(&a[i],sizeof(struct std),1,fp)

C. fread(a+i,sizeof(struct std),1,fp)

D. fread(a,struct std,30,fp)

（5）设有以下结构体类型：

```
struct st
{   char name[8];
    int num;
    float s[4];
}student[20];
```

并且结构体数组 student 中的元素都已经有值，若要将这些元素写到 fp 所指向的磁盘文件中，以下不正确的形式是_____。

A. fwrite(student,sizeof(struct? st),20,fp)

    B. fwrite(student,20 * sizeof(struct? st),1,fp)

    C. fwrite(student,10 * sizeof(struct? st),10,fp)

    D. for (i=0;i<20;i++)

             fwrite(student+i,sizeof(struct st),1,fp)

  (6) 若要打开 C 盘上 user 子目录下名为 abc. txt 的文本文件进行读、写操作,下面符合此要求的函数调用是 _____。

    A. fopen("C:\user\abc. txt","r")

    B. fopen("C:\\user\\abc. txt","r+")

    C. fopen("C:\user\abc. txt","rb")

    D. fopen("C:\\user\\abc. txt","w")

  (7) 若 fp 已经正确定义并指向某个文件,当未遇到该文件结束标志时,函数 feof(fp) 的值为 _____。

    A. 0   B. 1   C. −1   D. 一个非 0 值

  (8) 下面的程序执行后,文件 test 中的内容是 _____。

```
#include <stdio.h>
#include <string.h>
void fun(char * fname,char * st)
{
    FILE  * myf;
    int   i;
    myf=fopen(fname,"w");
    for(i=0;i<strlen(st); i++)
        fputc(st[i],myf);
    fclose(myf);
}
void main()
{   fun("test","new world");
    fun("test","hello,");
}
```

    A. hello,   B. new worldhello,

    C. new world   D. hello, rld

  (9) 有以下程序:

```
#include <stdio.h>
void main()
{   FILE * fp;
int i=20,j=30,k,n;
fp=fopen("d1.dat","w");
fprintf(fp,"%d\n",i);
fprintf(fp,"%d\n",j);
fclose(fp);
```

```
fp=fopen("d1.dat", "r");
fscanf(fp,"%d%d",&k,&n);
printf("%d%d",k,n);
fclose(fp);
getch();
}
```

程序运行后的输出结果是 _____ 。

    A. 2030　　　　　　B. 2050　　　　　　C. 3050　　　　　D. 3020

2. 填空题

(1) 以下程序段打开文件后，先利用 fseek 函数将文件位置指针定位在文件末尾，然后调用 ftell 函数返回当前文件位置指针的具体位置，从而确定文件长度。请填空。

```
FILE * myf;
int f1;
myf=   (1)   ("test.t","rb");
fseek(myf,0,SEEK_END);
f1=ftell(myf);
fclose(myf);
printf("%d\n",f1);
```

(2) 下面程序把从终端读入的 10 个整数以二进制方式写到一个名为 bi.dat 的新文件中。请填空。

```
#include<stdio.h>
#include<stdlib.h>
FILE   * fp;
void main()
{   int i,j;
    if((fp=fopen(   (1)   ,"wb"))==NULL)
        exit(1);
    for(i=0; i<10; i++)
    {   scanf("%d",&j);
        fwrite(&j,sizeof(int),1,   (2)   );
    }
    fclose(fp);
}
```

(3) 以下程序用来统计文件中的字符个数。请填空。

```
#include<stdio.h>
#include<stdlib.h>
void main()
{   FILE * fp;
    int num=0;
```

```
        if((fp=fopen("fname.dat","r"))==NULL)
        {printf("Open error\n");exit(1);}
        while(____(1)____)
        { fgetc(fp); num++;}
        printf("num=%d\n",num-1);
        fclose(fp);
    }
```

（4）以下程序中用户由键盘输入一个文件名，然后输入一串字符（用"♯"结束输入）存放到此文件中形成文本文件，并将字符的个数写到文件尾部。请填空。

```
#include <stdio.h>
#include <stdlib.h>
void main()
{   FILE * fp;
    char ch,fname[32];
    int count=0;
    printf("Input the filename: êo");
    scanf("%s",fname);
    getchar();
    if((fp=fopen(____(1)____,"w"))==NULL)
    { printf("Can't open file: êo%s \n",fname);
        exit(1);}
    printf("Enter data: êo\n");
    while((ch=getchar())!='#'){fputc(ch,fp); count++;}
    fprintf(____(2)____,"\n%d\n", count);
    fclose(fp);
}
```

（5）以下程序的功能是，从键盘上输入一个字符串，把该字符串中的小写字母转换为大写字母，输出到文件 test. txt 中，然后从该文件读出字符串并显示出来。请填空。

```
#include <stdio.h>
#include <stdlib.h>
void main()
{   FILE * fp;
char str[100];
int i=0;
if((fp=fopen("text.txt","w"))==NULL)
{ printf("can't open this file.\n");exit(1);}
printf("input a string:\n");
gets(str);
while (str[i])
{   if(str[i]>='a'&&str[i]<='z')
str[i]=____(1)____ ;
fputc(str[i],fp);
```

```
    i++;
}
    fclose(fp);
    if((fp=fopen("text.txt",____(2)____))==NULL)
    { printf("can't open this file.\n");exit(1);}
    fgets(str,100,fp);
    printf("%s\n",str);
    fclose(fp);
}
```

3. 编程题

（1）编写一个程序，从键盘读入 10 个整数，以二进制形式存入文件中，再从文件中读出数据显示在屏幕上。

（2）从键盘输入一个字符串，将其中的小写字母全部转换成大写字母，然后输出到一个磁盘文件 test 中保存，输入的字符串以"!"表示结束。

（3）编写一个程序，调用 fputs 函数把 10 个字符串输出到文件中；再从此文件中读取这 10 个字符串放在一个数组中；最后将数组输出到终端屏幕，以检查所有操作的正确性。

第12章

位 运 算

前面介绍的各种运算都是以字节作为基本单位进行的。但在很多系统程序中常要求在位(bit)一级进行运算或处理。C语言提供了位运算的功能,这使得C语言也能像汇编语言一样用来编写系统程序。

12.1 位 运 算 符

C语言共提供了6种简单位运算符及其各自对应的位复合运算符,位复合运算符由简单位运算符与第1章讲到的简单赋值运算符组合而成。简单位运算符如表12-1所示。

表 12-1　简单位运算符

位运算符	含　义	举　例
&	按位与	a&b,a 和 b 中各位按位进行"与"运算
|	按位或	a|b,a 和 b 中各位按位进行"或"运算、
^	按位异或	a^b,a 和 b 中各位按位进行"异或"运算
~	取反	~a,对 a 各位取反
<<	左移	a<<2,a 中各位全部左移 2 位
>>	右移	a>>2,a 中各位全部右移 2 位

使用位运算符要注意以下几点:

(1) 运算量只能是整型或字符型的数据,不能为实型数据。

(2) 位运算符中除取反运算符"~"外,其余均为二目运算符,即要求两侧各有一个运算量。

(3) 先将参与运算的数的补码写出来,然后按照位运算符计算出其二进制形式的结果,同时将该二进制看成某个十进制数的补码,最后求出该十进制数,该十进制数就是位运算符运算的最终结果。

例如:计算 9&5 可写算式如下:

```
      00001001   (9 的二进制补码)
(&)   00000101   (5 的二进制补码)
      00000001   (将该二进制视为某个十进制数的补码,该十进制数为 1)
```

所以 9&5=1。

12.1.1　按位与运算符"&"

按位与运算符"&"是双目运算符。其功能是参与运算的两数各对应的二进制位相与。只有对应的两个二进制位均为 1 时，结果位才为 1，否则为 0。

【例 12-1】　按位与运算符的简单应用。

```
#include <stdio.h>
void main()
{   char a,b;
    a=8;
    b=13;
    printf("%d&%d=%d\n",a,b,a&b);
}
```

程序输出结果为：

8&13=8

通常按位与运算符的作用是对变量的某些位清 0 或保留变量的某些位。

例如，将 short 型变量 a 的高 8 位清 0，保留低 8 位，可以将 a 与 255 作运算。

a 的高 8 位	a 的低 8 位	
(&)　00000000	11111111	（255 对应的补码）

a 的高 8 位为 0	a 的低 8 位不变

因为 a 的高 8 位均与 0 进行按位与运算，所以结果都被置成 0。a 的低 8 位均与 1 进行运算，其结果是 0 还是 1 取决于 a 的低 8 位是 0 还是 1，当 a 的低 8 位中某一位为 0，则结果就为 0；某一位为 1，则结果就为 1。也就是说，a 的低 8 位就是运算的最终结果，即所谓的保留。

又如，有一数 01010100（十进制数 84），想把其中从左向右数的第 3、4、5、8 位保留下来，可以进行如下运算：

```
        01010100   （84 的二进制补码）
(&)     00111001   （57 的二进制补码）
        00010000   （16 的二进制补码）
```

可见，运算结果保留了原数据的 3、4、5、8 位，其余全部清 0。

12.1.2　按位或运算符"|"

按位或运算符"|"是双目运算符。其功能是将参与运算的两数各对应的二进制位相或。只要对应的两个二进制位有一个为 1 时，结果位就为 1。

例如，计算 9|5 可写算式如下：

```
        00001001   （9 的二进制补码）
(|)     00000101   （5 的二进制补码）
        00001101   （13 的二进制补码）
```

可见,9|5＝13。

【例12-2】 按位或运算符的简单应用。

```
#include<stdio.h>
void main()
{
int a,b;
printf("输入两个十六进制数");
scanf("%x%x",&a,&b);
printf("%x|%x=%x",a,b,a|b);
}
```

程序运行情况如下:

输入两个十六进制数 56 23↙

56|23=77

通常按位或运算符的作用是对变量的某些位置1。

12.1.3 按位异或运算符"^"

按位异或运算符"^"是双目运算符。其功能是参与运算的两数各对应的二进制位相异或。当对应的两个二进制位相异时,结果为1,否则为0。

例如,计算9^5可写算式如下:

$$
\begin{array}{r}
00001001 \quad (9 \text{ 的二进制补码}) \\
(\wedge) \underline{00000101} \quad (5 \text{ 的二进制补码}) \\
00001100 \quad (12 \text{ 的二进制补码})
\end{array}
$$

可见,9^5＝12。

可通过以下程序验证结果正确。

【例12-3】 按位异或运算符的简单应用。

```
#include <stdio.h>
void main()
{   short a=9;
    a=a^5;
    printf("a=%d\n",a);
}
```

程序输出结果为:

a=12

通常按位异或运算符的作用有三个:

(1) 使特定位翻转。

所谓翻转是指如果一个数据的某位为0,将其变为1;如果为1,则将其变为0。通过该位与1进行按位异或运算可以实现这个功能。例如,有一数 0000000101000001,将其低8位数据进行翻位的操作为：

$$
\begin{array}{r}
0000000101000000 \\
(\wedge)\ \underline{0000000111111111} \\
0000000110111110
\end{array}
$$

（2）保留数据的某个位。实现这个功能是将该位与0进行位异或运算。例如：
(00001011)^(00000000)

$$
\begin{array}{r}
00001011 \\
(\wedge)\ \underline{00000000} \\
00001011
\end{array}
$$

（3）不用临时变量交换两个变量的值。

【例12-4】 交换变量a和b的值。无需引入第三个变量，利用位运算即可实现数据交换。

```
#include <stdio.h>
void main()
{    int a,b;
     a=3,b=4;
     printf("\na=%d,b=%d",a,b);
     a=a^b;
     b=b^a;
     a=a^b;
     printf("\na=%d,b=%d",a,b);
}
```

12.1.4　按位求反运算符"～"

按位求反运算符"～"为单目运算符,具有右结合性。其功能是对参与运算的数的各二进制位求反。

例如,计算～10的运算为～(1010)＝0101即十进制进制数5。

通常按位求反运算符的作用有两个：

（1）～1所得的结果是高位全部为1,只有末位为0,再将该结果参与其他位运算来实现某个功能。例如使一个整数a的最低位为0,实现这个功能可以通过a＝a&～1实现。

（2）～0所得的结果是所有位全部为1,再将该结果参与其他位运算来实现某个功能。例如使一个整数a的各位都被置1,实现这个功能可以通过a＝a|～0实现。

注意："～"运算符的优先级比算术运算符、关系运算符、逻辑运算符和其他位运算符都高。

例如～a^b,先进行～a运算,然后进行^运算。

12.1.5　左移运算符"<< "

左移运算符"<<"是双目运算符。其功能是把"<<"左边运算量的各二进制位全

部左移若干位,"＜＜"右边的数指定移动的位数,移位时高位丢弃,低位补 0。它通常用来控制使一个数字迅速以 2 的倍数扩大。

例如:

```
short a,b;
b=a<<4                  指把 a 的各二进制位向左移动 4 位
```

若 a＝0000000000000011(十进制 3),左移 4 位后为 0000000000110000(十进制 48)。左移 1 位相当于该数乘以 2,左移 2 位相当于该数乘以 2^2。上面举的例子 a＜＜4,相当于 a 乘以 2^4(即 16),所以结果为 48。

注意:此结论只适用于左移时被舍弃的高位中不包括 1 的情况。如果有 1 被舍弃,则上面结论不成立。

12.1.6　右移运算符"＞＞"

右移运算符"＞＞"是双目运算符。其功能是把"＞＞"左边运算数的各二进制位全部右移若干位,"＞＞"右边的数指定移动的位数。它通常用来控制使一个数字迅速以 2 的倍数缩小。

右移运算的运算规则是将一个数的各二进制位全部右移若干位,移出的位丢失。左边空出的位的补位情况分为两种:

(1) 对无符号的 int 或 char 类型数据来说,右移时左端补 0。

(2) 对有符号的 int 或 char 类型数据来说,如果符号位为 0(即正数),则左端也是补入 0;如果符号位为 1(即负数),则左端补入的全是 1。这就是所谓的算术右移。Visual C++ 6.0 编译系统采用的就是算术右移。

例如,设 short a＝15

```
a>>2        表示把 0000000000001111 右移为 0000000000000011(十进制 3)
```

右移 1 位相当于该数除以 2,右移 2 位相当于该数除以 2^2。上面举的例子 a＞＞2,相当于 a 除以 2^2(即 4),即 15/4＝3(注意要取整)。

12.1.7　位运算复合运算符

位运算符与赋值运算符可以组成复合运算符。

例如:

&＝、|＝、＞＞＝、＜＜＝、^＝

a|＝b 相当于 a＝a|b ,a＞＞＝3 相当于 a＝a＞＞3。

12.1.8　不同长度的数据进行位运算

如果两个数据长度不同,进行位运算时,系统会将二者按右端对齐,然后将数据长度短的进行位扩展,使得它们的长度相等之后再进行运算。对于数据长度短的数据,在扩展的区域填充数据有两种情况:

（1）如果数据长度短的数据是无符号数,则均填充 0。

（2）如果数据长度短的数据是有符号数,又分为两种情况:为正数则填充 0;为负数则填充 1。实质上这两种填充规则都是为了保持原有数据的值不变。

12.2　位　　段

有些信息在存储时,并不需要占用一个完整的字节,而只需占一个或几个二进制位。例如在存放一个开关量时,只有 0 和 1 两种状态,用一个二进制位即可,而不需要定义一个整型变量。再例如,表示一个 0～15 之间的无符号整数时,如果用 unsigned short 或 unsigned 类型,则要占用 2 个或者 4 个字节,即使用 char 类型也要 1 个字节,但实质上存储这个范围的数,仅仅需要 4 位就够了。

如果能根据数据的实际取值范围用最少的二进制位来存储,则能充分提高内存的利用率。C语言允许在结构体或共用体中指定成员占用的二进制位数。这种指定了存储位数的成员称为位段或位域。含有位段的结构体类型称为位结构体类型。

位结构体类型的定义形式为:

struct　位段结构类型名
{
　　整型或字符型　位段名 1:二进制位数;
　　整型或字符型　位段名 2:二进制位数;
　　……
};

其中位段名按照标识符的规则命名,位段名后面紧跟冒号,冒号后面的数据表示存储该位段需要占用二进制的位数。例如:

```
struct data1{
    unsigned a:2;
    unsigned b:2;
    unsigned c:4;;
    short x;
}data;
```

构造了一个名为 data1 的位结构体类型,同时用该类型定义了一个位段结构体类型的变量 data,该结构体类型中包含成员 a、b、c,它们分别占 2 位、2 位、4 位。x 为短整型,占 2 个字节。各成员分配位数如图 12-1 所示。

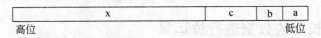

图 12-1　位结构体类型 data1 中各成员的分配模型

在定义位段时,有以下几点需要说明:

（1）在一个结构体中可以混合使用位段和普通的结构体成员,例如图 12-1 中的

short x 就是一个普通的结构体成员。

（2）如果某几个二进制位不用，可以将其定义成无名位段。如：

```
struct data3
{   unsigned int a:1;
    unsigned int :2;              /*这两位不用*/
    unsigned int b:4;
};
```

（3）可以指定某一个位段从下一个字节开始存放，而不是紧接着前面的位段存放。如下面定义的 struct data4 中，位段 b 后面定义了一个长度为 0 的无名位段，它的作用是使下一个位段 c 从另一个字节开始存放，而不是紧跟在 b 后面。

```
struct data4
{   unsigned int a:2;
    unsigned int b:3;
    unsigned int :0;
    unsigned int c:4;
};
```

对位段中成员的引用方法与引用结构体成员的方法相同。
例如：

```
data1.a=0;
data1.b=3;
data1.x=10.9;
```

注意：引用成员时一定要注意位段的最大值范围。例如，如果写成 data1.a＝4;就溢出了。因为 data.a 只占两位，最大值为 3。

复习与思考

（1）C 语言提供了哪些位运算符？各自的功能如何？
（2）C 语言中为何要引入位段结构？如何定义和使用该结构？
（3）如何输出一个整数 a 从右端开始的 4～7 位？

习 题 12

1. 选择题

（1）表达式 0x13＆0x17 的值是＿＿＿＿＿。

    A. 0x17　　　　B. 0x13　　　　C. 0xf8　　　　D. 0xec

（2）表达式 0x13|0x17 的值是＿＿＿＿＿。

　　　　A. 0x17　　　　　　B. 0x13　　　　　　C. 0xf8　　　　　D. 0xec

（3）设 int a＝4,b;,则执行 b＝a＜＜2 后,b 的结果是＿＿＿＿。

　　　　A. 4　　　　　　　B. 8　　　　　　　C. 16　　　　　　D. 32

（4）在位运算中,运算量每向右移动一位,其结果相当于＿＿＿＿。

　　　　A. 运算量乘以 2　　　　　　　　　　B. 运算量除以 2

　　　　C. 运算量除以 4　　　　　　　　　　D. 运算量乘以 4

（5）表达式～0x13 的值是＿＿＿＿。

　　　　A. 0XFFFFFFEC　　　　　　　　　　B. 0XFFFFFF71

　　　　C. 0XFFFFFF68　　　　　　　　　　D. 0XFFFFFF17

（6）整型变量 x 和 y 的值相等,且为非 0 值,则以下选项中结果为 0 的表达式是＿＿＿＿。

　　　　A. x‖y　　　　　　　　　　　　　B. x｜y

　　　　C. x&y　　　　　　　　　　　　　D. x^y

（7）以下程序的输出结果是＿＿＿＿。

```
#include  <stdio.h>
void  main()
{   char  x=040;
    printf("%d\n",x<<1);
}
```

　　　　A. 100　　　　　　B. 80　　　　　　C. 64　　　　　　D. 32

（8）有以下程序:

```
#include <stdio.h>
void main()
{   char a,b,c;
    a=0x3;
    b=a|0x8;
    c=b<<1;
    printf("%d %d\n",b,c);
}
```

程序运行后的输出结果是＿＿＿＿。

　　　　A. －11 12　　　　B. －6 －13　　　C. 12 24　　　　D. 11 22

2. 填空题

（1）有程序片段:

```
int   a=1,b=2;
if(a&b)  printf("True!\n");
else  printf("False!\n");
```

运行结果是＿＿＿＿。

（2）设有两个整数 a 和 b，若要通过 a&b 运算屏蔽掉 a 中的其他位，只保留第 2 位和第 8 位，则 b 的八进制数是_____。

（3）如果想将一个数 a 的低 4 位全改为 1，需要 a 与_____进行按位或运算。

（4）设有两个整数 a 和 b，若要通过 a^b 运算，使低 4 位翻转，高 4 位不变，则 b 的八进制数是_____；若要通过 a^b 运算，使高 4 位翻转，低 4 位不变，则 b 的八进制数是_____。

3. 编程题

（1）设计一个函数，完成给出一个数的原码，能得到该数的补码的功能。

（2）编程实现输入任意两个字符，不通过第三个变量，交换两个字符，然后输出。

第13章

综合应用案例——股票交易系统

经过前面几章的介绍,读者应该对 C 语言的基本理论和基本知识有了一个较全面的了解,并能够编写一些解决小问题的应用程序,对程序的开发过程也有了初步的认识。但是,对于程序设计者而言,学习 C 语言的步伐不应该停留于此。学习的最终目的应该是掌握开发大型综合应用程序的方法,即遵循软件工程的开发步骤和结构化程序设计思想,用 C 语言开发出解决复杂问题的大型综合应用程序。

本章将结合前面所学知识,详细介绍一个用 C 语言开发的大型综合应用程序——股票交易系统管理程序,通过本程序旨在加深读者对 C 语言基础知识和基本理论的理解和掌握,熟悉程序开发的一般流程,培养综合运用所学知识分析和解决问题的能力,为进一步开发高质量的程序打下坚实的基础。

股票交易系统管理程序作为一个教学模型比较理想,它小而精,可塑性很大,读者可在读通它的基础上,然后根据实际需要做进一步的修改和完善,例如可增加新股票,删除旧股票,将股票挂起停止交易,以股票的挂牌价进行排序等功能,还可以将股票数据的处理由数组改为动态链表。

13.1 功能模块设计及描述

作为一个小型的管理程序,股票交易系统管理程序可以实现一般用户股票交易操作的全过程,例如用户注册、登录系统、买卖股票等操作。股票交易系统管理程序的数据结构主要采用结构体数组实现,其功能模块图如图 13-1 所示。

1. 输入股票信息模块

该部分是系统管理员操作的重要平台。主要实现将股票的一些基本信息(如股票代码、股票名称、总股数、可交易的股数等)输入,并以二进制形式存储在数据文件中,供以后股票交易操作使用。

2. 股票交易平台模块

这是用户完成股票交易的重要平台。用户进入股票交易系统前,首先必须要注册。注册成功后,可选择登录交易平台。在交易平台中,可查看当前用户拥有的股票信息情

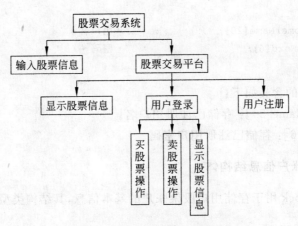

图 13-1　股票交易系统功能模块图

况,也可完成买、卖股票操作。用户的所有操作信息最后都以二进制形式存储在相应的数据文件中,供后续操作使用。该模块由用户注册、用户登录和显示股票信息三个子模块构成。而用户登录模块又包含卖股票、买股票、显示用户股票三个操作子模块。

13.2　数据结构设计

1. 股票信息结构体

结构体 stock 用于存储股票的基本信息,其结构类型定义为:

```
struct stock
{   char StockCode[6];                    /*股票代码*/
    char StockName[30];                   /*股票名称*/
    long StockVol;                        /*总股数*/
    long StockAva;                        /*可交易的股数*/
    long StockNum;                        /*股票数*/
    char chChoice;                        /*股票操作选择*/
};
```

结构中各字段的含义如下:

- StockCode[6]:存储股票代码,长度不超过 6 个字符。
- StockName[30]:存储股票名称,长度不超过 30 个字符。
- StockVol:存储股票的总股数。
- StockAva:存储股票可交易的股数。
- StockNum:统计一共有多少只股票。
- chChoice:存储股票操作选择。

2. 已注册用户信息结构体

结构体 custom 用于存储已注册用户的基本信息,其结构类型定义为:

```
struct custom
{    char CustomerName[20];                    /*用户名*/
     char PassWord[6];                         /*密码*/
};
```

结构中各字段的含义如下：

- CustomerName[20]：存储已注册用户名。
- PassWord[6]：存储已注册用户密码。

3. 用户股票账户信息结构体

结构体 custstock 用于存储用户股票账户的基本信息，其结构类型定义为：

```
struct custstock
{    char StockCode[6];                        /*股票代码*/
     char StockName[30];                       /*股票名称*/
     long StockVal;                            /*拥有的股数*/
};
```

结构中各字段的含义如下：

- StockCode[6]：存储股票代码。
- StockName[30]：存储股票名称。
- StockVal：存储用户拥有的某只股票的股数。

13.3　函数功能描述

1. main 函数

股票交易系统管理程序首先从 main 函数开始执行，在进入交易系统平台前，系统首先询问是否需要更新保存股票信息的数据文件，如果要更新文件，则调用 Input_Stock 函数完成股票信息的输入，并保存到数据文件中。然后调用 Interface_StockExchage 函数进入股票交易系统的主界面。执行流程如图 13-2 所示。

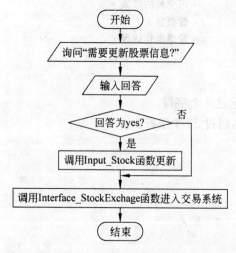

图 13-2　main 函数执行流程图

2. Input_Stock 函数

函数的原型为：

```
void Input_Stock()
```

函数的功能是重新输入股票信息并保存到数据文件中。函数首先以二进制写的方式打开保存股票信息的数据文件，然后调用

Input_NewStock 函数输入股票的基本信息,并写入数据文件中。执行流程如图 13-3 所示。

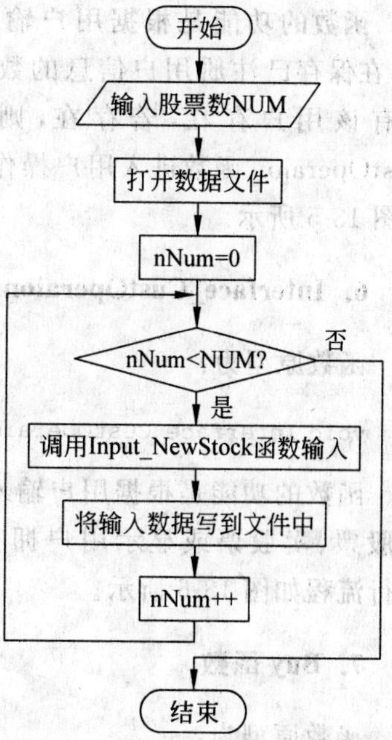

3. Interface_StockExchage 函数

函数的原型为:

```
void Interface_StockExchange(Stock * )
```

用户通过本函数进入股票交易系统平台的主界面。主界面中系统首先出现一个功能菜单,用户可按功能需求输入选择符,若输入的是正确的选择符,则调用 Menu_Choice 函数执行相应的操作。

4. Menu_Choice 函数

函数的原型为:

```
void Menu_Choice(Stock * )
```

函数的功能是根据用户输入的功能选择符选择执行相应的操作。执行流程如图 13-4 所示。

图 13-3　Input_Stock 函数执行流程图

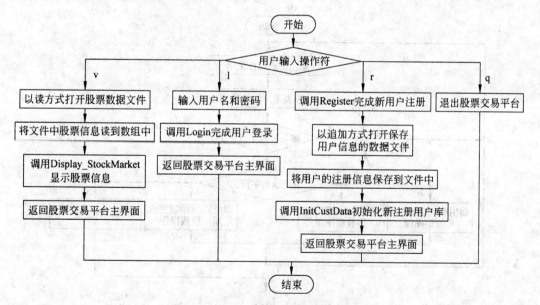

图 13-4　Menu_Choice 函数执行流程图

5. Login 函数

函数的原型为:

```
void Login(char * ,char * ,Customer * )
```

函数的功能是根据用户输入的用户名和密码，在保存已注册用户信息的数据文件中查找是否有该用户存在，若存在，则调用 Interface_CustOperaion 函数进入用户操作平台。执行流程如图 13-5 所示。

6. Interface_CustOperaion 函数

函数原型为：

```
void Interface_CustOperaion(Customer * )
```

函数的功能是根据用户输入的字符选择执行买股票、卖股票或显示用户拥有的股票等操作。执行流程如图 13-6 所示。

7. Buy 函数

函数原型为：

```
void Buy(Customer * )
```

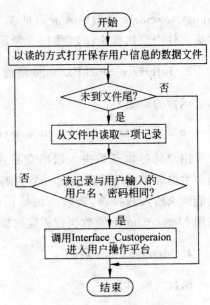

图 13-5　Login 函数执行流程图

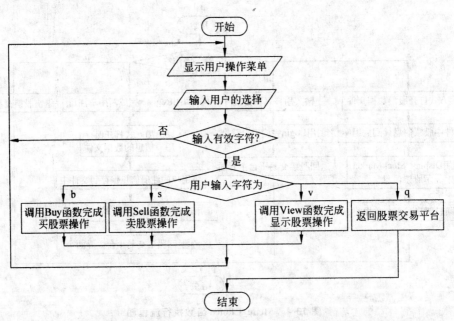

图 13-6　Interface_CustOperaion 函数执行流程图

函数的功能是先显示股票数据文件中所有股票的信息，用户可据此输入要购买股票的代码以及股数，然后根据用户输入的股票代码查找，若股票数据文件中某只股票的股票代码与此相同，则再比较用户要购买的股数是否小于股票数据文件中相应股票可交易的股数，若小于，则完成购买股票操作，最后将用户购买信息保存到该用户的股票账户数据文件中,将更改后的股票信息也重新保存到股票数据文件中。执行流程如图 13-7 所示。

8. Sell 函数

函数原型为:

```
void Sell(Customer * )
```

函数的功能是首先显示用户的股票账户数据文件中的所有股票信息,用户可据此输入要卖的股票代码以及股数,然后根据用户输入的股票代码查找,若用户的股票账户数据文件中某只股票的股票代码与此相同,则再比较用户要卖的股数是否小于用户的股票账户数据文件中某股票的股数,若小于,则完成卖操作,最后将用户操作信息保存到该用户的股票账户数据文件中,将更改后的股票信息也重新保存到股票数据文件中。执行流程如图 13-8 所示。

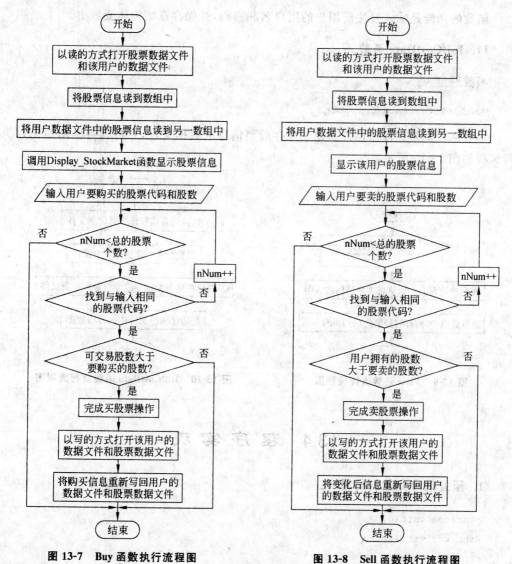

图 13-7　Buy 函数执行流程图　　　　　　　　　**图 13-8　Sell 函数执行流程图**

9. View 函数

函数原型为：

```
void View(Customer * )
```

函数的功能是从用户的股票账户数据文件中读取股票信息并保存在结构体数组中，然后显示其中字段 StockVal 值不为 0 的各项。执行流程如图 13-9 所示。

10. Register 函数

函数原型为：

```
void Register(Customer * )
```

函数的功能是输入要注册用户的用户名和密码，并保存在结构体变量中。

11. InitCustData 函数

函数原型为：

```
void InitCustData(Customer * )
```

函数的功能是新注册用户新建一保存股票信息的数据文件，并将其各值初始化。执行流程如图 13-10 所示。

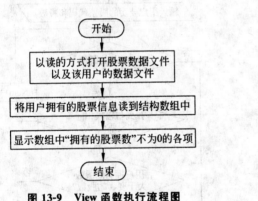

图 13-9　View 函数执行流程图

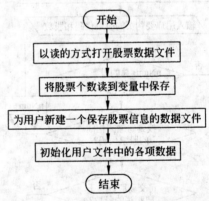

图 13-10　InitCustData 函数执行流程图

13.4　程序实现

1. 预处理命令及全局量

```
#include <stdio.h>
#include <stdlib.h>
#include <string.h>
```

```
#include <conio.h>
#include <math.h>
#define      MAX 100
#define Stock struct stock
#define Customer struct custom
int NUM;
typedef struct custstock                    /*用户账户数据*/
{   char StockCode[6];                      /*股票代码*/
    char StockName[30];                     /*股票名称*/
    long StockVal;                          /*拥有的股票数*/
}CustStock;
Customer                                    /*已注册用户数据*/
{   char CustomerName[20];                  /*用户名*/
    char PassWord[6];                       /*密码*/
};
Stock                                       /*股票数据*/
{   char StockCode[6];                      /*股票代码*/
    char StockName[30];                     /*股票名称*/
    long StockVol;                          /*总股数*/
    long StockAva;                          /*可交易的股数*/
    long StockNum;                          /*股票数*/
    char chChoice;                          /*股票操作选择*/
};
void Login(char * ,char * ,Customer * );
void Register(Customer * );
void Interface_CustOperaion(Customer * );
void Interface_StockExchage(Stock * );
void Display_StockMarket(Stock * );
void Menu_Choice(Stock * );
void InitCustData(Customer * );
void Buy(Customer * );
void Sell(Customer * );
void View(Customer * );
void Input_Stock();
void Input_NewStock(Stock * );
```

2. 主函数

```
void main()
{
    char chChoice;
    Stock straSto[MAX],strTemp;
    system("cls");
    printf("\n\n\t\t*************股票交易平台**************\n\n");
```

```
    printf("\n\n\n\t\t 需要更新股票信息吗? (y|Y--yes   n|N--no)");
    scanf("%c",&chChoice);
    if(chChoice=='y'||chChoice=='Y')
        Input_Stock();                              /* 输入股票信息 */
    Interface_StockExchage(&strTemp);               /* 股票交易平台 */
}
```

3. 输入股票信息

```
void Input_Stock()                                  /* 输入股票信息 */
{   FILE * fpData;
    int nNum;
    Stock straSto[MAX],strTemp;
    printf("\n\t\t 输入股票数:");
    scanf("%d",&NUM);
    if((fpData=fopen("Stock_File.dat","wb"))==NULL)
    {   printf("FILE ERROR\n");
        exit(0);
    }
    fwrite(&NUM,sizeof(NUM),1,fpData);
    for(nNum=0;nNum<NUM;nNum++)
    {   Input_NewStock(&straSto[nNum]);             /* 输入股票数据 */
        fwrite(&straSto[nNum],sizeof(straSto[nNum]),1,fpData);
    }
    fclose(fpData);
}
void Input_NewStock(Stock * a)                      /* 输入股票数据 */
{
    system("cls");
    getchar();
    printf("\n\t\t 请输入股票代码 (字符个数<=6:)");
    gets(a->StockCode);
    printf("\n\t\t 请输入股票名称:");
    gets(a->StockName);
    printf("\n\t\t 请输入总股数:");
    scanf("%ld",&a->StockVol);
    a->StockAva=a->StockVol;                        /* 初始化可交易的股票数 */
    a->StockNum++;
}
```

4. 股票交易平台主界面

```
void Interface_StockExchage(Stock * a)              /* 股票交易平台 */
{
```

```
system("cls");
printf("\n\n\n\t\t***************欢迎进入股票交易平台***************\n\n");
printf("\t\t\t 显示股票情况          [v]\n");
printf("\t\t\t 老用户登录            [l]\n");
printf("\t\t\t 新用户注册            [r]\n");
printf("\t\t\t 退出交易系统          [q]\n");
printf("\n\n\t\t\t 请选择:");
scanf(" %c",&a->chChoice);
if(a->chChoice!='q'&&a->chChoice!='v'&&a->chChoice!='l'
            &&a->chChoice!='r')
{   system("cls");
    Interface_StockExchage(a);               /* 股票交易平台 */
}
else
    Menu_Choice(a);                          /* 执行相关选择 */
}
```

5. 股票交易平台操作

```
void Menu_Choice(Stock * a)                  /* 执行相关选择 */
{
    int nNum;
    FILE * fpCust, * fpData;
    Stock strTemp,straCust[MAX];
    Customer strCust;
    char CustomerName[20],PassWord[6];
    switch(a->chChoice)
    {
        case 'v':                            /* 显示股票情况 */
            system("cls");
            printf("\n\n\n\t **********************股票信息***********
                   *************\n\n\n");
            printf("\t\t 股票名称    股票代码   总股数   可交易的股数\n\n");
            if((fpData=fopen("Stock_File.dat","rb"))==NULL)
            {   printf("FILE ERROR!\n");
                exit(0);
            }
            fread(&NUM,sizeof(NUM),1,fpData);
            for(nNum=0;nNum<NUM;nNum++)
                fread(&straCust[nNum],sizeof(straCust[nNum]),1,fpData);
            fclose(fpData);
            for(nNum=0;nNum<NUM;nNum++)
                Display_StockMarket(&straCust[nNum]);    /* 显示股票信息 */
            getch();
```

```
                Interface_StockExchange(&strTemp);            /*返回股票交易平台*/
           case 'l':                                          /*老用户登录*/
                system("cls");
                printf("\n\n\n\t\t**************用户登录**************\n\n");
                printf("\t\t\t用户名:");
                scanf("%s",CustomerName);
                printf("\n\t\t\t密码:");
                scanf("%s",PassWord);
                getchar();
                Login(CustomerName,PassWord,&strCust);        /*用户登录*/
                Interface_StockExchange(&strTemp);            /*返回股票交易平台*/
           case 'r':                                          /*新用户注册*/
                system("cls");
                printf("\n\n\n\t\t**************用户注册**************\n\n");
                Register(&strCust);                           /*新用户注册*/
                if((fpCust=fopen("customer.dat","ab"))==NULL)
                {
                    printf("FILE ERROR!\n");
                    exit(0);
                }
                fwrite(&strCust,sizeof(strCust),1,fpCust);
                fclose(fpCust);
                InitCustData(&strCust);                       /*初始化新注册用户库*/
                Interface_StockExchange(&strTemp);            /*返回股票交易平台*/
           case 'q':                                          /*退出系统*/
                system("cls");
                printf("\n\n\n\n\n\t\t谢谢使用股票交易平台\n\n");
                printf("\t\t再      见\n\n");
                getchar();    getchar();
                exit(0);
        }
}
```

6. 显示股票信息

```
void Display_StockMarket(Stock * a)            /*显示股票信息*/
{
    printf("\n\t\t%-12s%-10s%-10ld%-10ld\n",a->StockName,a->StockCode,
        a->StockVol,a->StockAva);
}
```

7. 用户登录

```
void Login(char * name,char * password,Customer * a)       /*用户登录*/
```

```
{
    FILE * fp;
    int Flag;
    if((fp=fopen("customer.dat","rb"))==NULL)
    {   printf("Read File error!\n");
        exit(1);
    }
    while(!feof(fp))                              /*查看用户库中的信息*/
    {   Flag=fread(a,sizeof(Customer),1,fp);
        if(Flag!=1)
        {   printf("\n\n\t\t 该用户还未注册!\n");
            printf("\n\n\t\t 按任意键返回\n");
            getchar();
            break;
        }
        if(strcmp(name,a->CustomerName)==0&&
                    strcmp(password,a->PassWord)==0)
        {   Interface_CustOperaion(a);           /*登录成功,进入用户操作平台*/
            break;
        }
    }
    fclose(fp);
}
```

8. 用户操作平台界面

```
void Interface_CustOperaion(Customer * a)        /*用户操作平台,完成股票交易*/
{
    char choice;
    Stock strTemp;
    do
    {
        system("cls");
        printf("\n\n\t *******************欢迎进入用户操作平台*****
                        *************\n\n");
        printf("\n\n\t\t\t   [b]-----买股票\n");
        printf("\t\t\t   [s]-----卖股票\n");
        printf("\t\t\t   [v]-----显示用户股票\n");
        printf("\t\t\t   [q]-----退出交易\n");
        printf("\n\t\t 请选择: ");
        scanf("%c",&choice);
        if(choice!='b'&&choice!='s'&&choice!='v'&&choice!='q')
            break;
        else
```

```
        {
            switch(choice)
            {
                case 'b':Buy(a); break;                    /*买股票*/
                case 's':Sell(a); break;                   /*卖股票*/
                case 'v':View(a); break;                  /*显示用户的股票信息*/
                case 'q':Interface_StockExchage(&strTemp);    /*返回交易平台*/
            }
        }
    }while(1);
}
```

9. 买股票操作

```
void Buy(Customer * a)                                    /*买股票*/
{
    FILE * fpData, * fpCust;
    Stock straShare[MAX];
    CustStock straCuSto[MAX];
    Customer straCust[MAX];
    int nNum;
    char szShareCode[6];
    long nVolume;
    system("cls");
    printf("\n\n\n\t*****************股票信息************
              ****************\n\n\n");
    printf("\t\t 股票名称    股票代码   总股数   可交易的股数\n\n");
    if((fpData=fopen("Stock_File.dat","rb"))==NULL)    /*打开股票库*/
    {   printf("FILE ERROR!\n");
        exit(0);
    }
    fread(&NUM,sizeof(NUM),1,fpData);
    for(nNum=0;nNum<NUM;nNum++)
        fread(&straShare[nNum],sizeof(straShare[nNum]),1,fpData);
    if((fpCust=fopen(a->CustomerName,"rb"))==NULL)    /*打开用户股票账户库*/
    {   printf("FILE ERROR!\n");
        exit(0);
    }
    for(nNum=0;nNum<NUM;nNum++)
        fread(&straCuSto[nNum],sizeof(straCuSto[nNum]),1,fpCust);
    fclose(fpData);
    fclose(fpCust);
    for(nNum=0;nNum<NUM;nNum++)
```

```
    Display_StockMarket(&straShare[nNum]);                /* 显示股票信息 */
getchar();
printf("\n\t\t 请输入要买入的股票代码:");
scanf("%s",szShareCode);
printf("\n\t\t 请输入股数:");
scanf("%ld",&nVolume);
getchar();
nNum=0;
while((strcmp(straShare[nNum].StockCode,szShareCode)==0)||nNum<NUM)
{
    if(strcmp(straShare[nNum].StockCode,szShareCode)==0)
    {
        if(straShare[nNum].StockAva>nVolume)          /* 符合买股票条件 */
        {
          straCuSto[nNum].StockVal=straCuSto[nNum].StockVal+nVolume;
          strcpy(straCuSto[nNum].StockName,straShare[nNum].StockName);
          strcpy(straCuSto[nNum].StockCode,straShare[nNum].StockCode);
          straShare[nNum].StockAva=straShare[nNum].StockAva-nVolume;
          if((fpCust=fopen(a->CustomerName,"wb"))==NULL)
          {   printf("FILE ERROR!\n");
              exit(0);
          }
          for(nNum=0;nNum<NUM;nNum++)
            fwrite(&straCuSto[nNum],sizeof(straCuSto[nNum]),1,fpCust);
          if((fpData=fopen("Stock_File.dat","wb"))==NULL)
          {   printf("FILE ERROR!\n");
              exit(0);
          }
          fwrite(&NUM,sizeof(NUM),1,fpData);
          for(nNum=0;nNum<NUM;nNum++)
            fwrite(&straShare[nNum],sizeof(straShare[nNum]),1,fpData);
          fclose(fpData);
          fclose(fpCust);
          break;
        }
        else
        {   printf("\n\n\t\t 该股票可交易份额不足,不能完成本次交易\n");
            printf("\n\t\t\t 退出本次交易\n");
            getchar();
            break;
        }
    }
    else
```

```
        {
            nNum++;
            if(nNum==NUM)
            {
                printf("\n\n\t\t 输入的股票代码有误.....\n");
                printf("\n\t\t\t退出本次交易\n");
                getchar();
                break;
            }
        }
    }
}
```

10. 卖股票操作

```
void Sell(Customer * a)                                /* 卖股票 */
{
    FILE * fpData, * fpCust;
    Stock straShare[MAX];
    CustStock straCuSto[MAX];
    Customer straCust[MAX];
    int nNum;
    char szShareCode[6];
    long nVolume;
    system("cls");
    if((fpData=fopen("Stock_File.dat","rb"))==NULL)   /* 打开股票库 */
    {   printf("FILE ERROR!\n");
        exit(0);
    }
    fread(&NUM,sizeof(NUM),1,fpData);
    for(nNum=0;nNum<NUM;nNum++)
        fread(&straShare[nNum],sizeof(straShare[nNum]),1,fpData);
    if((fpCust=fopen(a->CustomerName,"rb"))==NULL)   /* 打开用户股票账户库 */
    {   printf("FILE ERROR!\n");
        exit(0);
    }
    for(nNum=0;nNum<NUM;nNum++)
        fread(&straCuSto[nNum],sizeof(straCuSto[nNum]),1,fpCust);
        fclose(fpData);
    fclose(fpCust);
    printf("\n\n\n\t***********************用户股票信息*********
            **************\n\n\n");
    printf("\t\t 股票名称     股票代码　持股数\n\n");
```

```
for(nNum=0;nNum<NUM;nNum++)
{   if(straCuSto[nNum].StockVal!=0)
        printf("\t\t%s\t\t%s\t%ld\n",straCuSto[nNum].StockName,
             straCuSto[nNum].StockCode,straCuSto[nNum].StockVal);
}
getchar();
printf("\n\t输入要卖的股票代码：");
scanf("%s",szShareCode);
printf("\n\t输入要卖的股数：");
scanf("%ld",&nVolume);
getchar();
nNum=0;
while((strcmp(straShare[nNum].StockCode,szShareCode)==0)||nNum<NUM)
{
    if(strcmp(straShare[nNum].StockCode,szShareCode)==0)
    {
        if(straCuSto[nNum].StockVal>nVolume)                /*符合卖股票条件*/
        {
            straCuSto[nNum].StockVal=straCuSto[nNum].StockVal-nVolume;
            straShare[nNum].StockAva=straShare[nNum].StockAva+nVolume;
            if((fpCust=fopen(a->CustomerName,"wb"))==NULL)
            {   printf("FILE ERROR!\n");
                exit(0);
            }
            for(nNum=0;nNum<NUM;nNum++)
                fwrite(&straCuSto[nNum],sizeof(straCuSto[nNum]),1,fpCust);
            if((fpData=fopen("Stock_File.dat","wb"))==NULL) /*打开股票库*/
            {   printf("FILE ERROR!\n");
                exit(0);
            }
            fwrite(&NUM,sizeof(NUM),1,fpData);
            for(nNum=0;nNum<NUM;nNum++)
                fwrite(&straShare[nNum],sizeof(straShare[nNum]),1,fpData);
            fclose(fpData);
            fclose(fpCust);
            break;
        }
        else
        {   printf("\n\n\t\t你可交易股票份额不足,不能完成本次交易\n");
            printf("\n\t\t退出本次交易\n");
            getchar();
            break;
        }
    }
```

```
        }
        else
        {
            nNum++;
            if(nNum==NUM)
            {
                printf("输入的股票代码有误.....\n");
                printf("退出本次交易\n");
                getchar();
                break;
            }
        }
    }
}
```

11. 显示用户股票信息

```
void View(Customer * a)                                    /* 显示用户股票 */
{
    FILE * fpCust, * fpData;
    CustStock straCuSto[MAX];
    int nNum;
    int flag=1;
    system("cls");
    if((fpData=fopen("Stock_File.dat","rb"))==NULL)   /* 打开股票库 */
    {   printf("FILE ERROR!\n");
        exit(0);
    }
    fread(&NUM,sizeof(NUM),1,fpData);
    if((fpCust=fopen(a->CustomerName,"rb"))==NULL)     /* 打开用户股票账户库 */
    {   printf("FILE ERROR!\n");
        exit(0);
    }
    for(nNum=0;nNum<NUM;nNum++)
        fread(&straCuSto[nNum],sizeof(straCuSto[nNum]),1,fpCust);
    fclose(fpCust);
    fclose(fpData);
    printf("\n\n\n\t*********************用户股票信息*******
            *****************\n\n\n");
    printf("\t\t股票名称     股票代码   持股数\n\n");
    for(nNum=0;nNum<NUM;nNum++)
    {
        if(straCuSto[nNum].StockVal!=0)
```

```
    {   printf("\t\t%s\t\t%s\t%ld\n",straCuSto[nNum].StockName,
            straCuSto[nNum].StockCode,straCuSto[nNum].StockVal);
            flag=0;
        }
    }
    if(flag)  printf("\n\t\t 暂无可显示的股票信息");
    getchar();    getchar();
}
```

12. 新用户注册

```
void Register(Customer * a)                          /* 新用户注册 */
{
    system("cls");
    getchar();
    printf("\n\n\t*******************用户注册*******************\n\n");
    printf("\n\t\t\t 输入用户名:");
    scanf("%s",a->CustomerName);
    printf("\n\t\t\t 输入密码:");
    scanf("%s",a->PassWord);
    getchar();
    system("cls");
    printf("\n\n 你已注册成功\n");
    getchar();    getchar();
}


void InitCustData(Customer * a)                      /* 初始化新注册用户库 */
{
    int nNum;
    CustStock straCuSto[MAX];
    FILE * fpCust, * fpData;
    if((fpData=fopen("Stock_File.dat","rb"))==NULL)    /* 打开股票库 */
    {   printf("FILE ERROR!\n");
        exit(0);
    }
    fread(&NUM,sizeof(NUM),1,fpData);
    if((fpCust=fopen(a->CustomerName,"wb"))==NULL)
    {
        printf("FILE ERROR!\n");
        exit(0);
    }
    for(nNum=0;nNum<NUM;nNum++)
    {
```

```
        strcpy(straCuSto[nNum].StockCode,"");
        strcpy(straCuSto[nNum].StockName,"");
        straCuSto[nNum].StockVal=0;
        fwrite(&straCuSto[nNum],sizeof(straCuSto[nNum]),1,fpCust);
    }
    fclose(fpCust);
    fclose(fpData);
}
```

附录 A

基本 ASCII 码表

基本 ASCII 码表大致可以分为两部分：

第一部分为十进制 0~31(十六进制 00H~1fH)，共 32 个，一般用作通信或作控制之用。其中有些符号可以显示到屏幕上，有些则无法显示到屏幕上，但能看到其效果(例如换行符号等)。

第二部分为十进制 32~127(十六进制 20H~7fH)，共 96 个。这 96 个用来表示阿拉伯数字、英文字母大小写、括号等标点符号等，它们都可以显示到屏幕上。

基本 ASCII 码表

十进制	十六进制	符号	十进制	十六进制	符号	十进制	十六进制	符号
0	00	NULL	16	10	►	32	20	空格
1	01	☺	17	11	◄	33	21	!
2	02	●	18	12	↕	34	22	"
3	03	♥	19	13	‼	35	23	#
4	04	♦	20	14	¶	36	24	¥
5	05	♣	21	15	§	37	25	%
6	06	♠	22	16	▬	38	26	&
7	07	响铃	23	17	↨	39	27	'
8	08	退格	24	18	↑	40	28	(
9	09	HT	25	19	↓	41	29	)
10	0A	换行	26	1A	→	42	2A	*
11	0B	VT	27	1B	←	43	2B	+
12	0C	FF	28	1C	∟	44	2C	,
13	0D	回车	29	1D	↔	45	2D	−
14	0E	♪	30	1E	▲	46	2E	.
15	0F	☼	31	1F	▼	47	2F	/

十进制	十六进制	符号	十进制	十六进制	符号	十进制	十六进制	符号
48	30	0	75	4B	K	102	66	f
49	31	1	76	4C	L	103	67	g
50	32	2	77	4D	M	104	68	h
51	33	3	78	4E	N	105	69	i
52	34	4	79	4F	O	106	6A	j
53	35	5	80	50	P	107	6B	k
54	36	6	81	51	Q	108	6C	l
55	37	7	82	52	R	109	6D	m
56	38	8	83	53	S	110	6E	n
57	39	9	84	54	T	111	6F	o
58	3A	:	85	55	U	112	70	p
59	3B	;	86	56	V	113	71	q
60	3C	<	87	57	W	114	72	r
61	3D	=	88	58	X	115	73	s
62	3E	>	89	59	Y	116	74	t
63	3F	?	90	5A	Z	117	75	u
64	40	@	91	5B	[	118	76	v
65	41	A	92	5C	\	119	77	w
66	42	B	93	5D	]	120	78	x
67	43	C	94	5E	^	121	79	y
68	44	D	95	5F	—	122	7A	z
69	45	E	96	60	`	123	7B	{
70	46	F	97	61	a	124	7C	|
71	47	G	98	62	b	125	7D	}
72	48	H	99	63	c	126	7E	—
73	49	I	100	64	d	127	7F	△
74	4A	J	101	65	e			

运算符和结合性

优先级	运算符	含　义	结合方向	说　明
1	[]	下标运算符	左到右	
	()	圆括号		
	.	结构体成员运算符		
	->	指向结构体成员运算符		
2	-	负号运算符	右到左	单目运算符
	(类型)	强制类型转换运算符		
	++	自增运算符		单目运算符
	--	自减运算符		单目运算符
	*	取值运算符		单目运算符
	&	取地址运算符		单目运算符
	!	逻辑非运算符		单目运算符
	~	按位取反运算符		单目运算符
	sizeof	长度运算符		
3	/	除	左到右	双目运算符
	*	乘		双目运算符
	%	余数(取模)		双目运算符
4	+	加	左到右	双目运算符
	-	减		双目运算符
5	<<	左移	左到右	双目运算符
	>>	右移		双目运算符

续表

优先级	运算符	含　义	结合方向	说　　明
6	>	大于	左到右	双目运算符
	>=	大于等于		双目运算符
	<	小于		双目运算符
	<=	小于等于		双目运算符
7	==	等于	左到右	双目运算符
	!=	不等于		双目运算符
8	&	按位与	左到右	双目运算符
9	^	按位异或	左到右	双目运算符
10	|	按位或	左到右	双目运算符
11	&&	逻辑与	左到右	双目运算符
12	||	逻辑或	左到右	双目运算符
13	?:	条件运算符	右到左	三目运算符
14	=	赋值运算符	右到左	
	/=	除后赋值		
	*=	乘后赋值		
	%=	取模后赋值		
	+=	加后赋值		
	-=	减后赋值		
	<<=	左移后赋值		
	>>=	右移后赋值		
	&=	按位与后赋值		
	^=	按位异或后赋值		
	|=	按位或后赋值		
15	,	逗号运算符	左到右	从左向右顺序运算

说明：

(1) 表中优先级范围是 1～15，且优先级 1 为最高级，优先级 15 为最低级。

(2) 同一优先级的运算符，运算次序由结合方向所决定。

附录C

Visual C++6.0 环境下常用库函数

1. 输入输出函数

在调用输入输出函数时,应在程序段前面包含预处理命令:

```
#include <stdio.h>
```

或

```
#include "stdio.h"
```

函数名	函 数 原 型	功 能 说 明
fclose	int fclose(FILE * fp);	关闭文件指针 fp 所指向的文件,释放缓冲区。有错误返回非 0,否则返回 0
feof	int feof(FILE * fp);	检查文件是否结束。遇文件结束符返回非 0 值,否则返回 0
fgetc	int fgetc(FILE * fp);	返回所得到的字符。若读入出错,返回 EOF
fgets	char * fgets(char * buf,int n,FILE * fp);	从 fp 指向的文件读取一个长度为(n−1)的字符串,存放起始地址为 buf 的空间。成功返回地址 buf,若遇文件结束或出错,返回 NULL
fopen	FILE * fopen(const char * filename, const char * mode);	以 mode 指定的方式打开名为 filename 的文件。成功时返回一个文件指针,否则返回 NULL
fprintf	int fprintf(FILE * fp, const char * format,args,…);	把 args 的值以 format 指定的格式输出到 fp 指向的文件中
fputc	int fputc(char ch,FILE * fp);	将字符 ch 输出到 fp 指向的文件中。成功则返回该字符,否则返回非 0
fputs	int fputs(const char * str, FILE * fp);	将 str 指向的字符串输出到 fp 指向的文件中。成功则返回 0,否则返回非 0
fread	int fread(void * pt, unsigned size, unsigned n,FILE * fp);	从 fp 指向的文件中读取长度为 size 的 n 个数据项,存到 pt 指向的内存区。成功则返回所读的数据项个数,否则返回 0
fscanf	int fscanf(FILE * fp, const char * format,args,…);	从 fp 指向的文件中按 format 给定的格式将输入数据送到 args 所指向的内存单元

续表

函数名	函 数 原 型	功 能 说 明
fseek	int fseek(FILE * fp,long offset,int base);	将 fp 指向的文件的位置指针移到以 base 所指出的位置为基准,以 offset 为位移量的位置。成功则返回当前位置,否则返回 −1
ftell	long ftell(FILE * fp);	返回 fp 所指向的文件中的当前读写位置
fwrite	int fwrite(const void * ptr,unsigned size,unsigned n,FILE * fp);	将 ptr 所指向的 n * size 个字节输出到 fp 所指向的文件中。返回写到 fp 文件中的数据项个数
getc	int getc(FILE * fp);	从 fp 所指向的文件中读入一个字符。返回所读的字符,若文件结束或出错,返回 EOF
getchar	int getchar(void);	从标准输入设备读取下一个字符。返回所读字符,若文件结束或出错,则返回 −1
gets	char * gets(char * str);	从标准输入设备读取字符串,存放由 str 指向的字符数组中。返回字符数组起始地址
printf	int printf(const char * format,args, …);	按 format 指向的格式字符串所规定的格式,将输出表列 args 的值输出到标准输出设备。成功返回输出字符的个数,出错返回负数
putc	int putc(int ch,FILE * fp);	将一个字符 ch 输出到 fp 所指的文件中。成功返回输出的字符 ch,出错返回 EOF
putchar	int putchar(char ch);	将字符 ch 输出到标准输出设备。成功返回输出的字符 ch,出错返回 EOF
puts	int puts(const char * str);	把 str 指向的字符串输出到标准输出设备,将'\0'转换为回车换行。成功返回换行符,失败返回 EOF
rename	int rename(const char * oldname, const char * newname);	把由 oldname 所指的文件名,改为由 newname 所指的文件名。成功时返回 0,出错返回 −1
rewind	void rewind(FILE * fp);	将 fp 指向的文件中的位置指针移到文件开头位置,并清除文件结束标志和错误标志
scanf	int scanf(const char * format,args, …);	从标准输入设备按 format 指向的格式字符串规定的格式,输入数据给 args 所指向的单元。成功时返回赋给 args 的数据个数,出错时返回 0

2. 数学函数

在调用数学函数时,应在程序段前面包含预处理命令:

```
#include <math.h>
```

或

```
#include "math.h"
```

函数名	函 数 原 型	功 能 说 明
abs	int abs(int x);	计算并返回整数 x 的绝对值
acos	double acos(double x);	计算并返回 arccos(x) 的值,要求 x 在 1～−1 之间
asin	double asin(double x);	计算并返回 arcsin(x) 的值,要求 x 在 1～−1 之间
atan	double atan(double x);	计算并返回 arctan(x) 的值

续表

函数名	函 数 原 型	功 能 说 明
atan2	double atan2(double x,double y);	计算并返回 arctan(x/y)的值
cos	double cos(double x);	计算 cos(x)的值,x 为单位弧度
cosh	double cosh(double x);	计算双曲余弦 cosh(x)的值
exp	double exp(double x);	计算 e^x 的值
fabs	double fabs(double x);	计算 x 的绝对值
floor	double floor(double x);	求不大于 x 的最大双精度整数
fmod	double fmod(double x,double y);	计算 x/y 后的余数
frexp	double frexp (double val, double * eptr);	将 val 分解为尾数 x,以 2 为底的指数 n,即 $val = x * 2^n$,n 存放到 eptr 所指向的变量中,返回尾数 x,x 在 0.5~1 之间
labs	long labs(long x);	计算并返回长整型数 x 的绝对值
log	double log(double x);	计算并返回自然对数值 ln(x),x>0
log10	double log10(double x);	计算并返回常用对数值 lg(x) ,x>0
modf	double modf (double val, double * iptr);	将双精度数分解为整数部分和小数部分。小数部分作为函数值返回;整数部分存放在 iptr 指向的双精度型变量中
pow	double pow(double x,double y);	计算并返回 x^y 的值
sin	double sin(double x);	计算并返回正弦函数 sin(x)的值,x 为单位弧度
sinh	double sinh(double x);	计算并返回双曲正弦函数 sinh(x)的值
sqrt	double sqrt(double x);	计算并返回 x 的平方根,x≥0
tan	double tan(double x);	计算并返回正切值 tan(x) ,x 为单位弧度
tanh	double tanh(double x);	计算并返回双正切值 tanh(x)

3. 与字符有关的函数

在调用与字符有关的函数时,应在程序段前面包含预处理命令:

```
#include <ctype.h>
```

或

```
#include "ctype.h"
```

除了 tolower 函数和 toupper 函数以外,下表中其他函数如果"条件"是真,则此函数返回非 0,否则返回 0。

函数名	函 数 原 型	功 能 说 明
isalnum	int isalnum(int ch);	检查 ch 是否为字母或数字
isalpha	int isalpha(int ch);	检查 ch 是否为字母
isascii	int isascii(int ch);	检查 ch 是否为 ASCII 字符

函数名	函 数 原 型	功 能 说 明
iscntrl	int iscntrl(int ch)；	检查 ch 是否为控制字符
isdigit	int isdigit(int ch)；	检查 ch 是否为数字
isgraph	int isgraph(int ch)；	检查 ch 是否为可打印字符，即不包括控制字符和空格
islower	int islower(int ch)；	检查 ch 是否为小写字母
isprint	int isprint(int ch)；	检查 ch 是否为可打印字符(含空格)
ispunch	int ispunct(int ch)；	检查 ch 是否为标点符号
isspace	int isspace(int ch)；	检查 ch 是否为空格水平制表符('\t')、回车符('\r')、走纸换行('\f')、垂直制表符('\v')、换行符('\n')
isupper	int isupper(int ch)；	检查 ch 是否为大写字母
isxdigit	int isxdigit(int ch)；	检查 ch 是否为十六进制数字
tolower	int tolower(int ch)；	将 ch 中的字母转换为小写字母，返回小写字母
toupper	int toupper(int ch)；	将 ch 中的字母转换为大写字母，返回大写字母

4. 字符串函数

在调用字符串函数时，应在程序段前面包含预处理命令：

```
#include <string.h>
```

或

```
#include "string.h"
```

函数名	函 数 原 型	功 能
strcat	char * strcat(char * str1, const char * str2)；	将字符串 str2 连接到 str1 后面，返回 str1 的地址
strchr	char * strchr(const char * str, int ch)；	找出 ch 字符在字符串 str 中第一次出现的位置，返回 ch 的地址，若找不到返回 NULL
strcmp	int strcmp(const char * str1, const char * str2)；	比较字符串 str1 和 str2，str1＜str2 返回负数，str1＝str2 返回 0，str1＞str2 返回正数
strcpy	char * strcpy(char * str1, const char * str2)；	将字符串 str2 复制到 str1 中，返回 str1 的地址
strlen	int strlen(const char * str)；	求字符串 str 的长度，返回 str1 包含的字符数(不含'\0')
strlwr	char * strlwr(char * str)；	将字符串 str 中的字母转换为小写字母，返回 str 的地址
strncat	char * strncat(char * str1, const char * str2, size_t count)；	将字符串 str2 中的前 count 个字符连接到 str1 后面，返回 str1 的地址
strncpy	char * strncpy(char * dest, const char * source, size_t count)；	将字符串 str2 中的前 count 个字符复制到 str1 中，返回 str1 的地址
strstr	char * strstr(const char * str1, const char * str2)；	找出字符串 str2 的字符串 str1 中第一次出现的位置，返回 str2 的地址，找不到返回 NULL
strupr	char * strupr(char * str)；	将字符串 str 中的字母转换为大写字母，返回 str 的地址

5. 动态分配存储空间函数

在调用动态分配存储空间函数时,应在程序段前面包含预处理命令:

```
#include <stdlib.h>
```

或

```
#include <malloc.h>
```

函数名	函 数 原 型	功　能
calloc	void * calloc (size＿t num, size_t size);	为 num 个数据项分配内存,每个数据项大小为 size 个字节。返回分配的内存空间起始地址,分配不成功返回 0
free	void * free(void * ptr);	释放 ptr 指向的内存单元
malloc	void * malloc(size_t size);	分配 size 个字节的内存,返回分配的内存空间起始地址,分配不成功返回 0
realloc	void * realloc(void ptr, size＿t newsize);	将 ptr 指向的内存空间改为 newsize 字节,返回新分配的内存空间起始地址,分配不成功返回 0

6. 数值与字符串相互转换函数

在调用数值与字符串相互转换函数时,应在程序段前面包含预处理命令:

```
#include <stdlib.h>
```

或

```
#include "stdlib.h"
```

函数名	函 数 原 型	功　能
atof	double atof(char * nptr);	将字符串转换为浮点数
atoi	int atoi(char * nptr);	将字符串转换为整数
atol	long atoi(char * nptr);	将字符串转换为长整形数
ecvt	char ecvt(double value,int ndigit,int * decpt,int * sign);	将一个浮点数转换为字符串
fcvt	char * fcvt (double value, int ndigit, int * decpt, int * sign);	将一个浮点数转换为字符串
gcvt	char * gcvt(double value,int ndigit,char * buf);	将浮点数转换成字符串
itoa	char * itoa(int value,char * string,int radix);	将一整型数转换为字符串
strtod	double strtod(char * str,char **endptr);	将字符串转换为 double 型
strtol	long strtol(char * str,char **endptr,int base);	将字符串转换为长整型数
ultoa	char * ultoa (unsigned long value, char * string, int radix);	将无符号长整型数转换为字符串

附录 D

C 语言关键字

由 ANSI 标准定义的 C 语言关键字共 32 个：

auto	double	int	struct	break	else	long	switch
case	enum	register	typedef	char	extern	return	union
const	float	short	unsigned	continue	for	signed	void
default	goto	sizeof	volatile	do	if	while	static

根据关键字的作用，可以将关键字分为数据类型关键字和流程控制关键字两大类。

1. 数据类型关键字

（1）基本数据类型关键字。

- void：声明函数无返回值或无参数，声明无类型指针。
- char：字符型类型数据，属于整型数据的一种。
- int：普通整型，通常为编译器指定的机器字长。
- float：单精度浮点型数据，属于浮点数据的一种。
- double：双精度浮点型数据，属于浮点数据的一种。

（2）类型修饰关键字。

- short：修饰 int，短整型数据，可省略被修饰的 int，即 short int 与 short 一样。
- long：修饰 int，长整形数据，可省略被修饰的 int，即 long int 与 long 一样。
- signed：修饰 short、int 或 long，表示有符号数据类型，可以省略。
- unsigned：修饰 short、int 或 long，表示无符号数据类型，不能省略。

（3）复杂类型关键字。

- struct：结构体声明。
- union：共用体声明。
- enum：枚举声明。
- typedef：给已有类型取别名。
- sizeof：得到特定类型或特定类型变量的大小。

（4）存储级别关键字。

- auto：指定为自动变量，由编译器自动分配及释放。通常在栈上分配。
- static：指定为静态变量，分配在静态变量区，修饰函数时，指定函数作用域为文件内部。

- register：指定为寄存器变量，建议编译器将变量存储到寄存器中使用。也可以修饰函数形参，建议编译器通过寄存器而不是堆栈传递参数。
- extern：指定对应变量为外部变量，即在另外的目标文件中定义，可以认为是约定由另外文件声明的变量。
- const：指定变量不可被当前线程/进程改变。
- volatile：指定变量的值有可能会被系统或其他进程/线程改变，强制编译器每次从内存中取得该变量的值。

2. 流程控制关键字

（1）跳转结构。

- return：用在函数体中，返回特定值。
- continue：结束当前循环，开始下一次循环。
- break：结束整个循环或结束当前的 switch 语句。
- goto：无条件跳转语句。

（2）选择结构。

- if：条件语句。
- else：条件语句中的否定分支（与 if 连用）。
- switch：开关语句（多重分支语句）。
- case：开关语句中的分支标记。
- default：开关语句中的"其他"分支。

（3）循环结构

- for：for 循环结构，for(1;2;3)4;的执行顺序为 1－＞2－＞4－＞3－＞2…循环，其中 2 为循环条件。
- do：do 循环结构，do 1 while(2);的执行顺序是 1－＞2－＞1…循环，2 为循环条件。
- while：while 循环结构，while(1)2;的执行顺序是 1－＞2－＞1…循环，1 为循环条件。

以上循环语句，当循环条件表达式为"真"则继续循环，为"假"则跳出循环。

附录 E

基于 Visual C++ 6.0 环境下的 C 语言程序开发步骤

E.1 C 语言程序开发步骤

C 语言是编译型语言,编写好一个 C 源程序(文件扩展名为.c,取名为 test.c)后,经过编译、链接就可以生成一个可执行文件(文件扩展名为.exe,即 test.exe)。具体步骤如图 E-1 所示。

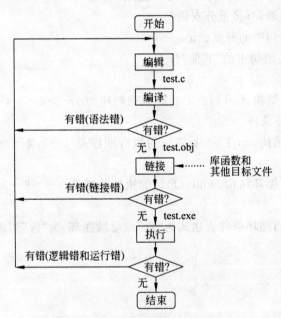

图 E-1 C 语言运行的流程图

E.2 基于 Visual C++ 6.0 环境开发 C 语言程序的使用指导

Visual C++ 6.0(以下简称 VC)为用户开发 C 和 C++ 程序提供了一个功能齐全的集成开发环境,能完成源程序的录入、编辑、修改和保存,源程序的编译和链接,程序运行期间的调试与跟踪,项目对源程序的自动管理等。

从 2008 年 4 月开始,全国计算机等级考试已全面停止 Turbo C2.0(简称 TC)软件的使用,所有参加与 C 语言相关科目上机考试的考生,都要在 Visual C++ 6.0 环境下调试运行 C 程序。下面就介绍如何在 Visual C++ 6.0 环境下实现图 E-1 中的各步骤。

E.2.1 启动 Visual C++ 6.0 开发环境

(1) 在 Windows 操作系统中选择"开始"→"程序"→Microsoft Visual Studio 6.0→Microsoft Visual C++ 6.0 命令,通常屏幕出现标题为"当时的提示"对话框,如图 E-2 所示。

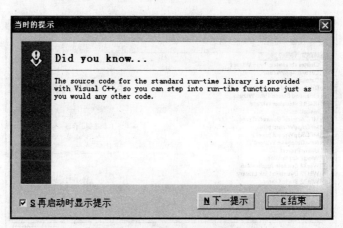

图 E-2 "当时的提示"对话框

(2) 取消对"再启动时显示提示"复选框的勾选,单击"结束"按钮,进入 Visual C++ 6.0 开发环境的主窗口,如图 E-3 所示。

(3) 在 Visual C++ 6.0 主界面下选择"文件"→"新建"命令,出现"新建"对话框,如图 E-4 所示。Visual C++ 6.0 集成开发环境通过工作区(Workspace)组织工程(Project),通过工程组织程序。一个工作区可以包含多个不同的工程,一个工程可以包含多个文件,但要求仅有一个文件中包含一个 main 函数。在图 E-4 中选择"工作区"选项卡,如图 E-5 所示,在"工作区名字"文本框中输入"test",在"位置"文本框中指定路径为 D:\,单击"结束"按钮。这样,在 D:\test 目录下产生了三个文件:test.dsw、test.opt 和 test.ncb,其中 test.dsw 是工作区文件。

图 E-3 Visual C++ 6.0 开发环境的主窗口

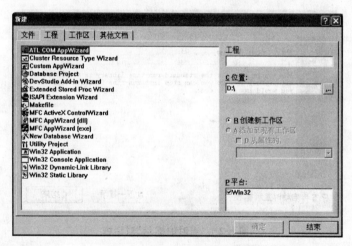

图 E-4 默认的"新建"对话框

（4）再次选择"文件"→"新建"命令，出现"新建"对话框，选择"工程"选项卡，如图 E-6 所示。选择 Win32 Console Application（程序执行时，会将执行结果显示在一个 MS-DOS 的窗口中），选中"添加至现有工作区"单选按钮，此时"位置"文本框自动变为 D:\test，然后在"工程"文本框中输入 testprj，此时"位置"文本框自动变为 D:\test\testprj。单击"确定"按钮，将出现图 E-7 所示的对话框，单击"完成"和"确定"按钮，将出现图 E-8 所示窗口，此时在 D:\test 下出现了一个以工程名命名的子文件夹 testprj，该文件夹里面有一个文件 testprj.dsp，该文件就是工程文件。

（5）再次选择"文件"→"新建"命令，出现"新建"对话框，选择"文件"选项卡，如图 E-9 所示。选择 C++ Source File 选项，在"文件"文本框中输入 test.c（文件的扩展名.c

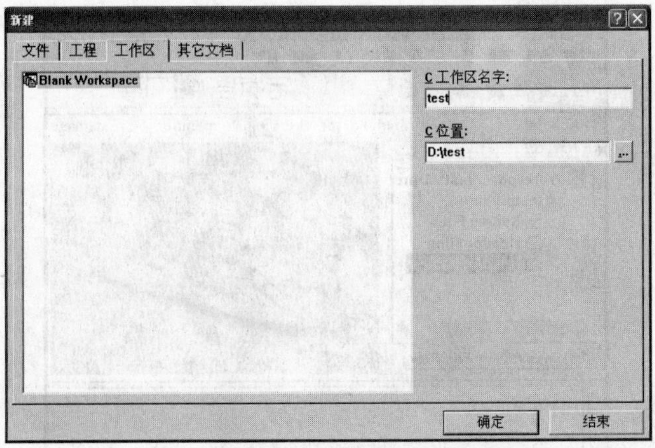

图 E-5　选择"新建"对话框中的"工作区"选项卡

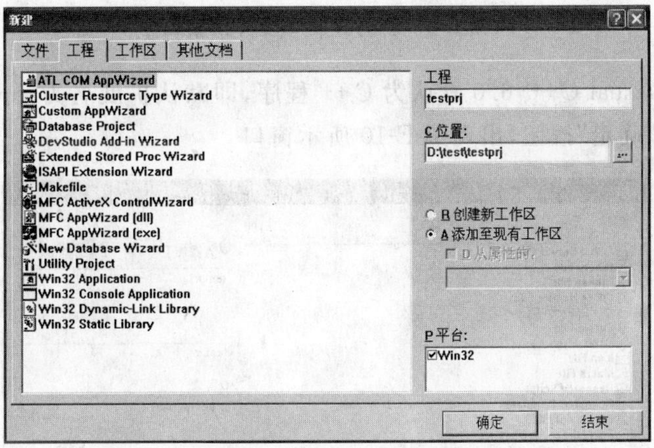

图 E-6　选择"新建"对话框中的"工程"选项卡

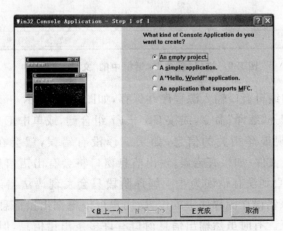

图 E-7　Win32 Console Application 对话框

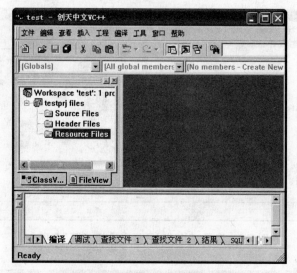

图 E-8　新的开发环境界面窗口

必须指定，否则 Visual C++ 6.0 默认为 C++ 程序，即默认扩展名为 .cpp），选中"添加工程"复选框，单击"确定"按钮，出现图 E-10 所示窗口。

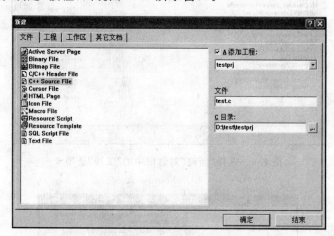

图 E-9　选择"新建"对话框中的"文件"选项卡

（6）在源程序的编辑窗口输入源程序并保存，如图 E-11 所示。

（7）选择"编译"→"编译"命令，或按 Ctrl＋F7 组合键，或单击工具栏中的按钮，此时输出信息窗口出现编译相关的信息，如果编译没有错误，就会在 D:\test\testprj\Debug 生成 test.obj 文件；如果有错误，输出信息窗口将会有出错信息提示，需要到编辑窗口对源代码纠正，直到没有错误为止。编译阶段只会发现语法错误，可以通过双击出错信息来大致确定该错误在源程序中的位置，用户可以根据出错信息和出错位置对源程序中的错误作出修正。有时虽然输出信息窗口有许多条出错信息，但在源代码中只要修改一个地方就能够消除这些出错信息，原因是这些出错的信息可能是由这一个错误引起的。出错信息有 error 和 warning 两类，其中 error 类的出错信息说明源程序中肯定有错

标题栏 ——
菜单栏 ——
工具栏 ——

工作区 ——

编辑区

输出信息窗口　　　　　　　　　　　　状态栏

图 E-10　新的开发环境界面窗口

图 E-11　输入代码后的窗口

误,必须修改源程序,否则编译仍然出错;warning 类的出错信息说明源程序中可能存在潜在的错误,不影响目标文件的生成,但存在风险。所以提倡用户把 warning 错误当成 error 错误来处理,直到输出信息窗口出现 0 error 和 0 warning 为止。

(8) 选择"编译"→"构件"命令,或按 F7 键,或单击工具栏中的█按钮,将 test.obj 以及工程中需要的其他目标文件进行链接,如果链接没有错误,就会在 D:\test\testprj\ Debug 生成可执行的 test.exe 文件。如果链接有错误,输出信息窗口将出现提示,通常需要对源代码进行修正或对 Visual C++ 6.0 参数进行配置，直到没有错误为止。

（9）选择"文件"→"退出"命令，或单击窗口右上角的关闭按钮，将关闭 Visual C++ 6.0 开发环境。

E.2.2　再次进入 Visual C++ 6.0 环境

当关闭 Visual C++ 6.0 环境后，重新打开已经建立好的源程序 test.c 文件通常有以下几种方法：

（1）在 D:\test 文件夹里找到 test.dsw 文件双击。此时该工作区文件下的所有工程都出现在工作区窗口中。

（2）如前所述，先打开 Visual C++ 6.0 开发环境，再选择"文件"→"新近的工作区"→D:\test\test 命令。

（3）如前所述，先打开 Visual C++ 6.0 开发环境，再选择"文件"→"打开工作区"命令，在弹出的对话框中选择 D:\test 目录，找到 test.dsw。

（4）在 D:\test\testprj 目录下找到 test.c 文件直接双击。不过用这种方式打开的 Visual C++ 6.0 开发环境，在编译时将会出现提示框，如图 E-12 所示，单击"是"按钮，此时系统将创建一个与源程序文件名同名的工作区和工程。

图 E-12　编译对话框

（5）在 D:\test\testprj 目录下找到 testprj.dsp 文件直接双击，此时系统将创建一个与工程名同名的工作区。

附录 F

Visual C++ 6.0 环境下 C 语言
常见错误分析

1. 错误提示：

```
warning C4013: 'printf' undefined; assuming extern returning int
warning C4013: 'scanf' undefined; assuming extern returning int
```

分析：代码中漏掉了 #include <stdio. h> 预处理命令。

2. 错误提示：

```
error C2065: 'a' : undeclared identifier
```

分析：代码中犯了"变量未定义，就使用"的错误，要先对变量 a 进行定义。

3. 错误提示：

```
error C2146: syntax error : missing ';'
```

分析：代码中的某条语句缺少";(分号)"。

4. 错误提示：

```
fatal error C1004: unexpected end of file found
```

分析：通常是代码中某处漏掉了"}(大括号)"。

5. 错误提示：

```
error C2181: illegal else without matching if
```

分析：代码中的 else 没有 if 与之配对。

6. 错误提示：

```
warning C4101: 'j' : unreferenced local variable
```

分析：代码中变量 j 虽然定义了，但是代码中从未使用它，去掉变量 j 的定义。

7. 错误提示：

```
warning C4700: local variable 't' used without having been initialized
```

分析：当 t 是普通变量时，可能犯了"普通变量先定义，后使用原则"的错误；当 t 是指针变量时，可能犯了"指针变量先定义，后赋值，再使用原则"的错误。

8. 错误提示：

```
fatal error C1083: Cannot open include file: 'tdio.h': No such file or directory
```

分析：编译器找不到代码中指定的头文件 tdio.h。

9. 错误提示：

```
error C2106: '=' : left operand must be l-value
```

分析：代码中赋值运算符左边（左值）必须是变量。

10. 错误提示：

```
error C2086: 'i' : redefinition
```

分析：代码中的变量 i 被重复定义了。

11. 错误提示：

```
error C2054: expected '(' to follow 'main'
```

分析：代码中 main 函数漏掉了"()"。

12. 错误提示：

```
error C2050: switch expression not integral
```

分析：代码 switch 后面的表达式必须是整型或字符型。

13. 错误提示：

```
error C2051: case expression not constant
```

分析：代码中 case 后面的表达式必须是常量。

14. 错误提示：

```
error C2198: 'max' : too few actual parameters
```

分析：代码中的 max 函数调用少了实际参数。

15. 错误提示：

```
warning C4020: 'max' : too many actual parameters
```

分析：代码中的 max 函数调用多了实际参数。

16. 错误提示：

```
warning C4244: '=' : conversion from 'const double ' to 'int ', possible loss of data
```

分析：代码中发生了隐式数据类型转换，将 double 型转换成 int 型，可能产生数据信息丢失。

17. 错误提示：

```
error C2018: unknown character '0xa3'
error C2018: unknown character '0xbb'
```

分析：代码中出错行含有中文的"；(分号)"。

18. 错误提示：

```
warning C4013: 'printf' undefined; assuming extern returning int
warning C4013: 'scanf' undefined; assuming extern returning int
```

分析：代码中漏掉了 ♯include ＜stdio. h＞预处理命令

19. 错误提示：

```
error C2232: '->i' : left operand has 'struct' type, use '.'
```

分析：代码中运算符"－＞"的左边必须是指针类型。

20. 错误提示：

```
Fatal error LNK1168: cannot open Debug/Text1.exe for writing
```

分析：链接错误。把任务栏中的运行程序窗口关闭掉，如果任务栏中没有该窗口，则打开任务管理器，在"进程"标签中找到 Text1.exe，并关闭该进程。

参 考 文 献

[1] 谭浩强.C 程序设计.第 3 版.北京：清华大学出版社,2005.

[2] 苏小红.C 语言程序设计教程.北京：电子工业出版社,2002.

[3] 徐士良.C 语言程序设计教程.第 2 版.北京：人民邮电出版社,2003.

[4] 张基温.C 语言程序设计案例教程.北京：清华大学出版社,2007.

[5] 崔武子.C 程序设计教程.第 2 版.北京：清华大学出版社,2007.

[6] 甘玲.解析 C 程序设计.北京：清华大学出版社,2007.

[7] 陈朔鹰.C 语言程序设计习题集.北京：人民邮电出版社,2000.

[8] Schildt H.ANSI C 标准详解.王曦若译.北京：学苑出版社,1994.

[9] 王松.Visual C++ 6.0 程序设计与开发指南.北京：高等教育出版社,1999.

[10] 倪丽娜.Visual C++ 6.0 全攻略宝典.北京：中国水利水电出版社,2000.

[11] 刘维富.C 语言程序设计一体化案例教程.北京：清华大学出版社,2009.